高等职业院校技能应用型教材·网络技术系列

网站设计与网页制作项目化教程

（微课版）

周 惠 刘小园 余 翼 主 编
仇 蕾 沈淼琼 赵雅洁 副主编
张 宇 郭飞雁 刘 露 参 编

U0429550

電子工業出版社
Publishing House of Electronics Industry
北京·BEIJING

内 容 简 介

本书遵循“以真实项目为载体，以学习者为中心”的原则进行教学设计。读者通过制作 5 个由易到难的完整网页，循序渐进地学习静态网站的策划、制作及上传等全过程。本书选取具有深厚历史底蕴的景点“湘潭窑湾”作为引导项目的主题。引导项目分为 3 个子项目。项目 1 为网站总体设计，项目 2 为表格布局的网页制作，项目 3 为 DIV+CSS 布局的网页制作及上传。在引导项目中，以网页制作为主线设计了 14 个主任务、53 个子任务。针对每个主任务，设计了学习导图、任务描述、任务实施、考核评价、问题探究等学习环节。每个子项目都配有同步测试和项目小结，用来巩固所学知识。同时，本书融入了湖湘文化、家国情怀、工匠精神等人文元素与思政元素。此外，本书还设计了 1 个综合实训项目，让学生根据自己的兴趣收集资料、积极探索和创新，应用在引导项目中所学的知识技能独立制作 1 个小型网站，进一步提高自身的思维迁移能力。

本书是湖南省高职精品在线开放课程的配套教材，在超星“学银在线”平台中有课程标准、授课计划、微课视频、电子课件、拓展资源、网站源文件、素材等丰富的数字化教学资源，方便读者借鉴和使用。

本书既可作为高等职业院校电子商务及计算机等专业的教材，也可作为网页制作的培训教材，还可供网页设计爱好者学习参考。

未经许可，不得以任何方式复制或抄袭本书之部分或全部内容。
版权所有，侵权必究。

图书在版编目（CIP）数据

网站设计与网页制作项目化教程：微课版 / 周惠，刘小园，余翼主编. —北京：电子工业出版社，2022.3
ISBN 978-7-121-43226-2

Ⅰ. ①网… Ⅱ. ①周… ②刘… ③余… Ⅲ. ①网页制作工具－高等职业教育－教材 Ⅳ. ①TP393.092

中国版本图书馆 CIP 数据核字（2022）第 052166 号

责任编辑：薛华强　　特约编辑：尚立业
印　　刷：北京七彩京通数码快印有限公司
装　　订：北京七彩京通数码快印有限公司
出版发行：电子工业出版社
　　　　　北京市海淀区万寿路 173 信箱　　邮编：100036
开　　本：787×1 092　1/16　印张：12.25　　字数：346 千字
版　　次：2022 年 3 月第 1 版
印　　次：2022 年 12 月第 2 次印刷
定　　价：45.00 元

凡所购买电子工业出版社图书有缺损问题，请向购买书店调换。若书店售缺，请与本社发行部联系，联系及邮购电话：（010）88254888，88258888。

质量投诉请发邮件至 zlts@phei.com.cn，盗版侵权举报请发邮件至 dbqq@phei.com.cn。

本书咨询联系方式：（010）88254569，xuehq@phei.com.cn，QQ 1140210769。

前　言

如今，互联网对全球经济格局和人们的生产、生活产生了深刻的改变。随着新一轮科技革命的深入推进，信息技术成为创新高地，数字经济成为新经济引擎，互联网在国民经济和社会中的作用显著提升。我国在建设网络强国的过程中，需要大量从事网站建设与维护的技能型人才。

网站设计与网页制作是电子商务专业的学生必须掌握的重要技术，学生对此也充满好奇和期待。然而初学者（尤其是文科生）看到一行行代码、枯燥的软件操作，以及各种陌生的概念，不免感到头疼和畏惧，而且即使按操作步骤做出了网页也不能很好地迁移技能。

本书打破传统教材的编写模式，以真实项目为载体，将项目分解为从易到难的工作任务，内容涵盖网站设计、Dreamweaver 应用、网页布局、色彩搭配、HTML 语言、CSS 样式表、JavaScript 应用及网站发布等，将网站建设必备的核心知识和技能融入具有深厚历史底蕴的景点网站引导项目，让学生切实体会所学技能与真实世界的联系，感受人文气息，开阔自身视野，增强学习兴趣。本书介绍了功能强大、易学易用的 Dreamweaver，让学生在基本不用手写代码的情况下完成任务，学习相关知识技能，让学生体验自己动手制作网页的快乐，获得成就感并树立自信心。此外，本书的综合实训项目旨在让学生选取自己感兴趣的主题制作 1 个小型网站，应用在引导项目中所学的知识技能，利用互联网的海量资源，积极开展团队合作，努力探索和创新，在设计、制作、上传网站的过程中，进一步提高思维迁移能力和自我认知能力。

本书的主要特色和创新如下。

1．以项目为载体，巧妙融入人文元素与思政元素

选取历史文化名城“湘潭”最具代表性的景点——“窑湾”作为引导项目的主题，既有地方特色又有文化内涵。在网站风格上体现古韵之美，在图片和内容的选择上体现中华优秀传统文化、湖湘文化等元素，让学生在制作网页时贴近生活，感受脚下这片热土的温度，激发学生兴趣，培养文化自信，转变专业技术课给人的刻板印象，即知识技能并不冰冷生硬，它们同样可以饱含人文精神和家国情怀。同时，在网站设计与网页制作的过程中，注重培养学生精益求精的工匠精神和开拓创新的互联网思维。每个子项目都融入一定的思政元素，从人文精神、家国情怀、湖湘文化、网络强国等方面开阔学生的视野和格局，以期达到“德技双修”的育人目的。

2．创新教学设计，精心设计教学流程

本书的开发与设计基于建构主义理论，针对工作岗位的职业要求，以项目为载体，以完整的工作过程为导向，将工作过程细化成具体的任务。

本书以“湘潭窑湾”网站为引导项目，精心设计了 3 个子项目、5 个由易到难的网页、14 个主任务、53 个子任务。每个子项目设置了【学习目标】→【项目简介】→【操作准备】→【同步测试】→【项目小结】→【思政乐园】栏目。每个主任务设置了 6 个学习环节：学习导图、任务描述、任务实施、实训任务、考核评价、问题探究。另外，本书还设计了 1 个综合实训项目，帮助读者进一步巩固和应用在引导项目中所学的知识技能。综合实训项目包括 6 个任务：网站素材的收集和草图的制作、网站策划方案的撰写、网页制作、网站作品展示与互评、网站测试与发布、文档整理和提交。

3．依据学生的认知规律，创新教材内容

本书充分考虑初学者的认知水平，依据由具体到抽象、由易到难、由简单到复杂的认知规律，重构教学内容。项目 1 网站总体设计，通过建立“湘潭窑湾”网站空站点，引出网站建设实施项目，介绍 Dreamweaver 的主要功能、网站建设流程、网页素材的准备，并对网站和网页的基础知识进行梳理和归纳。项目 2 表格布局的网页制作，通过制作 3 个不同难易程度的网页，介绍设置网页基本属性、编辑网页文本，以及表格布局的方法，通过简洁明了、高效快捷的表格布局有序地组织网页元素。在学习技能操作的同时分析 HTML 代码，让学生轻松掌握 HTML。项目 3 DIV+CSS 布局的网页制作及上传，介绍了 DIV+CSS 布局，使用 DIV 对页面进行分块，设置 CSS 样式，搭建页面的基本框架，添加各种网页元素，以及多种视听效果和超链接。为了让学生较好地理解 DIV+CSS 布局，第 4 个网页的结构较为简单，同时加入丰富的特效。第 5 个网页综合性较强，如果让学生从头到尾全部自己制作，则花费时间太多，而在实际工作中通常并不会从零开始制作网页，而是会借鉴一些模板，只要明白了原理和方法就能轻松完成任务。因此，这个任务提供了网页的主体框架，留出“轮播图、视频、超链接”等几个主要的页面元素，让学生通过“填空练习”完成网页的制作。最后，详细介绍了域名注册、将网站上传到收费空间等内容。

4．应用现代信息技术，构建立体化教材，创新教育教学模式

本书是湖南省高职精品在线开放课程的配套教材。在超星“学银在线”平台上，与本书完全匹配的“网站设计与网页制作”在线开放课程（读者可在超星“学银在线”平台上搜索“网站设计与网页制作 周惠”）已运行多期，配有丰富的教学资源：课程标准、授课计划、微课视频、电子课件、拓展资源、网站源文件、素材等。书中各任务的教学资源全部采用颗粒化的方式组织，学生通过观看微课视频可以轻松学会其中介绍的核心内容，并通过实训任务及时巩固所学技能。同时，通过精选的拓展资源让学有余力的学生能进一步深入学习。

在线课程打破了纸质教材的局限性，拓展了教学资源，紧密联系实际，内容不断更新，既方便了学生自主学习，也有利于教师开展“线上+线下”的混合式教学。

本书由周惠、刘小园、余翼任主编，仇蕾、沈淼琼、赵雅洁任副主编。湖南电气职业技术学院周惠负责全书的总体设计，并编写项目 1、项目 3 的任务 3.1 和任务 3.2，余翼编写项目 2，沈淼琼编写项目 3 的任务 3.3，赵雅洁编写项目 3 的任务 3.4，仇蕾编写项目 3 的任务 3.5，广东职业技术学院刘小园编写综合实训项目，其余内容由湘电集团刘露编写。本书配套的数字化教学资源由湖南电气职业技术学院周惠、余翼、张宇、郭飞雁等教师共同开发。在教材编写过程中，电子工业出版社的薛华强编辑给予了多方面的支持，并提出很多具有建设性的意见，在此表示衷心感谢！

由于编者水平有限，书中难免存在疏漏之处，敬请读者批评指正。

编　者

目录

CONTENTS

微课视频

项目1 网站总体设计

【学习目标】

素质目标

- 踏实严谨、精益求精的学习态度
- 审美意识、创新意识和前瞻意识
- 良好的心理素质和克服困难的精神
- 热爱劳动、勤于劳动和善于劳动
- 设计思维和艺术素养
- 交流合作与组织管理能力

知识目标

- 理解网站和网页中的基本概念
- 了解网站建设流程中的主要环节
- 学会分析网站结构和类型
- 了解网页的版面构成和布局
- 掌握网页中色彩的使用技巧

能力目标

- 能应用 Dreamweaver 软件创建与管理本地站点
- 能分析网站建设流程
- 能分析网站结构和类型
- 能分析网页的构成
- 能下载和安装字体
- 能在互联网上收集和整理网站素材
- 能应用图片处理软件对图片素材进行处理

【项目1简介】

在本项目中，我们将使用网页制作软件 DW（Dreamweaver）创建与管理名为“湘潭窑湾”的本地站点。首先，我们要初步了解 DW 的主要功能，思考如何使用这把“利器”做出一个好网站。然后，我们要学习网站建设流程，以便对网站建设的主要环节有一个整体的认识。在实施任务之前，我们应当对网站的结构和类型、网页的构成等知识有所了解，从而更好地定位和构思网站，因此本项目专门对网站和网页的基础知识进行了梳理和归纳。最后，准备好制作网页的素材，以便在后续项目中使用。

【操作准备】

（1）下载并安装 Dreamweaver 和 Photoshop 软件。

（2）熟悉软件界面。

（3）安装截屏软件（如 HyperSnap）和 360 安全浏览器。

（4）为了解本项目相关的人文背景材料，请关注“大美湘潭”和“湘潭窑湾历史文化旅游街区”公众号。

任务 1.1　本地站点的创建与管理

【学习导图】

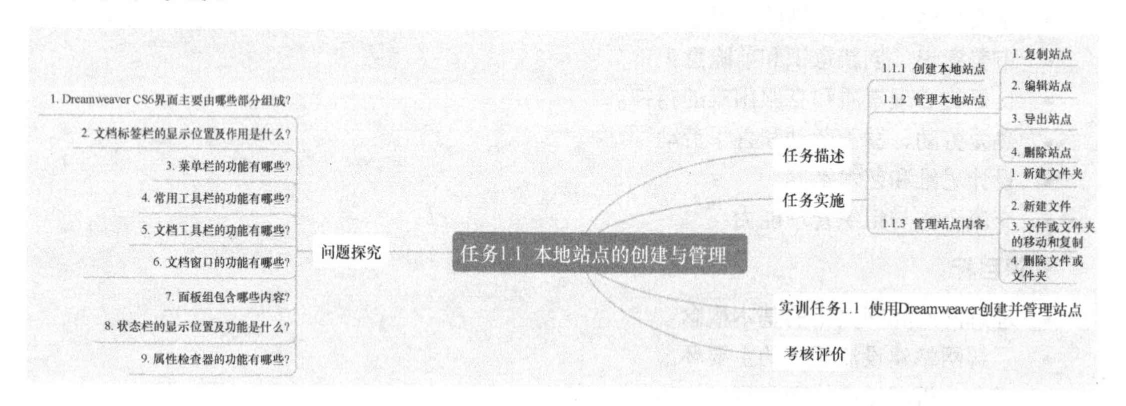

【任务描述】

通过在 DW 中创建和管理名为“湘潭窑湾”的本地站点，并在站点中新建文件夹和网页，使读者初步认识 DW 的界面，并了解其主要功能。

【任务实施】

1.1.1　创建本地站点

创建本地站点

（1）在本地硬盘中选择一个 C 盘以外的适当位置，新建一个文件夹，用来保存网站的所有文档。这里我们选择在 D 盘新建一个名为“yaowan”的文件夹，即“D:\yaowan”。

（2）打开 Dreamweaver，进入其起始页，选择“新建”列表中的“Dreamweaver 站点”选项，或者在菜单栏中打开“站点”菜单，还可以利用快捷键 Alt+S 组合键打开“站点”菜单。新建站点的几种方式如图 1-1-1 所示。

（3）在“站点”菜单中选择“新建站点”选项，打开“站点设置对象”对话框。在“站点名称”文本框中输入站点的名称，接着在“本地站点文件夹”文本框中输入预先准备好的文件夹路径，如图 1-1-2 所示。也可以单击“本地站点文件夹”文本框右边的文件夹图标，选择站点的根文件夹，如图 1-1-3 所示，然后单击右下角的“打开”按钮。

（4）单击“站点设置对象 湘潭窑湾”对话框中的“保存”按钮，完成本地站点的创建。在“文件”面板中可以看到创建好的本地站点（包括站点的名称和站点文件夹的路径等信息），“文件”面板的显示结果如图 1-1-4 所示。

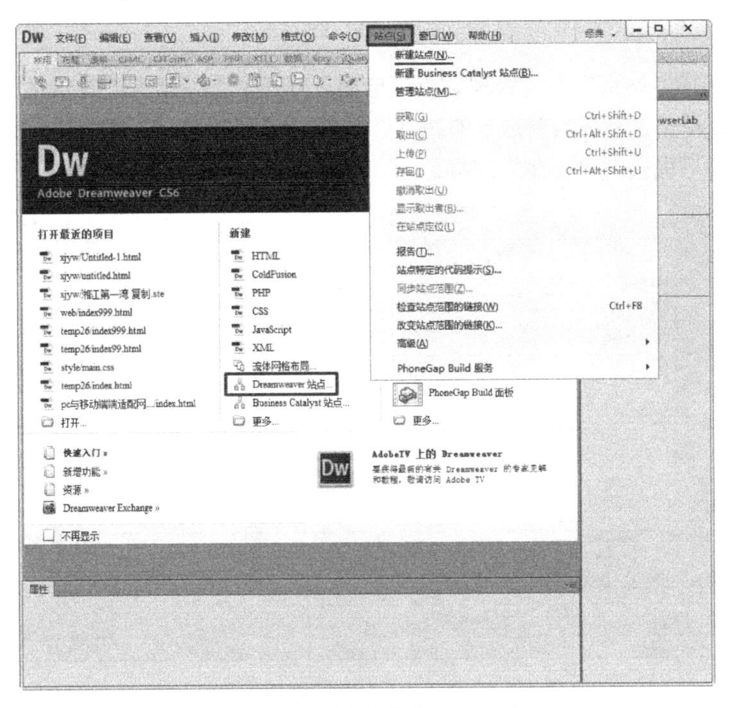

图 1-1-1　新建站点的几种方式

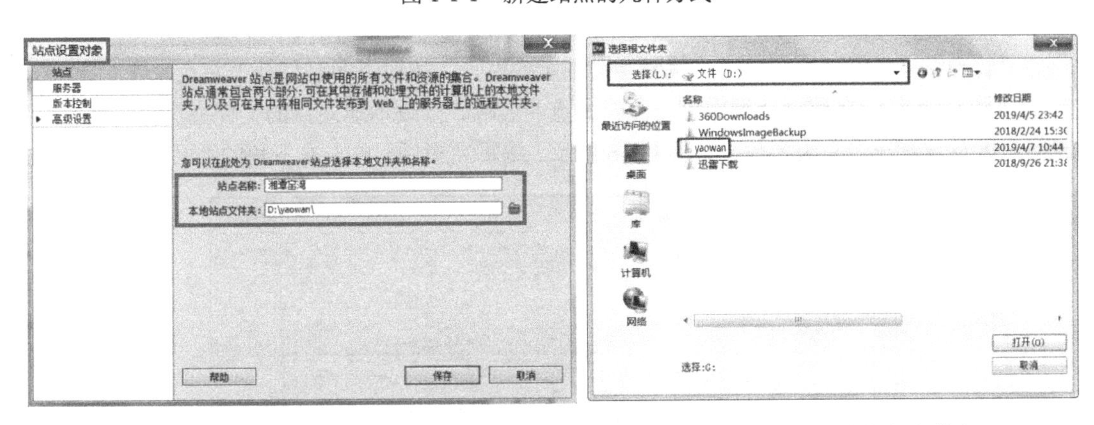

图 1-1-2　“站点设置对象”对话框　　　　图 1-1-3　选择站点的根文件夹

图 1-1-4　“文件”面板的显示结果

1.1.2 管理本地站点

1．复制站点

在菜单栏中选择“站点”→“管理站点”选项，打开“管理站点”对话框，在该对话框中选择要复制的站点，单击“复制当前选定的站点”按钮，即可复制选择的站点，如图 1-1-5 所示。被复制的站点的名称后面会有“复制”字样。

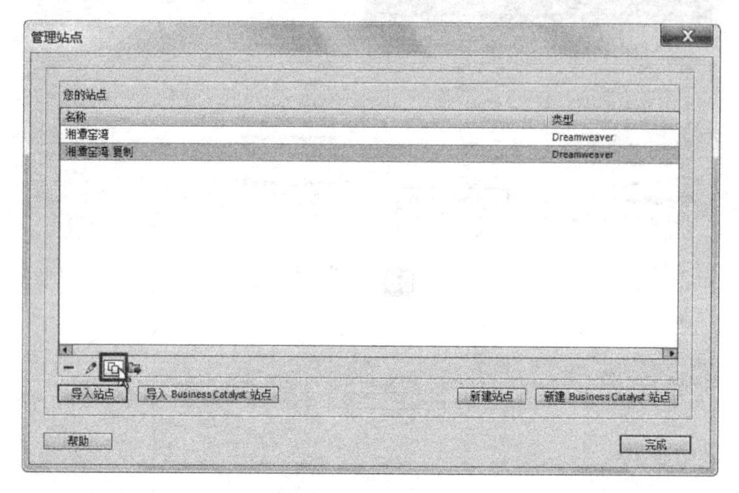

图 1-1-5 复制站点

2．编辑站点

在“管理站点”对话框中单击“编辑当前选定的站点”按钮，即可打开“站点设置对象 湘潭窑湾 复制”对话框，在该对话框中可以编辑站点的名称、修改本地站点的文件夹位置、修改服务器地址，以及设置一些高级参数，如图 1-1-6 所示。编辑完毕后，单击右下角的“保存”按钮即可。

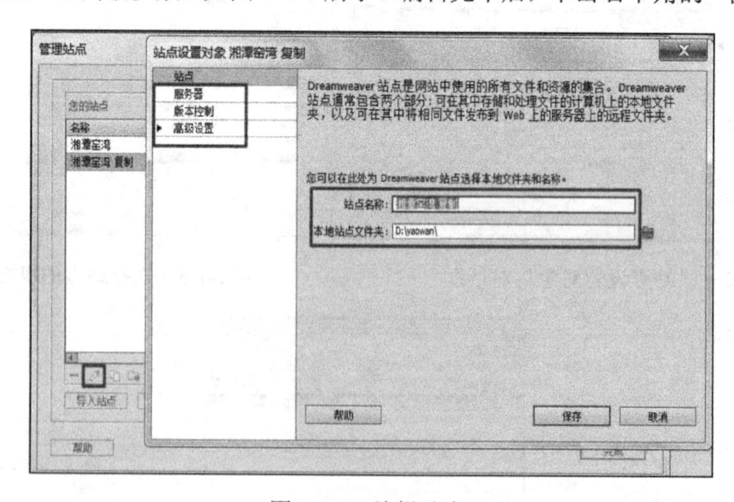

图 1-1-6 编辑站点

3．导出站点

在“管理站点”对话框中单击“导出当前选定的站点”按钮，即可打开“导出站点”对话框，如图 1-1-7 所示。用户可以在该对话框中设置保存路径和文件名。系统默认站点导出文件的扩展名为“ste”。

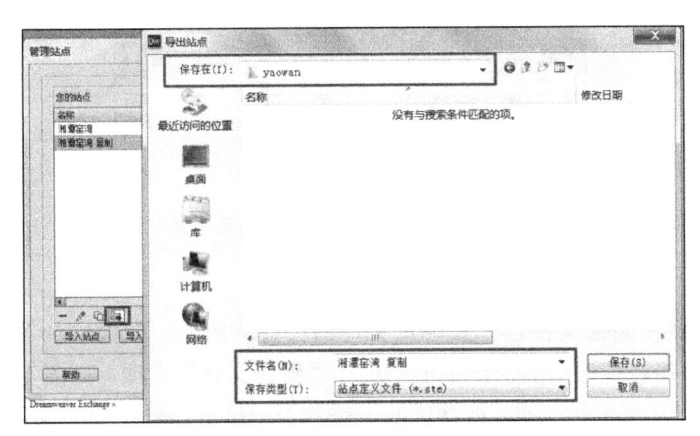

图 1-1-7　导出站点

4．删除站点

在“管理站点”对话框中单击“删除当前选定的站点”按钮，会弹出一个对话框，询问是否删除该站点，如图 1-1-8 所示，单击“是”按钮即可删除选择的站点。

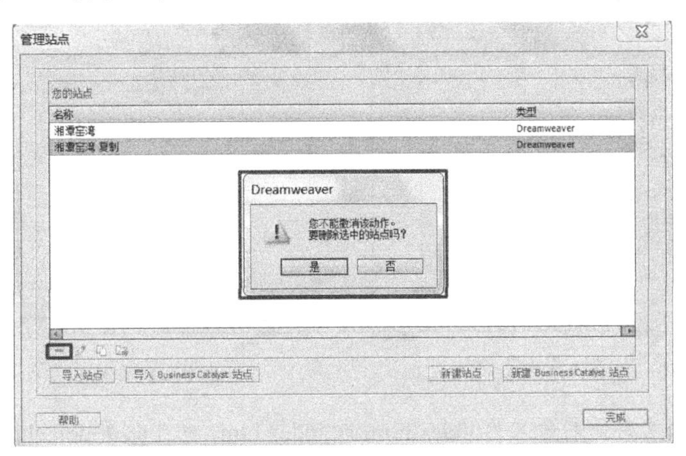

图 1-1-8　询问是否删除该站点

说明：这里仅在 Dreamweaver 中删除了该站点。在本地磁盘中，该站点的文件夹并没有被删除。

1.1.3　管理站点内容

1．新建文件夹

选择“窗口”→“文件”菜单，打开“文件”面板，选择“站点”文件夹并右击，在弹出的快捷菜单中选择“新建文件夹”选项，并将文件夹名称设置为 images，用于存放图片。此时，images 文件夹位于站点根目录下。如果要在根目录下继续增加文件夹，则要回到“站点”文件夹，再新建文件夹；若直接右击 images 文件夹，在弹出的快捷菜单中选择“新建文件夹”选项，其路径就会在 images 文件夹下，成为 images 文件夹的子文件夹，如图 1-1-9 所示。

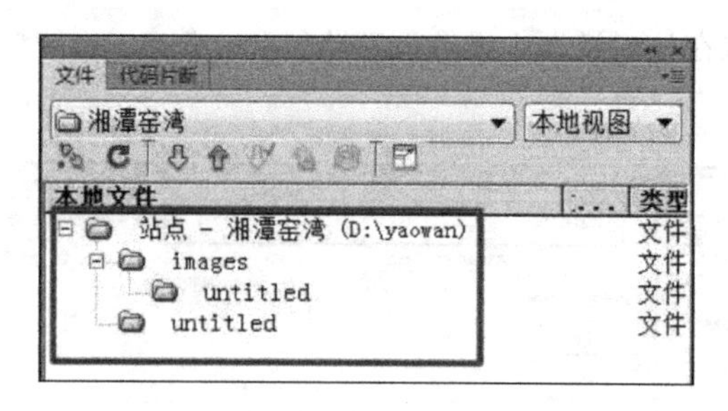

图 1-1-9 images 文件夹的子文件夹

2. 新建文件

在“文件”面板中新建文件，先要确定文件的位置。例如，在根目录下新建文件，则选中“站点”文件夹并右击，在弹出的快捷菜单中选择“新建文件”选项，如图 1-1-10 所示。新建文件时，文件的名称处于可编辑状态，将默认的文件名“untitled”修改为“index.html”，如图 1-1-11 所示。

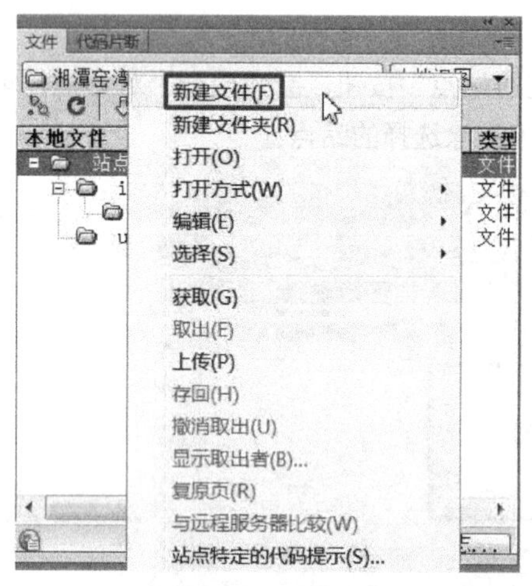

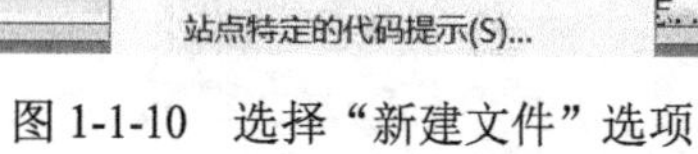

图 1-1-10 选择“新建文件”选项

图 1-1-11 修改文件名

说明：网站首页文件一般命名为 index.html 或 index.htm，也可以是 default.html 或 default.htm。在没有特别指定的情况下，打开一个网站时，看到的第一个页面就是网站首页文件对应的页面。

3. 文件或文件夹的移动和复制

方法一：选择“窗口”→“文件”选项，打开“文件”面板，选择要移动的文件或文件夹，将其拖至相应的文件夹中。

方法二：右击要移动的文件或文件夹，在弹出的快捷菜单中选择“编辑”→“剪切”、“复制”或“粘贴”选项，完成移动或复制操作。

4. 删除文件或文件夹

方法一：选择“窗口”→“文件”选项，打开“文件”面板，右击要删除的文件或文件夹，在弹出的快捷菜单中选择“编辑”→“删除”选项。

方法二：选择要删除的文件或文件夹，按 Delete 键进行删除。

实训任务 1.1　使用 Dreamweaver 创建并管理站点

使用 DW 创建并管理站点

请按以下步骤，完成站点的创建及管理。

（1）在本地磁盘（如 D 盘）新建一个以自己姓名命名的文件夹，启动 Dreamweaver，新建以自己姓名命名的本地站点，指向以自己姓名命名的文件夹。

（2）在以自己姓名命名的站点的文件夹下新建 images、css、js、media、templates、doc、resource 7 个子文件夹。

（3）新建空白文件 index.html，将其保存在以自己姓名命名的文件夹下。

提示：以上内容请在 Dreamweaver 中截图，须显示浮动面板上的完整的文件路径和文件名，并保存截图。

（4）利用 Dreamweaver 对站点分别进行复制、编辑、导出和删除等操作，对以上每项操作进行截图，并将截图保存在表 1-1-1 中。

表 1-1-1　创建并管理站点

操作内容	网页截图
站点建立（在 Dreamweaver 的浮动面板中截图，须显示浮动面板上的完整的文件路径和文件名）	
站点复制	
站点编辑	
站点导出	
站点删除	

【考核评价】

任务名称	使用 Dreamweaver 创建并管理站点				
任务完成情况评价					
自我评价		小组评价		教师评价	
问题与反思					

【问题探究】

1. Dreamweaver CS6 界面主要由哪些部分组成？

DW CS6 界面介绍

Dreamweaver CS6 界面主要由文档标签栏、菜单栏、常用工具栏、文档工具栏、文档窗口、面板组、状态栏和属性检查器等部分组成，Dreamweaver CS6 界面的主要组成部分如图 1-1-12 所示。

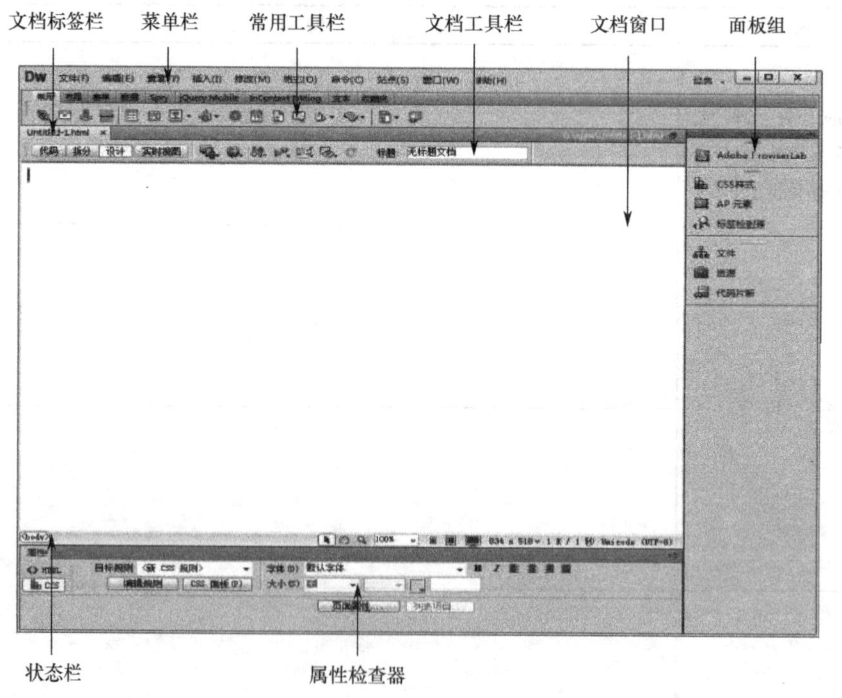

图 1-1-12　Dreamweaver CS6 界面的主要组成部分

2. 文档标签栏的显示位置及作用是什么？

文档标签栏位于常用工具栏下方。

文档标签栏左侧显示当前打开的所有网页文档的名称及其关闭按钮；右侧显示当前文档在本地磁盘中的保存路径及还原按钮。当用户打开多个网页时，单击文档标签可在各网页之间进行切换，文档标签栏如图 1-1-13 所示。

图 1-1-13 文档标签栏

3. 菜单栏的功能有哪些？

菜单栏如图 1-1-14 所示，菜单栏几乎集中了 Dreamweaver CS6 的全部操作命令，利用这些命令可以编辑网页、管理站点，以及设置操作界面等。要执行某项命令，可首先单击菜单栏中某个菜单的名称，打开其下拉菜单，然后选择相应的选项。

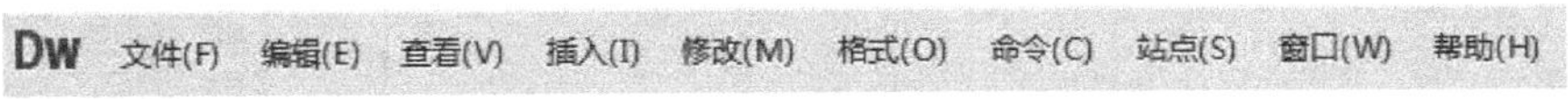

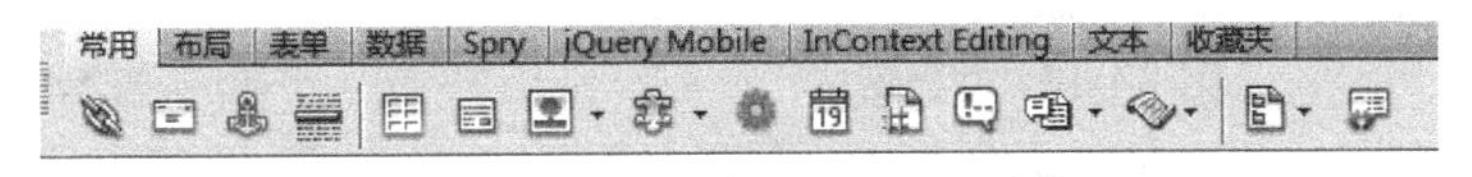

图 1-1-14 菜单栏

4. 常用工具栏的功能有哪些？

常用工具栏集中了 Dreamweaver CS6 的主要功能，便于用户快速操作。如果常用工具栏没有显示，则选择“窗口”→“插入”选项，即可打开常用工具栏，如图 1-1-15 所示。

常用 | 布局 | 表单 | 数据 | Spry | jQuery Mobile | InContext Editing | 文本 | 收藏夹

图 1-1-15 常用工具栏

5. 文档工具栏的功能有哪些？

利用文档工具栏中左侧的按钮可以在文档的不同视图之间快速切换。文档工具栏还包含一些与查看文档、在本地和远程站点之间传输文档相关的常用命令和选项，文档工具栏如图 1-1-16 所示。

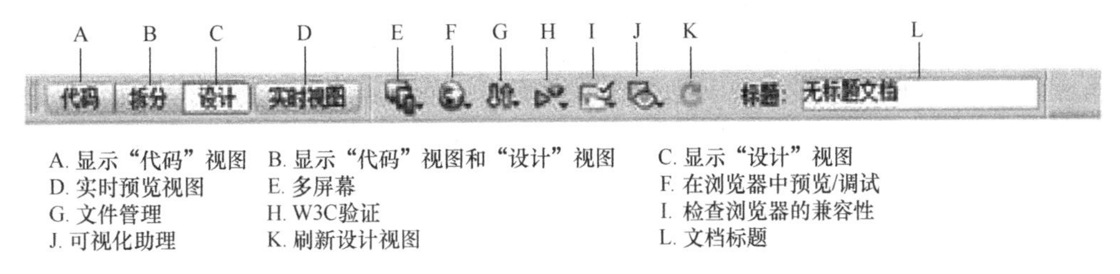

图 1-1-16 文档工具栏

6. 文档窗口的功能有哪些？

文档窗口也被称为文档编辑区，该窗口所显示的内容可以是代码、网页，也可以是两者的共同体，文档窗口如图 1-1-17 所示。

7. 面板组包含哪些内容？

Dreamweaver CS6 包含多个面板，这些面板有不同的功能，将它们叠加在一起便形成了面板组。面板组包括“文件”面板、“CSS 样式”面板、“CSS 过渡效果”面板等，如图 1-1-18 所示。

8. 状态栏的显示位置及功能是什么？

状态栏位于文档窗口底部，它提供了一些与当前文档相关的信息，如图 1-1-19 所示。

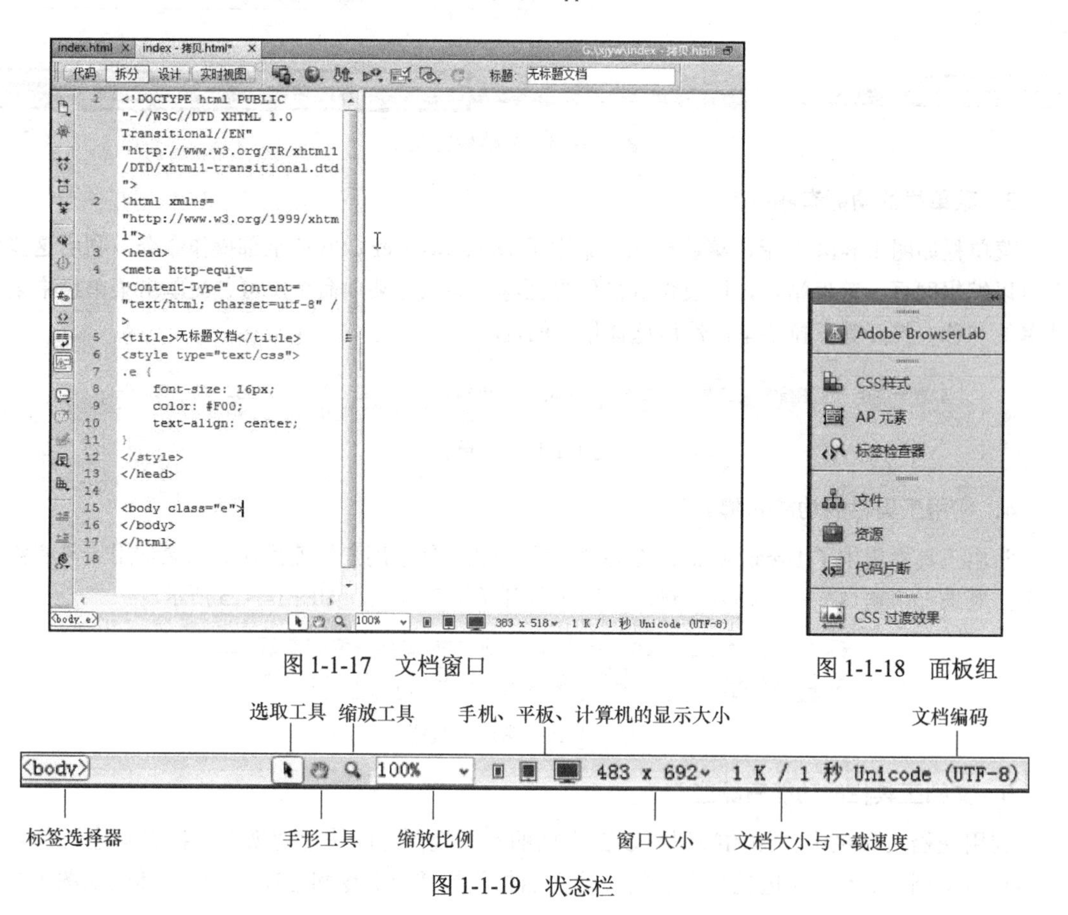

图 1-1-17　文档窗口

图 1-1-18　面板组

图 1-1-19　状态栏

9. 属性检查器的功能有哪些？

使用属性检查器可以检查和编辑当前选定的网页元素（如文本和插入的对象）最常用的属性。属性检查器的内容会根据选定元素的变化而变化，如图 1-1-20 所示。例如，如果选择页面中的图像，则属性检查器将显示图像属性（如图像的文件路径、图像的宽度和高度、图像周围的边框等），如图 1-1-20（a）所示；如果选择文本，则属性检查器又会显示文本的相关属性，如图 1-1-20（b）所示。

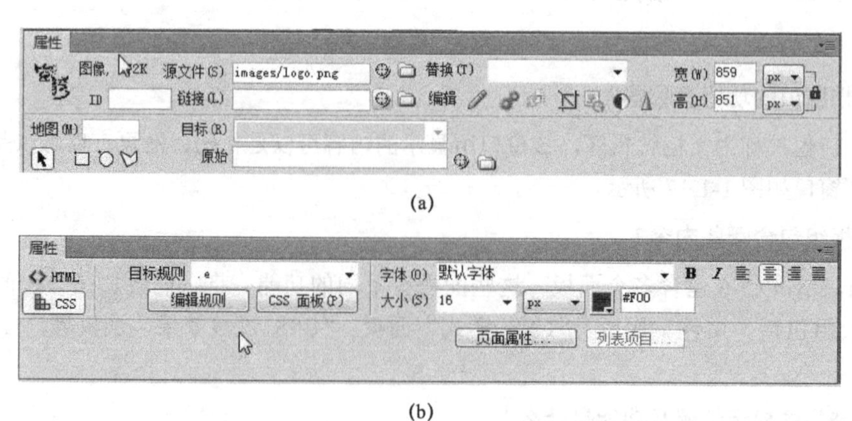

(a)

(b)

图 1-1-20　属性检查器

任务 1.2　网站建设流程分析

【学习导图】

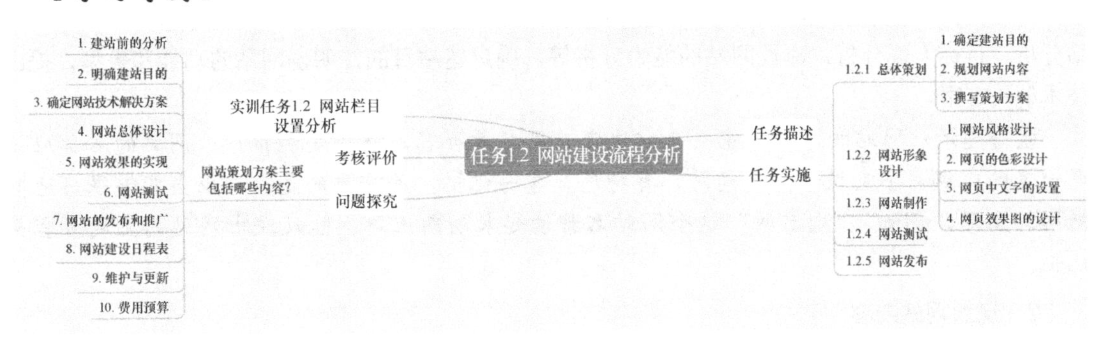

【任务描述】

网站建设是一个系统工程，必须遵循一定的基本流程，才能设计出令人满意的网站。同时，网站建设需要团队合作，对网页设计者来说，不必对网站建设的所有环节都精通，但至少要擅长实施其中一个环节，并对其他环节也有所了解。此外，在制作网页之前，应对整体工作流程有一个清晰的认识。

本任务介绍的网站建设流程主要包括 4 个阶段：总体策划→实施制作→整体测试→发布并提交成果，其中每个阶段又包括若干环节，这些环节可以根据网站建设的具体要求进行相应的调整。例如，网站不要求程序设计，可以省略“后台程序开发”步骤。网络公司的网站建设流程如图 1-2-1 所示。

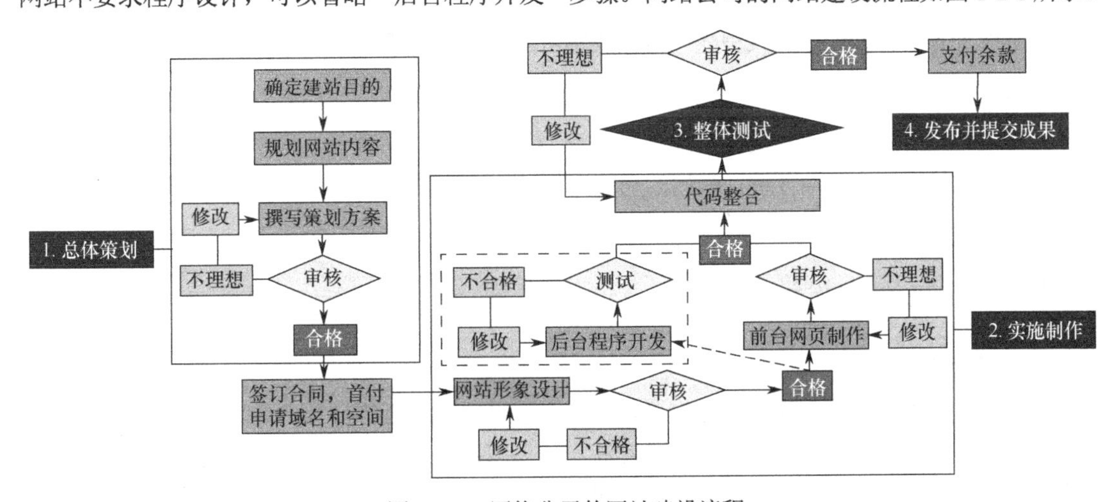

图 1-2-1　网络公司的网站建设流程

【任务实施】

1.2.1　总体策划

创建网站之前，必须进行一系列的准备工作，确定网站的目的和功能，并根据需要对网站建设过程中涉及的技术、内容、费用等方面进行规划，提出合理的策划方案，并对测试、运营和维护等环节制订实施计划。网站总体策划能够对网站建设起到指导作用。具体包括以下几个方面。

1. 确定建站目的

首先根据网站的主题，确定网站的内容是什么。然后，通过对网站的定位分析，如同类型网站分析、目标人群分析、建设网站的能力分析等，确定建站目的，明确网站的功能和类型，提出技术解决方案。

温馨提示：网站的名称很重要，它决定着网站是否容易被接受和推广。网站的名称应体现一定的内涵，不宜过长，要简洁、有特色、容易记忆，最重要的是，它应当能够很好地概括网站主题。例如，“淘宝网”这个网站名称读起来朗朗上口、能反映出网站的主题且容易记忆。

2. 规划网站内容

（1）收集整理资料。在制作网页之前，要尽可能多地收集与网站相关的素材（文字、图像、多媒体资源等）。网站通常包含了很多类型的文件，需要按类型和功能进行归类，并将文件存放到对应的文件夹中，以便日后进行文件管理。

（2）理顺结构和层次。将网页中要展示的信息进行分类和整理，理顺结构和层次，主要涉及网站栏目、核心内容、主要信息等。网站结构的清晰程度关系到用户操作的便利性和用户对网站的关注度，而且还会影响后续的网站维护与管理工作。

（3）网页草图设计。根据网页要展示的主要内容和栏目设计草图。草图不仅便于快速呈现网站结构，而且是一种快速、简单、便利的沟通方式，有利于网站制作人员通过视觉效果轻松地实现设计理念，并能够及时查漏补缺。在收集反馈信息的时候，网站制作人员也可以在改进设计的过程中节省大量的时间，以及减少随之而来且不可避免的挫败感。

3. 撰写策划方案

网站策划方案是网站建设的指导性文件，应当尽量涵盖网站建设过程中的各个方面，网站策划方案主要包括前期调研与分析、网站的功能定位、技术解决方案、内容规划、网页设计与制作、网站测试、网站发布与推广、网站维护、日程表设计、费用明细等内容。

1.2.2 网站形象设计

1. 网站风格设计

网站风格是指站点的整体形象给浏览者的综合感受。网站风格设计要体现该站点的与众不同之处。影响网站风格的最重要的因素是色彩和布局。网站制作人员要根据网站的功能定位和内容规划设计相应的网站风格。一个网站是由很多网页组成的，为了使整个网站看起来协调，网站中的各种元素应保持统一的风格。例如，网站中那些有代表性的图形、动画、字体，以及导航等均要采用统一的风格。

2. 网页的色彩设计

在网页中，色彩的冲击力是最强的，很容易给用户留下深刻的印象。因此，创建网站时应确定网站的基本色彩，网站的色彩不宜太多，一般情况下，一个网页中的标准色原则上不超过 3 种，否则会给人以颜色杂乱的感觉，影响用户的情绪。标准色应该用于网站的标志、标题、主菜单和主色块中，给人以整体统一的感觉，其他的色彩只作为点缀和衬托，绝不可以喧宾夺主。

3．网页中文字的设置

（1）网页中文字字体的设置要遵循以下原则。

- 网页正文字体。除特殊情况外，网页正文一般选用宋体。
- 非标准字体。正常情况下，在网页上选用黑体、宋体、楷体、仿宋体以外的字体时，必须将字体以图形的形式表现出来，浅显地说，就是把文字在 Photoshop 中制作成图像文件再使用。
- 网页主标题字体。网页主标题一般选用方方正正的字体，不建议选用行楷等过于活泼的字体，以表达庄严、稳重之意。
- 网页栏目标题字体。栏目标题一般选用黑体或其他艺术字体，但一般要用图形的方式表现出来，略加艺术处理，并且搭配一些小图标，从而达到意想不到的视觉效果。

（2）网页中文字字号的设置要遵循以下原则。

- 网页正文。网页正文的字号一般设置为 9 磅（12 像素）。
- 网站主标题。网站主标题的字号一般不能超过 27 磅（36 像素），标题字号太大会给人以笨重的感觉，而字号太小的标题则不够显眼。
- 网站栏目标题。网站栏目标题的字号一般设置为 12～14 磅（16～18 像素）。栏目标题不要进行过多的艺术处理，否则会弄巧成拙。
- 文字颜色。正文一律用黑色。

（3）正文的间距一般设置为 1.2 倍行距至 1.5 倍行距。通常情况下，宋体 9 磅的正文，其行距设置为 14 磅是比较理想的。

4．网页效果图的设计

为了让网页内容通过图片的形式表现出来，可以使用 Photoshop 或 Fireworks 等软件根据网页草图和网站风格设计出网页效果图。在网页效果图中，网页元素的合理排版与设计很重要，应该突出重点、层次分明、井井有条，要利用有限的空间，将各种文字和图片有效地组合在一起。设计版面时应注意：重要页面的链接和栏目要放到首页，重要信息应放在突出醒目的位置。页面中的构成元素要有大、中、小的区别；画面中的色彩要有明暗、色相和纯度的变化；层次不要过多。由于人的注意力有限，即使网页内容非常繁杂，层次数量也不建议超过三个。

1.2.3　网站制作

根据网页效果图，网站制作人员使用 Dreamweaver 等软件完成网页的制作。如果是动态网站，程序人员要根据网站规模选择合适的开发语言和数据库，进行网站后台程序的开发或整合。

1.2.4　网站测试

为了保证网站的正常浏览和使用，网站测试其实贯穿了整个开发阶段。网站建设完成后，先要在本地计算机上对网站进行全面的测试，然后将网站发布到服务器并进行测试，主要为了防止环境变化而出现的错误。测试的主要内容有：用户界面测试、链接测试、功能测试、兼容性测试、稳定性测试、脚本和程序测试等。

1.2.5 网站发布

网站发布是指将设计好的网站发布到互联网上。发布站点之前需要在Internet上申请网站域名和主页空间，然后将网站的所有文件上传到服务器中。上传文件时，通常使用FTP软件将其上传到服务器的目录下。如果是国内服务器，还需要给域名申请备案号，备案后的域名才能解析到网站空间IP地址，之后在主机上绑定域名就可以让用户通过注册的域名方便地访问网站了。

实训任务 1.2 网站栏目设置分析

网站栏目
设置分析

请访问一家旅游景点的官网，分析其栏目设置，并填写表1-2-1。

表 1-2-1 网站栏目设置分析

网站名称		
网址		
一级栏目	子栏目	主要内容
首页内容组织特点		
分析结论	（改进建议或可借鉴的做法）	

注意：分析栏目设置时，要注意将栏目与专题区分开。

【考核评价】

任务名称	网站栏目设置分析				
任务完成情况评价					
自我评价		小组评价		教师评价	
问题与反思					

【问题探究】

网站策划相关知识

网站策划方案主要包括哪些内容？

1. 建站前的分析

（1）同类网站分析，包括对网站的形式、内容、功能及作用等方面的分析。

（2）目标人群分析，即分析网站目标人群的一些特征，如年龄、爱好、受教育程度、生活环境、经济收入等。

（3）建设网站的能力分析，包括对技术、人力、费用等的分析。

2. 明确建站目的

（1）明确建站目的，如通过网站树立形象，通过网站进行推广，搭建网上交易平台等。

（2）根据实际需要，确定网站的功能类型（如信息发布型、销售型、综合型等）。

3. 确定网站技术解决方案

根据网站的功能类型确定网站建设过程中所使用的技术解决方案。

（1）选择服务器，即选择自建服务器或租用虚拟主机。

（2）选择服务器平台，即选择使用的操作系统类型。

（3）选择建站方式，即选择模板自助建站或个性化开发。

（4）为动态网站选择合适的动态程序及数据库，如 ASP、JSP、PHP 等动态程序，以及 SQL Server、Oracle、MySQL 等数据库。

4. 网站总体设计

（1）根据网站的建站目的确定网站的结构。

（2）根据网站的建站目的及网站内容确定网站的整合功能，如会员系统、信息搜索系统、在线支付系统等。

（3）网页草图的设计。

5. 网站效果的实现

（1）根据网页草图设计网页效果图。

（2）根据网页效果图制作前台网页。

（3）对于动态网站，进行网站后台的开发或整合。

6. 网站测试

网站建设完成后，先要在本地计算机上对网站进行全面的测试，然后将网站发布到服务器并进行测试。测试内容主要包括以下几个方面。

（1）网站链接的测试。

（2）图片、特效等是否正常显示。

（3）网页兼容性测试。

（4）稳定性测试。

（5）程序及数据库测试（动态网站）。

7. 网站的发布和推广

（1）申请域名与主页空间。

（2）域名解析，以及主机绑定域名。

（3）使用 FTP 软件将网站的所有文件上传到服务器中。

网站推广是指在网站发布以后，为了扩大网站的影响力和知晓度，做好网站的宣传和推广工作。网站推广通常分为在线推广和离线推广。在线推广可以采用电子邮件、网站广告、QQ、微信、搜索引擎等方式，离线推广可以采用电视广告、平面媒体等方式。

8．网站建设日程表

在网站建设日程表中，应写明各项任务的负责人，以及开始时间和完成时间等。

9．维护与更新

网站维护与更新是网站建设过程中极其重要的部分，应当制定相关的网站维护和更新规则，将网站维护与更新工作制度化、规范化。网站维护与更新的内容主要包括以下几个方面。

（1）网站的日常维护。

（2）网站内容的维护和更新。

（3）定期改版。

（4）维护网站安全。

10．费用预算

费用预算是指为网站建设相关事宜所需的费用而做的成本预算。

任务 1.3　网站结构和网站类型

【学习导图】

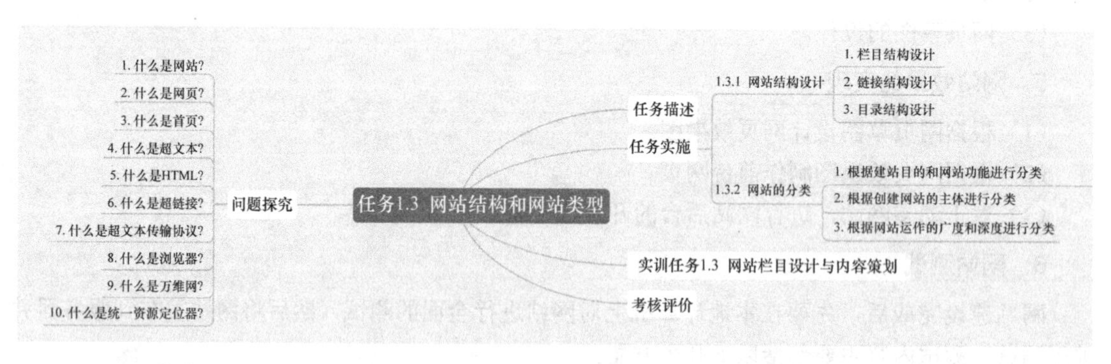

【任务描述】

清晰的网站结构不仅可以帮助用户快速获取信息，还可以让网站的管理和维护变得更方便。另外，清晰的网站结构也可以引导搜索引擎抓取更多、更有价值的页面。

在本任务中，我们将从网站的栏目结构、链接结构、目录结构三个方面认识网站结构。此外，我们还将从建站目的和网站功能、创建网站的主体，以及网站运作的广度和深度三个角度分析网站的主要类型。

【任务实施】

栏目结构设计

1.3.1 网站结构设计

1. 栏目结构设计

（1）栏目结构简介。网站的栏目结构实质上是突出显示网站主体内容的大纲索引，即使用结构化的方法将网页中要展示的信息进行整理和分类，用最简练的文字提炼出网站各部分的内容，形成清晰的栏目结构，从而使网页内容更具有条理性、逻辑性和易读性。

网页栏目一般指网站导航。导航的表现形式有纯文字型和图片型，分别如图 1-3-1 和图 1-3-2 所示。导航又可分为全局导航和局部导航。全局导航体现网站的主要栏目，如图 1-3-1 和图 1-3-2 所示；局部导航体现次要栏目，通常出现在子网页中，如图 1-3-3 所示。

图 1-3-1 纯文字型全局导航

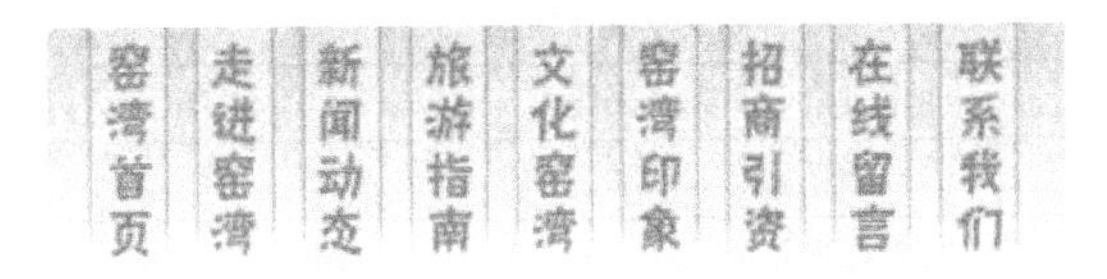

图 1-3-2 图片型全局导航

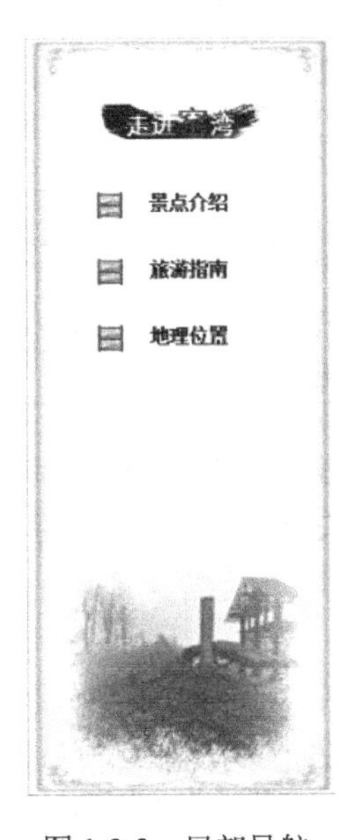

图 1-3-3 局部导航

导航通常有一级栏目、二级栏目，像树状结构一样，主要为了方便用户快速找到信息，增强用户体验。例如，一个企业网站通常包括公司概况、新闻中心、产品展示、客服中心、人才招聘、联系我们等栏目，如图 1-3-4 所示。典型企业网站栏目结构及内容如表 1-3-1 所示。

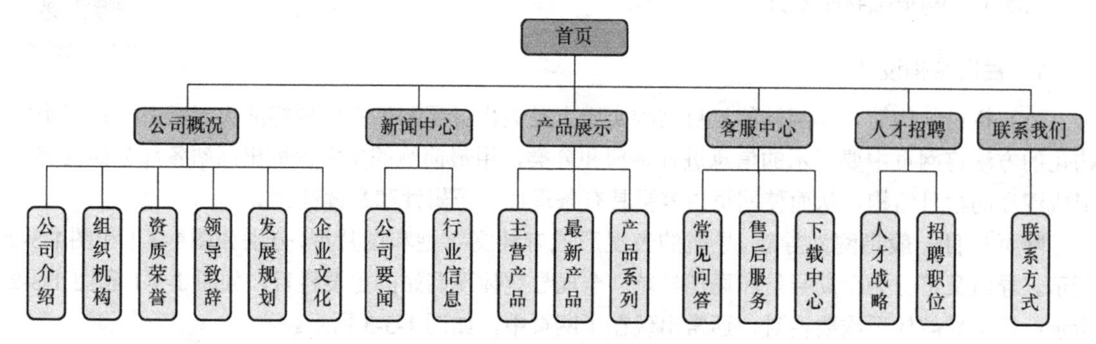

图 1-3-4　典型企业网站栏目结构

表 1-3-1　典型企业网站栏目结构及内容

一级栏目	二级栏目	内　容
公司概况	公司介绍	介绍企业的一些基本情况、公司的历史等信息
	组织机构	公司组织机构拓扑图
	资质荣誉	公司的证书
	领导致辞	领导致辞及领导照片
	发展规划	公司发展目标及发展计划
	企业文化	企业理念及员工风采等
新闻中心	公司要闻	公司最新动态、活动
	行业信息	行业相关资讯
产品展示	主营产品	与其他竞争对手相比，最具竞争力的产品
	最新产品	公司最新研制的产品
	产品系列	完整的产品系列展示
客服中心	常见问答	用户常见的各类问题在线问答
	售后服务	各地营销中心及售后服务中心的联系方式
	下载中心	支持 Word、Excel、PDF、ZIP 等产品说明或相关文件的下载
人才招聘	人才战略	公司的人才战略、人才发展计划等内容
	招聘职位	具体的招聘信息，能以表格形式让应聘者在线填写并提交应聘信息
联系我们	联系方式	公司联系电话和联系地址

（2）设计网站栏目的方法。策划网站栏目时，首先要考虑网站的定位。当确定了网站的发展方向后，就可以围绕这个方向搜集相关资料，并将资料整合到相应的栏目中。设计网站栏目通常有以下几种方法。

① 归纳和演绎法。

归纳是指由个别到一般。在设计网站栏目时，如果展示的信息为公司的基本情况，可以将其归纳为“公司概况”栏目（一级）。相反，演绎是指由一般到个别。在设置好“公司概况”栏目后，可将与公司介绍相关的其他内容（如“公司图片”“规章制度”“企业文化”等）作为该栏目下的二级栏目。

② 借鉴引用法。

在设置网站栏目时，可以通过分析同类网站的栏目结构得到启发。对于一些有特色的栏目结构和大多数网站都采用的栏目结构可以适当借鉴。

③ 关键词选择法。

把需要确定的栏目名称作为关键词，在搜索引擎中进行搜索，可以找到很多相关的关键词，集思广益，挑选合适的关键词作为栏目名称。此外，通过搜索也可以发现一些热门关键词，让栏目名称尽量符合浏览者的习惯。

（3）栏目设置的基本原则如下。

- 简洁明了、层次清晰。
- 合理编排栏目的顺序，将首页链接置于栏目首位。
- 尽量减少栏目层级，确保浏览者在执行 1～3 次单击动作后就能找到想要的信息。
- 美观大方，高效易用。

2. 链接结构设计

链接结构设计

（1）网站链接结构简介。网站链接结构主要是指网页内部链接所形成的逻辑结构，网站链接结构也被称为网站逻辑结构，体现了前端页面的层次关系。

网站链接结构也可以表现为页面之间相互链接的拓扑结构，即每个页面都是一个固定点，链接则是在两个固定点之间的连线。一个点可以和一个点连接，也可以和多个点连接。更重要的是，这些点并不是分布在一个平面上，而是存在于一个立体的空间中。

（2）网站链接结构的表现形式。网站链接结构最基本的表现形式有线性链接结构、树状链接结构和星状链接结构。

① 线性链接结构：将多个网页按照一定的先后顺序链接起来，形成一个线性关系。常用于需要按步骤进行的栏目上，如图 1-3-5 所示。

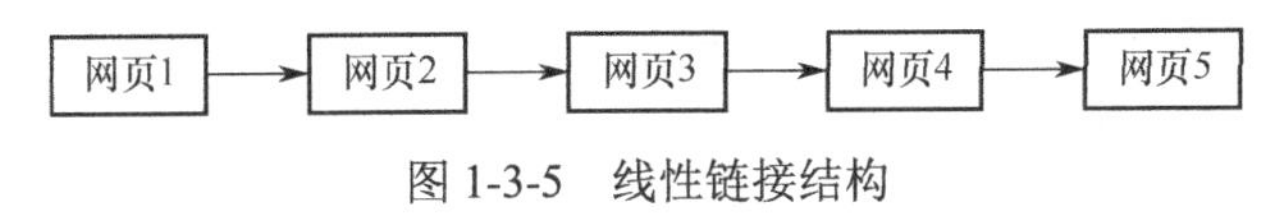

图 1-3-5　线性链接结构

② 树状链接结构：按照网页之间的包含关系组织而成，像一棵倒置的树，如图 1-3-6 所示。树状链接结构的特点为层次清晰、结构简单、效果直观，能将所有内容划分得非常具体，便于用户理解。

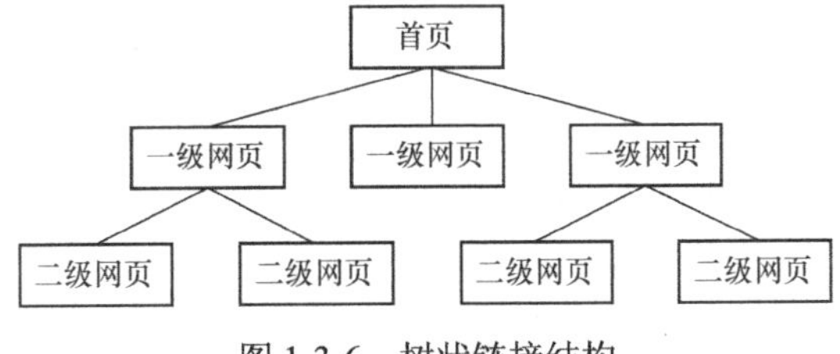

图 1-3-6　树状链接结构

浏览这样的链接结构时，首页链接指向一级网页，一级网页链接指向二级网页。逐级进入，逐级退出，条理比较清晰，访问者明确知道自己在什么位置，不会出现“不知身在何处”的状况，但访问者使用这种链接结构时浏览效率较低，比如从一个栏目下的子页面到另一个栏目下的子页面，必须回到首页后再操作。树状链接结构是实际应用中最常用的。

③ 星状链接结构：多个网页相互链接，这些网页可以是层次结构上的任意网页，它们因为内容上的相关性而链接在一起，如图 1-3-7 所示。对于小型网站，这种链接结构比较方便，浏览者可以随时访问自己喜欢的网页。但是如果网站中的网页太多，使用这种链接结构时，容易使浏览者迷路，搞不清自己在什么位置。

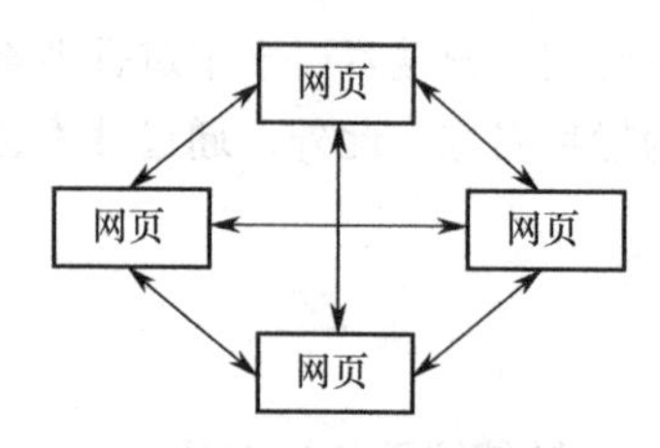

图 1-3-7　星状链接结构

在网页制作的过程中，链接结构的设计是非常重要的一环，采用什么样的链接结构将直接影响版面的布局。设计网站时，经常将多种链接结构混合使用。

3. 目录结构设计

目录结构设计

（1）目录结构简介。网站通常包含了很多类型的文件，需要按类型和功能将文件整齐、有序地归类并存放到站点下对应的子目录中，便于将来的管理和维护。网站目录是指建立网站时创建的各种文件夹，用于存放网站中所有的图片、网页、数据库等文件。目录结构是指网站目录及目录中包含的文件所存储的真实位置而表现出来的结构。目录结构体现了网站中所有文件存储在磁盘中的真实路径，因此也被称为网站的物理结构。目录结构的优劣，对浏览者而言，在使用时并没有明显的区别，对站点本身的管理和维护而言，却有着重要的影响。一个小型网站的目录结构如图 1-3-8 所示，DW 中网站的目录结构如图 1-3-9 所示。

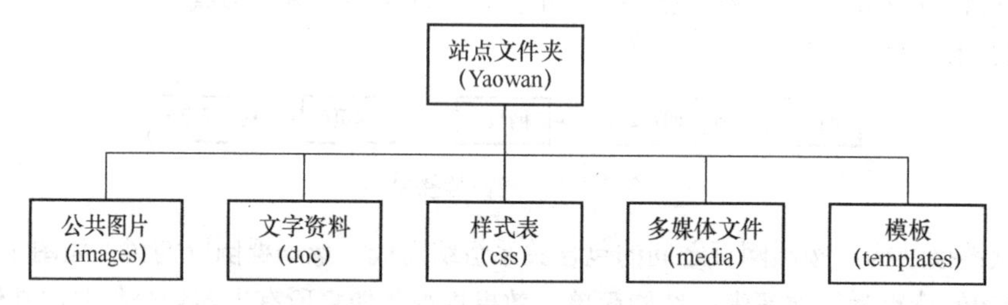

图 1-3-8　某小型网站的目录结构

本地文件	大小	类型
站点 - Yaowan (G...		文件夹
css		文件夹
doc		文件夹
images		文件夹
media		文件夹
templates		文件夹
cxts.html	10KB	360 se...
index.html	13KB	360 se...
sxdd.html	14KB	360 se...
tttj.html	10KB	360 se...
wsdd.html	18KB	360 se...
xszs.html	10KB	360 se...
xxjj_dw.html	10KB	360 se...

图 1-3-9　DW 中网站的目录结构

（2）网站目录结构的表现形式。

网站目录结构一般包含两种表现形式：扁平式结构和树状结构，如图 1-3-10 所示。

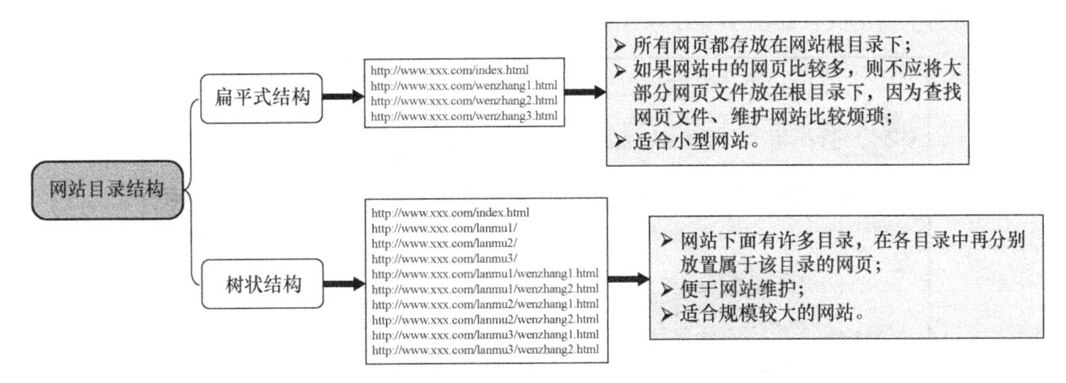

图 1-3-10　网站目录结构的表现形式

（3）设计网站目录的原则。网站目录设计的总原则是以最少的层次提供最清晰、简单的访问结构，此外，还必须遵循以下原则。

- 不要将所有文件都存放在根目录下，应分类存放、分别建立目录。
- 目录的层次不要太深，建议目录层次不要超过 3 层，这样的结构便于维护与管理。
- 根据栏目内容建立子目录。除公共的目录外，我们要根据网站栏目，为每个栏目建立相应的子目录，并存放其对应的网页文件。
- 在每个子目录下都建立独立的 images 目录，用于存放各栏目对应网页的图像文件。
- 不要使用中文名称的目录。
- 不要使用名称过长的目录。
- 尽量使用意义明确的目录名称。

（4）网站常用的英文词汇。

网站导航（Sitemap），返回首页（Homepage），关于我们（About Us）。

简介（Introduction），新闻动态（News），组织机构（Organization）。

技术力量（Technology），业务范围（Business Scope），产品（Product）。

案例（Project），荣誉（Glory），文化（Culture）。

联系我们（Contact Us），发展历程（Development History），产品销售（Sale）。

招聘（Join Us），意见反馈（Feedback），专题报道（Special Report）。

下载中心（Download），供求信息（Supply & Demand），常见问题（FA）。

客户留言（Customer Message），客户服务（Customer Service），会员登录（Member Entrance）。

在线调查（Online Inquiry），在线交流（Online Communication）。

1.3.2　网站的分类

网站的分类

1．根据建站目的和网站功能进行分类

根据建站目的和网站功能，可将网站分为信息发布型网站、销售型网站、综合型网站、资讯型网站、购物平台型网站和娱乐休闲型网站等。

（1）信息发布型网站，也被称为在线宣传册型网站，这种网站由于功能简单，相当于宣传册的在线版。这类网站的制作方法比较简单，维护工作比较轻松，因此信息发布型网站是大多数中小企业网站的主流形式，如图 1-3-11 所示。

图 1-3-11　信息发布型网站

（2）销售型网站不仅能提供有关企业的信息，还可以提供在线交易等电子商务服务。例如，戴尔的官方网站除了展示产品介绍、焦点新闻和公司简介等内容，还提供了销售订购服务，因此该网站是一个典型的销售型网站，如图 1-3-12 所示。

图 1-3-12　销售型网站

（3）综合型网站是网站的高级形态。在综合型网站中，既可以将信息发布到互联网上，也可以提供销售产品服务，还可以提供集成了包括供应链管理在内的、整个企业业务流程一体化的信息处理系统。在这一方面，海尔商城网站堪称典范。海尔商城网站全面展示了海尔的在销产品，提供了灵活多样的查询手段、方便的支付方式和完善的物流配送服务，使客户真正体会到网络消费的便捷和实惠，如图 1-3-13 所示。

图 1-3-13　综合型网站

（4）资讯型网站以提供信息资讯为主要目的。常见的资讯型网站有新浪、搜狐、网易等，这类网站既有传统媒体的所有优势，同时还具有用户基数更大、内容覆盖更广、信息实时性更强、能提供在线即时交互服务等特征，如图 1-3-14 所示。

图 1-3-14　资讯型网站

（5）购物平台型网站依托互联网技术在平台上实现用户下单、在线支付、物流配送等一条龙服务，其网页内容均围绕商品的展示和促销活动展开，一般包括商品分类、特色商品宣传、促销广告等，如图1-3-15所示。

图1-3-15　购物平台型网站

（6）娱乐休闲型网站为广大网络用户提供了娱乐休闲的平台，常见的娱乐休闲型网站包括视频网站、音乐网站、游戏网站、电影网站、文学网站等，如图1-3-16所示。

图1-3-16　娱乐休闲型网站

2．根据创建网站的主体进行分类

根据创建网站的主体，可将网站分为行业网站、企业网站、政府机构类网站、中介网站和个人网站等。

（1）行业网站是以行业相关内容为主体构建的网站，这类网站专业性很强，旨在为行业内的企业和部门提供信息发布、商品交易、客户交流等活动的平台，如图1-3-17所示。

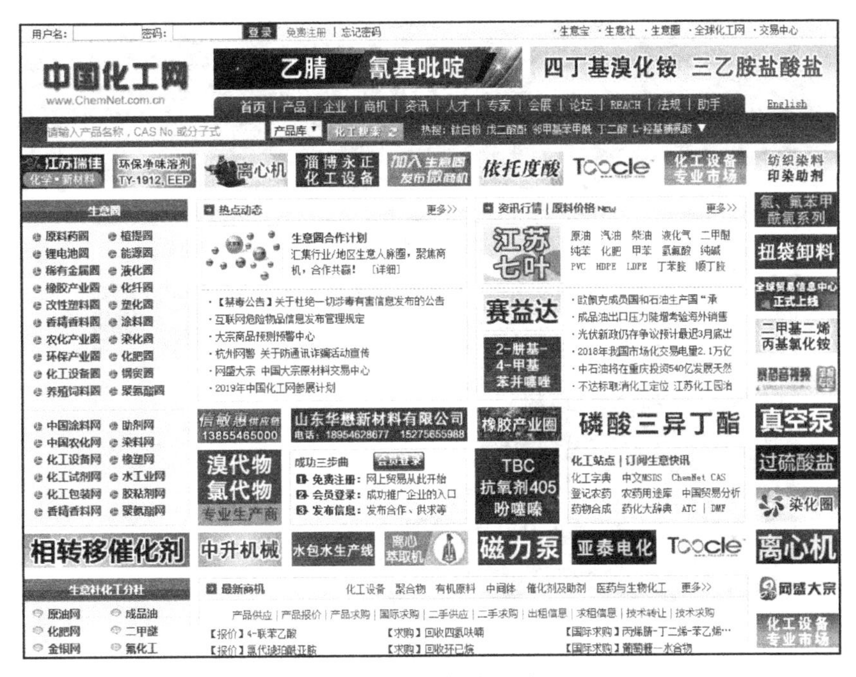

图 1-3-17　行业网站

（2）企业网站是以企业相关内容为主体构建的网站，旨在为企业的产品和服务提供商务平台，如图 1-3-18 所示。

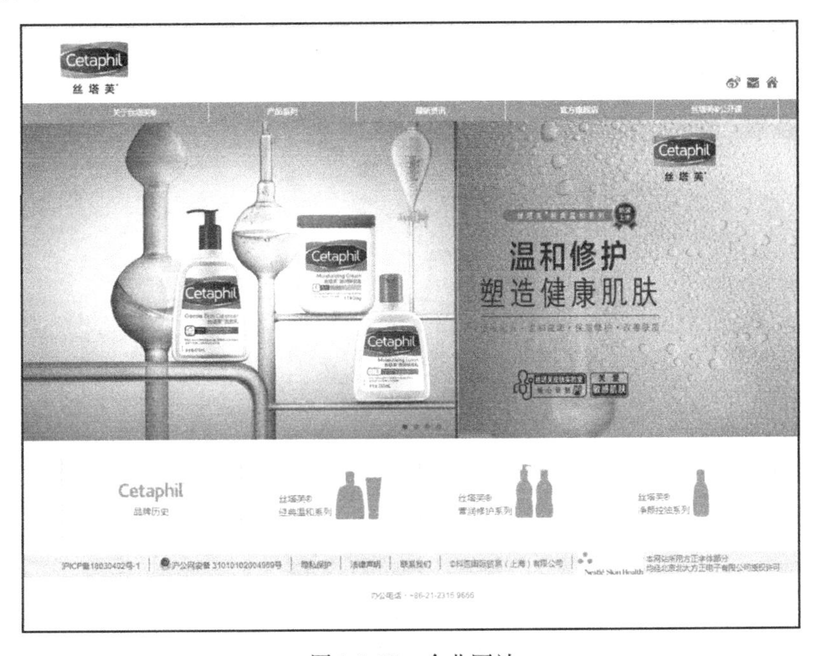

图 1-3-18　企业网站

（3）政府机构类网站通常指为政府机关、非营利性机构或相关社团组织建立的网站。这类网站的内容多以机构形象宣传和服务为主，这类网站为各种公共服务提供了网络交流的平台，如图 1-3-19 所示。

图 1-3-19　政府机构类网站

（4）中介网站提供了在线交易平台，以便企业或个人进行在线交易，部分中介网站会向用户收取中介服务费用，如图 1-3-20 所示。

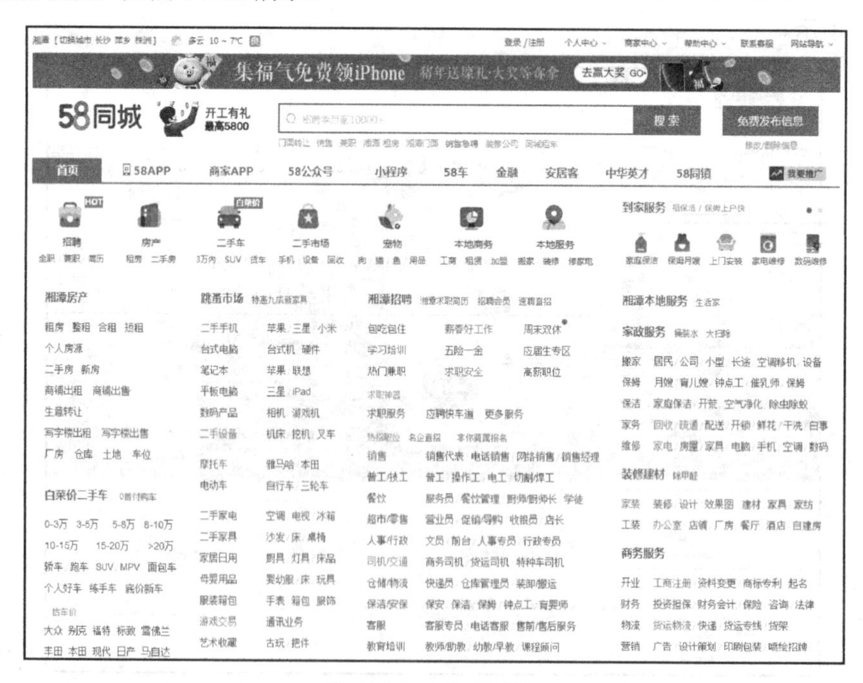

图 1-3-20　中介网站

（5）个人网站是指以个人名义创建的具有较强个性的网站。网站创建者通常出于展示个人兴趣爱好或开展个人业务等目的而创建网站。这类网站带有很明显的个人色彩，无论是内容、风格，还是样式、配色，都体现了独到之处，如图 1-3-21 所示。

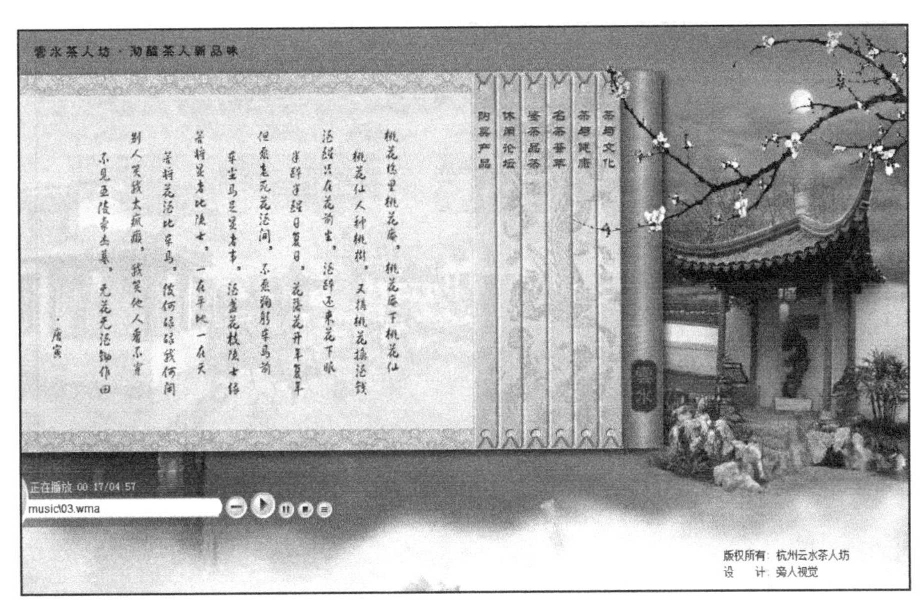

图 1-3-21　个人网站

3．根据网站运作的广度和深度进行分类

根据网站运作的广度和深度，可将网站分为水平型网站和垂直型网站。

（1）水平型网站提供了各类产品的展示与销售服务，旨在为用户提供产品线宽、可比性强的商业平台，如图 1-3-22 所示。

图 1-3-22　水平型网站

（2）垂直型网站提供了某一类或几类产品及其相关的各种服务。例如，以汽车为主题的商业网站提供了汽车销售、汽车零配件销售、汽车装饰品销售、汽车保险销售等服务，如图 1-3-23 所示。

图 1-3-23　垂直型网站

实训任务 1.3　网站栏目设计与内容策划

网站栏目设计与内容策划

【材料】

窑湾始于晋，兴于唐，盛于明清。

窑湾是千年湘潭城的源起之地。

窑湾也是湘潭民俗文化、码头商贸文化的发源地。

窑湾拥有深厚的历史底蕴和文化内涵，堪称湘潭人文的一个摇篮。

……

近年来，湘潭正在大力打造窑湾精品景区。从前那条破旧落后的老街正在蜕变成一条以“故事建筑、城市记忆、湖湘特色、山江渔洲”为主题的历史文化街区。目前，虽然网上能找到一些关于湘潭窑湾的新闻，但还没有一个专门介绍湘潭窑湾的网站，因此项目组准备创建一个公益网站来展示湘潭窑湾的风采，让人们通过窑湾了解湘潭，了解湖湘文化。

请分析网站类型，调查和确定网站栏目，并针对网站栏目中的内容进行编辑。

（1）网站类型分析与定位。

我们已经知道，根据建站目的和网站功能，可将网站分为信息发布型网站、销售型网站、综合型网站、资讯型网站、购物平台型网站、娱乐休闲型网站等，不同类型的网站其功能需求和设置有所不同。请访问如表 1-3-2 所示的两个网站，判断网站是否具有对应的功能，如果有，则在对应的单元格中填写“√”，否则填写“×”。最后，根据网站功能判断网站类型。

表 1-3-2　网站类型分析表

网 站 名 称	华为——构建万物互联的智能世界	乌镇旅游官方网站
网　　址		
用 户 注 册		

（续表）

网 站 名 称	华为——构建万物互联的智能世界	乌镇旅游官方网站
产品或服务项目展示		
商品或服务在线订购		
站 内 搜 索		
信 息 发 布		
客 户 服 务		
网 站 类 型		

说明：客户服务包括以下 4 种形式：“A. 网页版的在线客服”“B. 基于 QQ 等即时工具的客服”“C. 留言簿”“D. 留有客服电话、QQ 号码或 E-mail”，如果该网站有客户服务，则应填写客户服务形式对应的选项，有的网站可能有多种客户服务形式，此处可以填写多个选项。

（2）同类网站比较。

按照如表 1-3-3 所示的内容访问任意两个旅游景点的官方网站，将相关信息填入表 1-3-3 中并进行比较，分析各网站的整体构思。

表 1-3-3　同类网站调查分析表

网站名称		
网址		
网站 Logo（截图）		
网站主要栏目（一级栏目）		
有何种客户服务系统		
网站总体评价（可以从网站内容、功能、布局、色彩、风格、信息更新等方面进行评价）		

（3）确定网站主题和网站栏目。

根据网站分析的结果，结合“湘潭窑湾”的背景材料，在表 1-3-4 中填写网站主题和网站栏目。

表 1-3-4　网站主题和网站栏目

项　　目	填 写 内 容
网站中文名称	
网站类型	
网站栏目（根据网站主题至少填写 5 个网站栏目）	

（4）网站内容的编辑。

对以下内容进行编辑，将其放入规划的网站栏目中。为方便网络稿件的归类、网络稿件的检索，需要对给定的稿件设置关键词，进行文稿标题和内容提要的制作。

【材料】

千里湘江，一路滔滔，出广西，汇潇水，经永州、衡阳、株洲，浩浩汤汤，奔涌向北。至湘潭境内，浩瀚的江水倏然蜿回，缠绕于杨梅洲，划出一道巨大的“U”形弧线后，望洞庭而去。此“U”形江湾长达 42 公里，不仅长度是湘江诸多江湾中最长的，而且江面宽度也是湘江全域中最宽的，堪称“绝无仅有”，为湘江诸湾之最，是名至实归的“千里湘江第一湾”。湾的中部，一座千年古镇默然矗立，镇名为“窑湾”。史料记载，窑湾古镇建制于西晋，已有 1700 余年的历史，是湘潭城区文化发源最早、人文资源最丰富、文化底蕴最深厚的地方，是走进湘潭历史深处的入口，也是解读新老潭城的书卷。

根据以上材料，填写表 1-3-5。

表 1-3-5　网站内容的编辑

项　目	填 写 内 容
栏目选择 （根据材料选择表 1-3-4 中的 1 个网站栏目）	
网站标题（不超过 20 个字）	
关键词（不少于 3 个关键词）	

【考核评价】

任务名称	网站栏目设计与内容策划				
任务完成情况评价					
自我评价		小组评价		教师评价	
问题与反思					

【问题探究】

网站相关问题探究

1．什么是网站？

网站（Website）是一系列相关联的网页文件的集合，不同的网页通过超链接被整合到一起，为浏览者提供丰富的信息。网站通常包括主页和其他具有超链接文件的页面。

网站实际上就是一个文件夹，其中的文件不仅有网页还有网站所需的其他文件或文件夹。

2．什么是网页？

网页（Web Page）也被称为 Web 页，是万维网上传递各种信息的页面。网页经由网址（URL）来识别与存取，通过网页浏览器来阅读。在万维网上，信息被一页一页地显示在浏览器窗口上，类似于书籍的页面，因此被称为网页。网页包含文本、图像、图形、动画、视频、音频、超链接等各种网页元素。

3．什么是首页？

首页（Home Page）是使用浏览器打开网站时显示的第一页，也是网站最重要的一页。首页用于体现网站主题与形象，是网站所有信息的归类目录或分类缩影。

4. 什么是超文本？

超文本（Hypertext）是一种可以指向其他文件的文字或图片，它通过超链接将网页中的文字或图片与其他对象进行关联，为用户查找、检查信息提供了一种快捷方式。

5. 什么是 HTML？

HTML（Hyper Text Markup Language）即超文本标记语言，用于编写浏览器能识别的网页文件，其扩展名通常是 html 或 htm。一个 HTML 网页文档包含了许多 HTML 标签，在 HTML 标签中可以插入图形、音频、视频等多媒体信息，还可以建立与其他超文本的链接。HTML 是纯文本类型的语言，可以使用任意文本编辑器查看与编辑。

6. 什么是超链接？

超链接（HyperLink）是从一个网页指向另一个目的端的网页元素。这个目的端通常是另一个网页，但也可以是一张图片、一个电子邮件地址、一个文件（如多媒体文件、文档或任意文件）、一个程序，或者是本网页中的其他位置。其载体通常是文本、图片或图片中的区域，也可以是一些不可见的程序脚本。当浏览者单击超链接时，其目的端将显示在 Web 浏览器上，并根据目的端的类型以不同方式链接。例如，当单击一个指向 AVI 文件的超链接后，该文件将在媒体播放软件中被打开；如果单击一个指向网页的超链接，则该网页将显示在 Web 浏览器上。可以说超链接的使用是万维网流行起来的最主要的原因之一。

7. 什么是超文本传输协议？

HTTP（Hypertext Transfer Protocol）即超文本传输协议，是一种传输数据的网络协议，专门用于传输万维网中的信息资源。

8. 什么是浏览器？

浏览器（Browser）是一种可以显示具有超文本特性的文件，并让用户与这些文件进行交互的软件。它用来显示万维网或局域网中的文字、图像及其他信息。这些文字或图像可以是连接其他网址的超链接，用户可以迅速并轻松地浏览各种信息。

目前，主流的浏览器内核有 Trident、Gecko、Webkit、Chromium/Blink，对应的浏览器为 IE、Mozilla FireFox、Safari、Chrome。国产浏览器也使用这几种内核，部分国产浏览器拥有“双核”或“多核”。

9. 什么是万维网？

WWW（World Wide Web）即万维网，是一个基于众多超文本相互链接的全球性系统，是建立在 Internet（因特网）上最典型的网络服务。万维网可以展示多媒体信息，又具有图形化的用户界面，让使用者能在很短的时间里体验具有视觉、听觉等多种感知的交互信息。在这个系统中，每个有用的事物都被称为“资源”，并且由统一资源定位器（URL）标识，这些资源通过超文本传输协议传送给用户，用户通过单击链接来获得资源。

10. 什么是统一资源定位器？

URL（Uniform Resource Locator）即统一资源定位器，是一个指定 Internet 上资源位置的标准，也就是我们常说的网址。互联网上的每个文件都有唯一的 URL，URL 所包含的信息指出文件的位置，以及告诉浏览器应该怎么处理 URL。

URL 的格式为“协议名://主机地址(:端口号)/文件路径”，它由三部分组成：第一部分为协议；第二部分是该资源的主机地址（域名或 IP 地址），有时也包括端口号；第三部分是资源的具体地址，如 http://hnjd.net.cn/Pages.aspx?channel=×××。

任务 1.4 网页的构成

【学习导图】

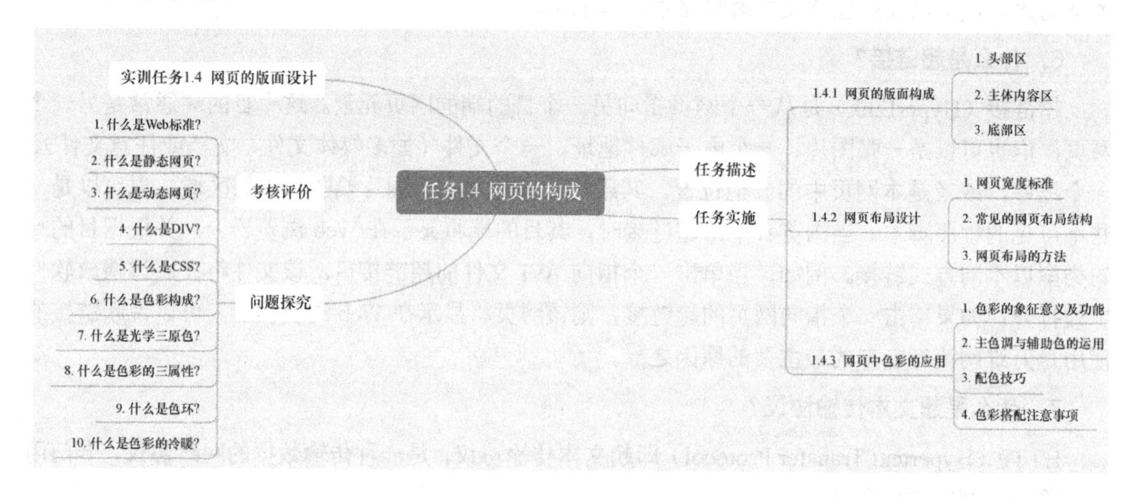

【任务描述】

网页呈现的视觉效果是衡量网站用户体验的重要指标之一。网页的视觉效果与网页构成的三个方面——版面构成、布局设计和色彩的应用有着密切的联系。在本任务中，我们将学习这三个方面的知识，以便更好地实施网页框架的搭建和网页色彩的搭配。

【任务实施】

1.4.1 网页的版面构成

网站的版面构成

Internet 中的网页内容各异，然而多数网页的版面是由一些基本的板块构成的，包括头部区、主体内容区、底部区，如图 1-4-1 所示。

1. 头部区

头部区包括 Logo（徽标）、Banner（横幅广告）和 Navigation（导航）。

（1）Logo。

Logo 指徽标或商标，具有识别和推广的作用。Logo 包含网站的标志和网站的名称，如图 1-4-2 所示。一个好的 Logo 会使用户快速了解这个网站的类型及内容，因此 Logo 要便于识别和记忆。

1. 头部区
   1）Logo（徽标）
   2）Banner（横幅广告）
   3）Navigation（导航）
2. 主体内容区

   结构：
   1）Left（左）Center（中）Right（右）
   2）左右（两栏）
   3）上中下（多栏）
   ……
3. 底部区
   1）FriendLink（友情链接）
   2）Bottom Nav（底部次导航）
   3）CopyRight（版权）

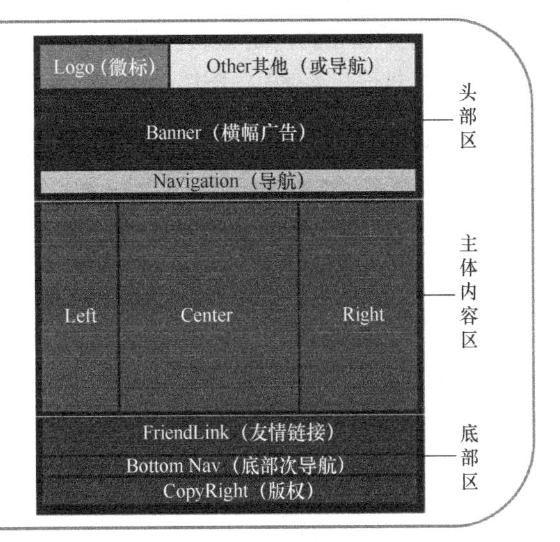

图 1-4-1　网页的版面构成

图 1-4-2　网站 Logo

（2）Banner。

Banner 中文直译为旗帜、网幅或横幅，一般指网页广告、旗帜广告、横幅广告等。在网页布局中，大部分网页都将 Banner 放置在与导航相邻的位置，或者其他醒目的位置，以吸引用户浏览。大多数 Banner 使用 JavaScript 技术或 Flash 技术制作，目的是通过动画效果展示更多的内容，激发用户的浏览兴趣，如图 1-4-3 所示。

图 1-4-3　网站的 Banner

（3）Navigation。

导航是网页的重要组成元素。合理安排导航可以帮助用户迅速查找到需要的信息。导航的形式多种多样，包括文本导航、图像导航及动画导航等，如图 1-4-4 所示。

图 1-4-4　网站导航

2. 主体内容区

主体内容区是网页的主体部分，该板块可以包含文本、图像、动画、超链接、表单、视频等各种网页元素，如图 1-4-5 所示。

图 1-4-5　主体内容区

3. 底部区

底部区即网页底端的板块。这一区域通常放置网页的版权信息、网站备案号及网页所有者、设计者的联系方式等。有的网站也将网站的友情链接及一些附属的导航放置在底部区，如图 1-4-6 所示。

图 1-4-6　湖南电气职业技术学院官方网站的底部区

1.4.2　网页布局设计

网页布局设计

1. 网页宽度标准

在不同分辨率下，各种浏览器网页第一屏的最大可视区域如表 1-4-1 所示。

表 1-4-1　在不同分辨率下，各种浏览器网页第一屏的最大可视区域

浏 览 器	分 辨 率 一		分 辨 率 二		分 辨 率 三	
	800px	600px	1024px	768px	1280px	1024px
IE6.0	799（+21）px	432（+168）px	1003（+21）px	600（+168）px	1259（+21）px	856（+168）px
IE7.0	799（+21）px	452（+148）px	1003（+21）px	620（+148）px	1259（+21）px	876（+148）px
Firefox2.0	783（+17）px	417（+183）px	1007（+17）px	585（+183）px	1263（+17）px	841（+183）px
Opera9.0	781（+19）px	461（+139）px	1005（+19）px	629（+139）px	1261（+19）px	885（+139）px

说明：比如在 1024px × 768px 的分辨率下，IE7.0 的网页第一屏的最大可视区域为（1024−21）px ×（768−148）px，即 1003px × 600px。

2. 常见的网页布局结构

（1）结构化布局。结构化布局有“国”字型布局、“匡”字型布局、“三”字型布局和标题正文型布局等类型。

“国”字型布局也被称为“同”字型布局，是一些大型网站常用的布局类型，即网页顶端是网站的标题及横幅广告，网页中部是网站的主体内容，主体内容被分为左、中、右三部分，其中左、右两部分的版面宽度较小，中间部分的版面宽度较大，左、中、右三部分版面高度一致，网页底端是网站的一些基本信息、联系方式、版权声明等，如图 1-4-7 所示。

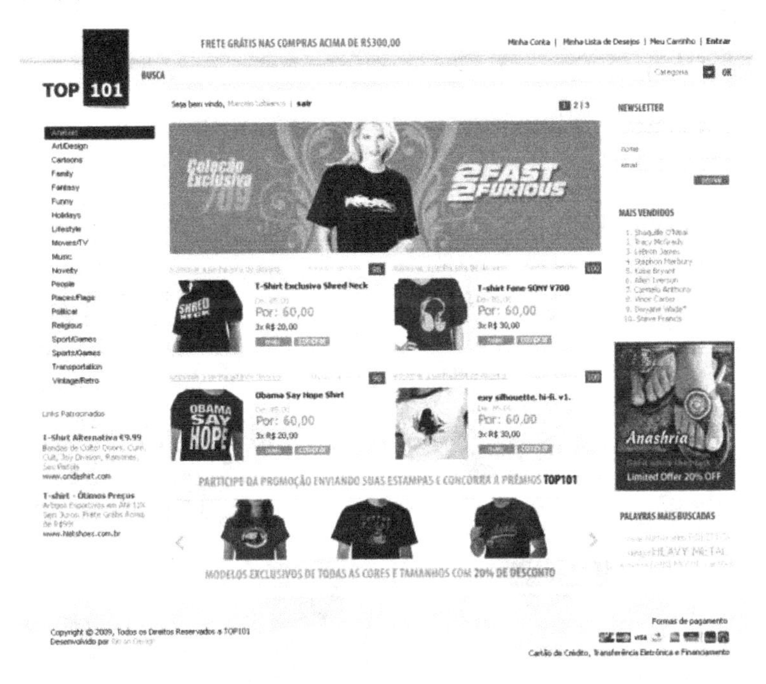

图 1-4-7　“国”字型布局

“匡”字型布局其实是“国”字型布局的一种变形结构，即将“国”字型布局的主体内容的右侧去掉，这种布局给主体内容释放了更多空间。在“匡”字型布局中，网页顶端是网站的标题及横幅广告，网页中部是网站的主体内容，主体内容被分为左、右两部分，左侧的版面宽度较小，用于放置超链接，右侧的版面宽度较大，主要用于放置网页正文，如图 1-4-8 所示。

图 1-4-8 “匡”字型布局

“三”字型布局是一种简洁明快的网页布局类型，这种布局的特点是网页被横向色块分割为上、中、下三部分，如图 1-4-9 所示。

图 1-4-9 “三”字型布局

在标题正文型布局中，页面内容以文本为主，网页顶端是网站标题，网页中部是正文。标题正文型布局常用于新闻报道页面，如图 1-4-10 所示。

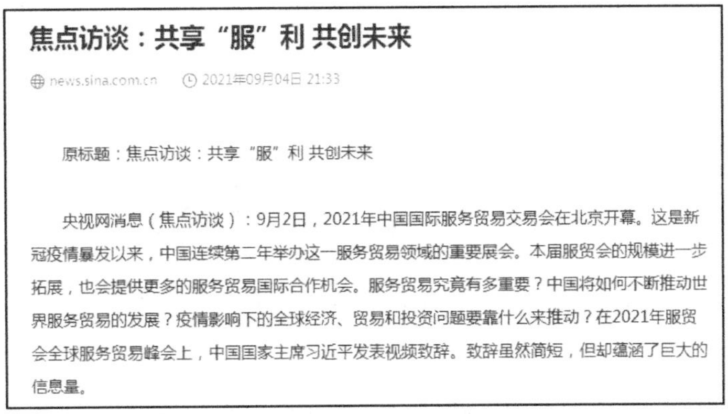

焦点访谈：共享"服"利 共创未来

news.sina.com.cn　2021年09月04日 21:33

原标题：焦点访谈：共享"服"利 共创未来

央视网消息（焦点访谈）：9月2日，2021年中国国际服务贸易交易会在北京开幕。这是新冠疫情暴发以来，中国连续第二年举办这一服务贸易领域的重要展会。本届服贸会的规模进一步拓展，也会提供更多的服务贸易国际合作机会。服务贸易究竟有多重要？中国将如何不断推动世界服务贸易的发展？疫情影响下的全球经济、贸易和投资问题要靠什么来推动？在2021年服贸会全球服务贸易峰会上，中国国家主席习近平发表视频致辞。致辞虽然简短，但却蕴涵了巨大的信息量。

图 1-4-10　标题正文型布局

（2）艺术化布局。艺术化布局有海报型布局、Flash 型布局和自由式结构布局等类型。

海报型布局也被称为 POP 布局，主要出现在一些企业网站和个人网站的首页。在这种布局中，通常采用精巧别致的平面设计风格，网页中一般会有图片、动画及少量的超链接，有的网页甚至直接在图片上添加超链接，且不进行任何提示。海报型布局如果使用得合理，往往会给人带来赏心悦目的感觉，如图 1-4-11 所示。

图 1-4-11　海报型布局

Flash 型布局是一种生动、有趣的布局类型。在 Flash 型布局中，Flash 动画占据了整个页面，由于 Flash 技术的支持，使得页面的动画效果非常丰富。此外，还可以为 Flash 动画添加音频文件，从而达到更好的视觉效果及听觉效果，如图 1-4-12 所示。

自由式结构布局的随意性非常大，打破了过去以图文为主的表现形式，将图像、Flash 动画或视频作为主体内容，其他的文字内容及栏目均被安排到不显眼的位置，起装饰作用。自由式结构布局富于美感，可以吸引浏览者的注意力，如图 1-4-13 所示。

图 1-4-12　Flash 型布局

图 1-4-13　自由式结构布局

3．网页布局的方法

（1）DIV＋CSS 布局。

在 DIV＋CSS 布局（见图 1-4-14）中，DIV 标签主要用来装网页中的内容，其外观与形式完全由 CSS 控制。这种布局实现了网页内容与形式的分离，使网页代码更加规范、有序，减少了网页加载的冗余度，加快了网页的下载速度。同时，CSS 不仅可以有效地实现对页面效果的精确控制，而且可以让网页更新变得更容易。

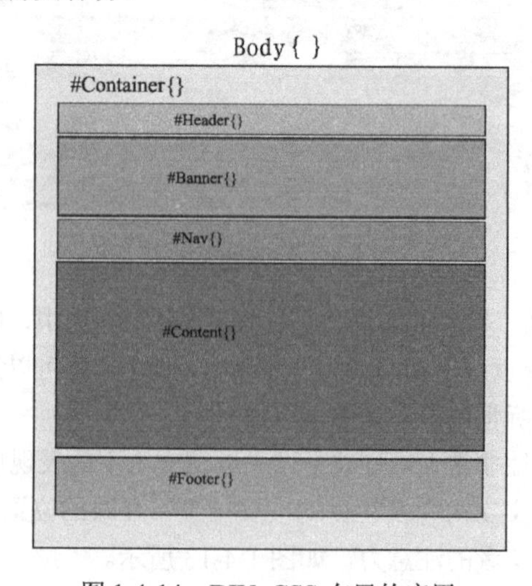

图 1-4-14　DIV+CSS 布局的应用

一般来说，使用 DIV＋CSS 布局进行网页制作的过程如下：首先明确页面组成，使用 DIV 对页面进行分块，每个块通过不同的 id 或 class 样式进行标识和区分；其次设置 CSS，完成页面中各 DIV 标签的定位，搭建页面的基本框架；再次添加相应的内容；最后进行页面的美化。

采用这种布局的网页是由 DIV 与 CSS 两部分组成的，分别对应两个文件，两个文件的代码分别如图 1-4-15 和图 1-4-16 所示。

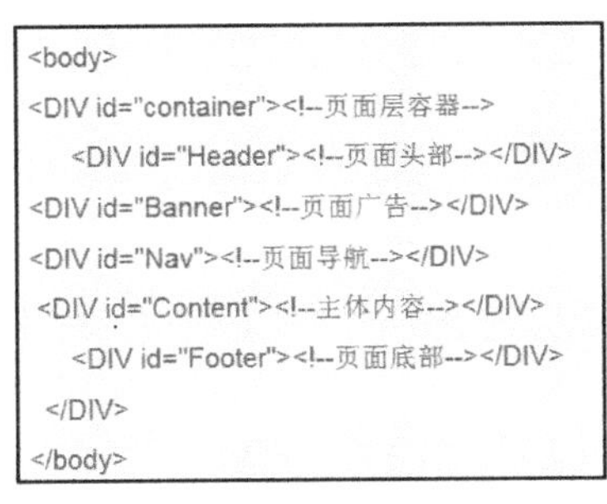

```
<body>
<DIV id="container"><!--页面层容器-->
    <DIV id="Header"><!--页面头部--></DIV>
<DIV id="Banner"><!--页面广告--></DIV>
<DIV id="Nav"><!--页面导航--></DIV>
<DIV id="Content"><!--主体内容--></DIV>
    <DIV id="Footer"><!--页面底部--></DIV>
 </DIV>
</body>
```

图 1-4-15　HTML 文件中 DIV 的基本结构代码

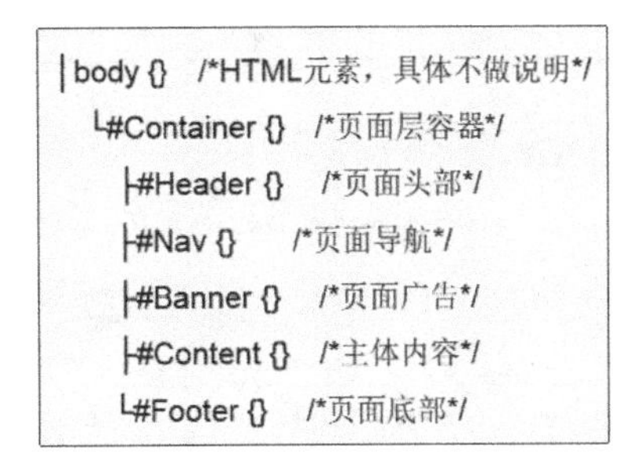

```
|body {}   /*HTML元素，具体不做说明*/
  └#Container {}   /*页面层容器*/
    ├#Header {}   /*页面头部*/
    ├#Nav {}   /*页面导航*/
    ├#Banner {}   /*页面广告*/
    ├#Content {}   /*主体内容*/
    └#Footer {}   /*页面底部*/
```

图 1-4-16　CSS 文件中的样式结构代码

我们可以通过编写代码来设置 DIV+CSS 布局，这就要求开发者具有一定的网页设计经验，对代码比较熟悉。我们也可以在软件 Dreamweaver 中设置 DIV+CSS 布局，这种设计方式的优点是只要在软件界面中完成基本操作就能实现相应的效果，对初学者来说，这是一种比较方便、有效的设计方式。但是，使用 Dreamweaver 设置 DIV+CSS 布局，仍然会有部分网页元素在软件界面中属于不可视状态，也需要开发者编写代码。此外，DIV+CSS 布局中的部分概念比较复杂，不易掌握。总之，从了解 DIV+CSS 布局的基本概念到自如运用这项技术，是一个漫长的学习过程。

（2）表格布局。

对网页设计初学者而言，如果编写代码能力和逻辑思维能力不强，那么可以先学习简单的表格布局。表格布局可以使整个页面比较整齐，在内容的显示上也比较容易控制。同时，在 Dreamweaver 中使用表格布局，无须编写代码，通过表格的嵌套或拆分，就能较快地实现对页面的分块，如图 1-4-17 所示。

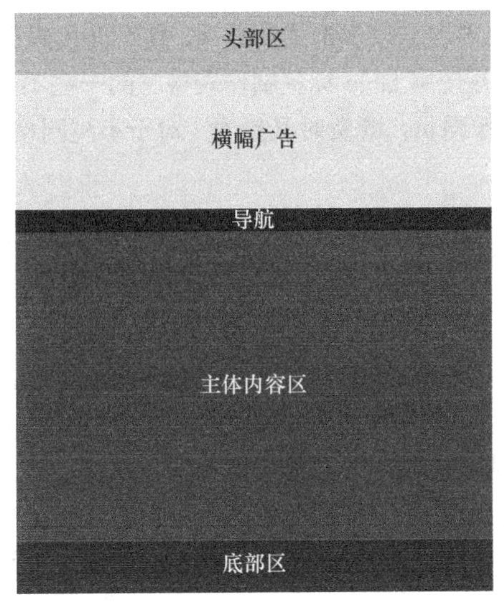

图 1-4-17　表格布局

采用表格布局的页面也可以通过代码实现，其代码如图 1-4-18 所示。

```
<body>
<!---------------头部区--------------->
<table width="1003" height="120" border="0" align="center" cellpadding="0" cellspacing="0" >
  <tr>
    <td width="451" colspan="5" bgcolor="#FFCC33"  class="wenzi1">头部区</td>
  </tr>
</table>
<!-----------------------头部区end------------------------->
<!----------------------Banner---------------------------->
<table width="1003" border="0" align="center" cellpadding="0" cellspacing="0">
  <tr>
    <td width="1003" height="260" bgcolor="#CCFFFF" class="wenzi2">Banner</td>
  </tr>
  <tr>
    <td width="1003" height="1" ></td>
  </tr>
</table>
<!-------------------------Banner end-------------------------->

<!----------------------导航------------------------>
<table width="1003" height="45" border="0" align="center" cellpadding="0" cellspacing="0" >
  <tr>
    <td height="45" align="center" valign="middle" bgcolor="#990000" class="wenzi3">导航</td>
  </tr>
</table>
<!----------------------------导航end------------------------------------>
<!-------------------------主体内容区---------------------------------->
<table width="1003" height="586" border="0" align="center" cellpadding="0" cellspacing="0">
  <tr>
    <td height="600" bgcolor="#669900" class="wenzi4">
   主体内容区</td>
     </tr>
</table>

<!--------------------------主体内容区end-------------------------------->
<!--------------------------底部区---------------------------->
<table width="1003" height="100" border="0" align="center" cellpadding="0" cellspacing="0">
  <tr>
    <td width="1003" bgcolor="#666666" class="wenzi5">底部区</td>
  </tr>
</table>
<!----------------------------------底部区end------------------------------------>
</body>
```

图 1-4-18　表格布局的 HTML 代码

表格布局有优点，也有缺点。层层嵌套的表格有时会使页面结构混乱，影响页面的打开速度。而 DIV＋CSS 布局可实现网页内容与表现形式的分离，使页面代码更精简，提高页面的打开速度，提升用户体验品质，还可以弥补使用 table 标签制作表格时的一些不足，以及美化效果方面的缺点。但是，只用 DIV+CSS 布局制作网页，既费时又费力。对于小型网站的网页，使用 table+DIV+CSS 是一种省时省力的办法。

1.4.3　网页中色彩的应用

网页中的色彩

打开一个网页，给人留下第一印象的既不是网页中丰富的内容，也不是网页合理的版面布局，而是网页的色彩。色彩的视觉效果非常明显，一个网页设计成功与否，在某种程度上取决于设计者对色彩的运用和搭配。因为网页设计属于平面设计，除立体图形、动画效果外，色彩在平面设计中的冲击力是最强的，很容易给用户留下深刻的印象。因此，在设计网页时，需要特别重视色彩的搭配，尤其是主色调和辅助色的运用。在本任务中，我们将带领读者了解色彩的基础知识，认识色彩的象征意义及功能，学习主色调和辅助色的运用方法，掌握配色技巧，以及了解色彩搭配注意事项。

1. 色彩的象征意义及功能

色彩的象征意义及功能

心理学家指出每一种色彩都具有象征意义，当人看到某种颜色时，大脑通过视觉神经接收色彩信息，即时产生联想。例如，红色象征热情，看见红色便令人心潮澎湃；蓝色象征理智，看见蓝色便使人沉着冷静。利用色彩的象征意义及功能可以在设计网页时形成独特的色彩效果，给用户留下深刻的印象。

（1）红色。

象征意义：热情、活泼、热闹、革命、温暖、幸福、吉祥、危险……

在自然界中，不少芳香艳丽的鲜花，以及丰硕甜美的果实和部分新鲜美味的肉类食品，都呈现出诱人的红色。因此，红色常被用来传达活泼、热诚、温暖、幸福、吉祥、积极等象征意义，红色在标志、旗帜等对象中应用较广泛，是最有力的宣传色。

红色有时会令人感到紧张，很容易造成视觉疲劳，甚至还会给人以压迫感。另外，红色会令人联想到血液与火焰，此时的红色又被看成危险、灾难、爆炸的象征色。因此，人们也习惯将红色用于预警或报警。

（2）橙色。

象征意义：光明、华丽、兴奋、甜蜜、快乐……

在自然界中，甜橙、玉米、部分鲜花与果实、霞光、部分霓虹灯，大多为橙色。橙色具有明亮、华丽、健康、兴奋、温暖、甜蜜、欢乐、辉煌、庄严、尊贵等象征意义。历史上许多贵族和宗教人士都喜爱橙色。不过，橙色也容易造成视觉疲劳。

橙色明视度高，常用作警戒色，在登山服装、背包、救生衣等物品上通常会应用橙色。

（3）黄色。

象征意义：明朗、愉快、高贵、希望、发展、注意……

在自然界中，腊梅、迎春、秋菊、向日葵等，大多有美丽娇嫩的黄色花瓣。秋收时节，金色的麦浪此起彼伏，为人们带来丰收的喜悦。在我国古代的某些朝代，黄色作为皇室的专用颜色被用于皇族服饰、帝王宫殿、家具摆件等，给人以崇高、智慧、神秘、华贵、威严的感觉。

黄色明视度高，常用于警告或提醒，应用黄色的对象有交通信号灯上的黄灯，工程机械，学生用小黄帽、雨衣、雨鞋等。另外，黄色也容易使人联想到枯萎、凋敝等现象，以及沙漠、戈壁等自然景观。

上述红、橙、黄三色均被称为暖色。

（4）绿色。

象征意义：新鲜、平静、安逸、和平、柔和、青春、安全、理想……

在自然界中，植物大多为绿色，人们称绿色为生命之色，并把它作为农业、林业、畜牧业的象征色。由于大多数植物具有诞生、发育、成长、成熟、衰老、死亡的过程，这就使绿色有各种衍生颜色，其中，黄绿色、嫩绿色、淡绿色象征春天、理想、希望、青春、旺盛的生命力；艳绿色、盛绿色、浓绿色象征夏天、茂盛、健壮、成熟；灰绿色、褐绿色象征秋天、衰老。

另外，由于绿色光的波长在可见光的光谱中处于中等水平，所以人对绿色光的分辨能力最强，也最能适应绿色光的刺激。人们也把绿色作为和平和安全的象征。为了避免视觉疲劳，许多设计作品将绿色作为主色调。

（5）蓝色。

象征意义：深远、永恒、沉静、理智、诚实、寒冷……

蓝色令人联想到天空和海洋。古代人认为那是神仙的住所，令人感到神秘莫测。而现代人把天空和海洋作为科学探究的领域。因此，蓝色就成为现代科学的象征色，在很多科技类作品中，大多选用蓝色作为主色调。

蓝色也令人联想到寒冷，因此蓝色经常被作为冷冻食品的代表色。

（6）紫色。

象征意义：优雅、高贵、魅力、自傲、轻率……

紫色给人以高贵、优雅、魅力、自傲、不安等感觉。由于紫色能够表现女性的性格，所以紫色的使用场合受到了一定的限制。除和女性有关的设计外，其他设计不常采用紫色。

灰暗的紫色让人联想到伤痛、疾病，容易造成在心理上的忧郁、痛苦和不安。有些人把紫色看作消极和不祥的颜色。部分动物的内脏呈紫色，因此，紫色会让人联想到苦涩、毒液与恐怖。但是，明亮的紫色会让人联想到天上的霞光和原野上的鲜花，使人感到美好。

（7）白色。

象征意义：纯洁、纯真、朴素、神圣、明快、柔弱、虚无……

白色光是全部可见光均匀混合而成的，因此白色光也被称为全色光。白色象征光明、明亮、干净、纯洁、神圣、朴素与雅致。

白色会给人以寒冷、严峻的感觉，所以在使用白色时，通常会搭配一些其他的颜色。

另外，由于东西方文化的差异，白色的寓义有所不同。在西方，特别是欧美地区，白色是婚礼中常用的颜色，表示爱情的纯洁与坚贞。但在东方，人们却把白色作为丧葬的常用颜色。

（8）灰色。

象征意义：谦虚、平凡、沉默、中庸、寂寞、忧郁、消极……

灰色对视觉的刺激程度适中，既不会使人感到眩晕，也不会使人感到昏暗，是最不容易使人感到视觉疲劳的颜色之一。因此，视觉及心理对灰色的反应平淡，灰色令人联想到沉闷、寂寞、颓废，所以灰色具有抑制情绪的作用。

灰色也是复杂的颜色，灰色有时能给人以高雅、精致、含蓄、耐人寻味的感觉，灰色对于男性和女性均适用，所以灰色也是服饰中的流行颜色之一。许多和金属材料有关的科技产品，大多采用灰色来体现产品属性，但要注意，使用灰色时，通常利用灰色的层次变化，或者搭配其他颜色，才不会显得过于朴素、沉闷、呆板、僵硬。

（9）黑色。

象征意义：崇高、严肃、刚健、坚实、粗莽、沉默、黑暗、罪恶、恐怖、绝望、死亡……

黑色使人联想到安静、严肃、庄重、坚毅。黑色与其他颜色搭配时，属于极好的衬托色，可以充分显示其他颜色的光感与色感。黑色具有高贵、稳重、科技化等意象，因此许多科技产品采用黑色，如摄影机、跑车等。

另外，黑色也会给人带来消极的心理影响，例如，在漆黑之夜或漆黑的地方，人们可能会迷失方向，并伴有胆怯、烦恼、忧伤、消极等心理活动。在欧美地区，人们通常把黑色作为丧葬的常用颜色。

（10）褐色。

褐色并不是光谱中由单一波长的色光构成的颜色。褐色是土地和岩石的颜色，具有浓厚、博大、坚实、稳定、沉着、恒久、保守、寂寞等意象。褐色也是部分动物皮毛的颜色，所以褐色给人以厚实、温暖、防寒的感觉。此外，劳动者与运动员的肤色近似褐色，因此褐色象征刚劲、健壮。褐色还是很多坚果成熟后的颜色，所以给人以温饱、朴素、实惠的感觉。

褐色通常用来表现原始材料（如麻、木材、竹片、软木等）的质感，或者用来表现某些饮品原料（如咖啡、茶、麦类等）的色泽，或者表现格调优雅的形象。

主色调和辅助色的运用

2．主色调和辅助色的运用

主色调对整个网页起主导作用。在主色调的选择上，首先应该明确网站的主题、服务对象、所要传达的信息，把握色彩想要达到的视觉效果和心理效果，以确保所选择的色彩与网站形象相吻合。

在确定了网页的主色调后，可以适当地搭配几种辅助色，但辅助色的数量一般不超过三种（背景色和主体内容的文字颜色不计入其中），这样可以对整个网页的色彩起到调和作用，让网页生动活泼、富有生机，并使主色调更加流畅地贯穿整体。

辅助色包括辅色调、点睛色、背景色三种。辅色调在网页中的占比仅次于主色调，辅色调能起到烘托主色调、支持主色调、融合主色调的作用；点睛色是指在小范围内点缀的强烈颜色，用来突出主题，使网页更加鲜明、生动；背景色是指衬托整个网页的颜色，起到协调作用。主色调和辅助色的运用如图 1-4-19 所示。

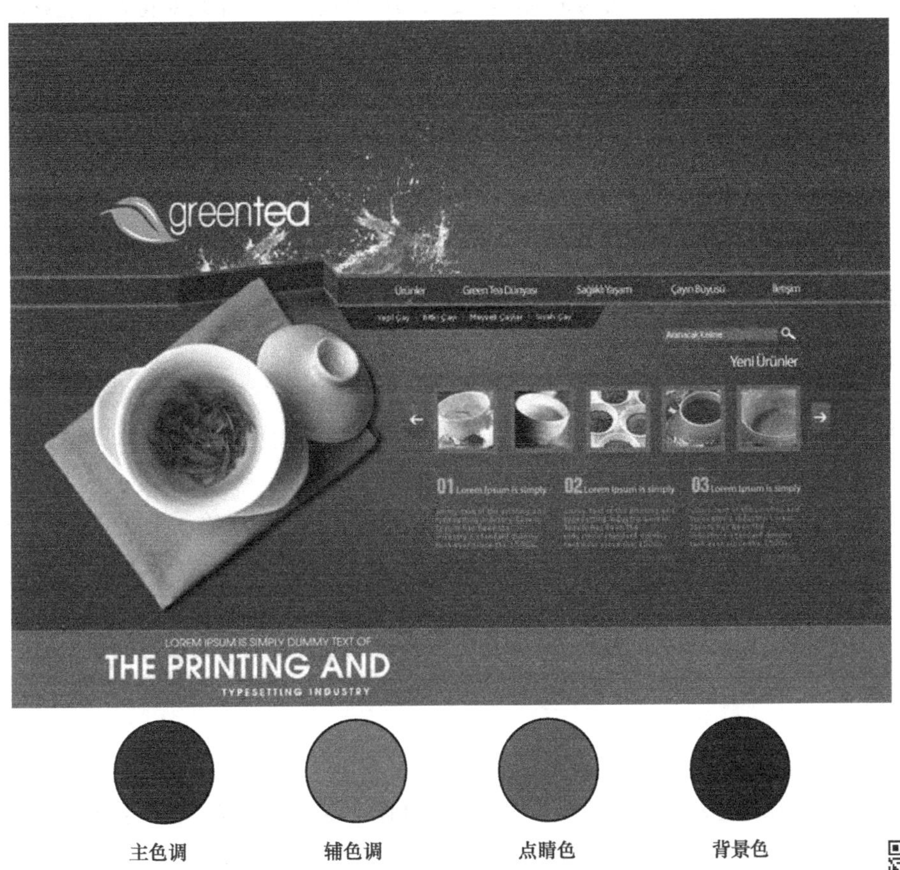

图 1-4-19　主色调和辅助色的运用

色彩的搭配

3．配色技巧

色彩搭配是否合理是由多方面因素决定的，这些因素包括色彩本身、视觉的舒适感、文化层次的差异……所以，寻求一种人人认可的绝对准则是很困难的。我们只能折中总结出一种大多数人惯用的评价方式，来判断色彩搭配是否合理。色彩搭配问题通常在以下几种情况中出现：

- 几种色彩在色相上无内在联系而组合在一起时；
- 色彩的饱和度差，色相不明确时；
- 色彩的色相过多，无主次之分时。

色彩搭配不合理的原因通常是多种色彩之间缺少内在联系，如果色彩之间有内在联系，那么它们搭配起来就显得比较合理。

例如，将黄色和蓝色放在一起时，会令人觉得生硬而疏远，如果将红色分别加入这两种色彩中，会得到橙色与紫色，你就会发现橙色与紫色显得比较“亲近”，看上去协调了许多。由此，我们发现起协调作用的是红色，它是连接黄色和蓝色的纽带。

让网页中色彩协调的方法主要有以下几种。

（1）黑色、白色、金色、银色、灰色是无彩色系，能和一切色彩搭配。

（2）一般有3级以上明度差的两种色彩都能调和，所以配色时要增大色彩之间的明度差别。

（3）纯色加入黑色、白色、灰色后就变得容易调和。

（4）确定网页的主色调，要么为暖色调，要么为冷色调，不要平均对待各种色彩，差异化配色容易产生美感。

（5）在配色时，鲜艳明亮的色彩在网页中的面积应小一些。

（6）为某些图案添加黑色、白色、金色、银色、灰色的边框或衬底会使整个图案看上去比较自然。这种方法的特点是不降低图案内部色彩的纯度，协调画面，并保持图案内部色彩的显著性。

（7）将有秩序性的色彩排列在一起显得比较协调。

4. 色彩搭配注意事项

（1）单一色彩的使用。

尽管在网站设计时应避免采用单一色彩，但对某些网站而言，可能会使用一种色彩，通过调整色彩的饱和度和透明度，使网页的配色效果产生变化，也能避免出现色彩单调的现象。

（2）邻近色的使用。

所谓邻近色，就是在色带上相邻的颜色，如绿色和蓝色互为邻近色，红色和黄色互为邻近色。采用邻近色设计网页可以使网页避免出现色彩杂乱现象，以便使网页中的色彩更协调。

（3）对比色的使用。

对比色可以突出重点，可以产生强烈的视觉效果，通过合理使用对比色能够使网站特色更鲜明、重点更突出。设计网页时，一般以一种色彩为主色调，对比色作为点缀，可以起到画龙点睛的作用。

（4）黑色的使用。

黑色是一种特殊的色彩，如果使用得比较恰当且设计得比较合理，往往会产生别样的艺术效果，黑色一般用作背景色，与其他色彩搭配使用。

（5）背景色的使用。

背景色一般采用素淡、清雅的色彩，应避免采用纯度很高的色彩作为背景色。此外，背景色与文字色彩的对比应强烈一些。

（6）色彩的数量。

一般情况下，初学者在设计网页时往往会使用多种色彩，使网页变得很“花哨”，缺乏统一性和协调性，表面上看，网页很多彩，其实缺乏内在的美感。事实上，网页中的色彩并不是越多越好，通常情况下，建议将色彩的数量控制在 3 种以内，再通过调整色彩的各种属性来产生色彩变化。

实训任务 1.4　网页的版面设计

网页的版面设计

1. 网页版面构成分析

访问一个旅游景点的官方网站，分析网站首页的版面构成，并将相应的分析结果填入表 1-4-2 中。

表 1-4-2　网站首页版面构成分析表

网页组成	截图	设计分析
Logo		
Banner		
导航		
主体内容区		
底部区		
景点名称		
网站网址		
分析结论		

2. 布局草图的绘制

在 Excel 或 Word 中绘制如图 1-4-20 所示的首页布局框架草图。

<table>
<tr><td rowspan="12"></td><td>网站Logo</td><td>天气预报</td><td colspan="2">导航</td><td rowspan="12"></td></tr>
<tr><td colspan="4">分割线</td></tr>
<tr><td colspan="4">轮播图</td></tr>
<tr><td colspan="4">分割线</td></tr>
<tr><td>标题</td><td colspan="3">窑湾文化（标题）</td></tr>
<tr><td>视频</td><td>图片</td><td>作家与窑湾
（专栏）</td><td>食在窑湾
（专栏）</td></tr>
<tr><td colspan="4">分割线</td></tr>
<tr><td>标题</td><td colspan="3">景点一览（标题）</td></tr>
<tr><td rowspan="3">图片/文字</td><td>景点1</td><td>景点2</td><td>景点3</td></tr>
<tr><td>文字1</td><td>文字2</td><td>文字3</td></tr>
<tr><td colspan="3">图片辅助导航条</td></tr>
<tr><td colspan="4"></td></tr>
<tr><td colspan="6">分割线</td></tr>
<tr><td></td><td colspan="4">底部区</td><td></td></tr>
</table>

图 1-4-20　首页布局框架草图

【考核评价】

<table>
<tr><td>任务名称</td><td colspan="5">网页的版面设计</td></tr>
<tr><td colspan="6">任务完成情况评价</td></tr>
<tr><td>自我评价</td><td></td><td>小组评价</td><td></td><td>教师评价</td><td></td></tr>
<tr><td colspan="6">问题与反思</td></tr>
<tr><td colspan="6"></td></tr>
</table>

【问题探究】

网页相关问题探究

1．什么是 Web 标准？

Web 标准不是某一种标准，而是一系列标准的集合。Web 标准是由万维网联盟（W3C）和其他标准化组织共同制定用来创建和解释基于 Web 表现层的技术标准。

网页主要由三部分组成：结构（Structure）、表现（Presentation）和行为（Behavior）。对应的

Web 标准也分为三类：结构化标准语言主要包括 HTML 和 XML，表现标准语言主要为 CSS，行为标准语言主要包括文档对象模型 W3C DOM、ECMAScript 等，主要应用为 JavaScript。

概括地说，“结构”决定了网页“是什么”；“表现”决定了网页“看起来是什么样子”；“行为”决定了网页“做什么”。

2．什么是静态网页？

静态网页是相对于动态网页而言的，静态网页没有后台数据库，使用的仅仅是标准的 HTML 代码，文档为 htm、html、shtml、xml 等格式，可以包含文本、图像、声音、Flash 动画、客户端脚本、ActiveX 控件及 Java 小程序等。添加了诸多元素的静态网页可以实现视觉上的动态效果，但它无法实现用户和服务器之间的交互。静态网页可分为纯静态网页和客户端动态网页。纯静态网页是包含 HTML 标记而不包含任何脚本的网页。客户端动态网页是一种即使将网页下载到浏览器后仍然能随时变化的网页，它包含了可在客户端浏览器中执行的脚本程序。例如，当鼠标指针移至网页的某个段落中时，段落能够变成蓝色。

3．什么是动态网页？

动态网页是一种根据用户的请求，由服务器动态生成的网页。动态网页一般以数据库为基础，通过数据库与 Web 服务器的信息交互，由数据库提供实时数据更新和数据查询服务。动态网页除包含静态网页中的元素外，还包含了程序代码，实现动态网页的技术有 ASP、ASP.NET、PHP、JSP 等。动态网页文件的格式有 asp、aspx、php、jsp 等。

动态网页与网页上的各种动画、滚动字幕等动态效果没有直接关系。动态网页可以只包含纯文字内容，也可以包含文字、动画等内容。这些只是网页中具体内容的表现形式，无论网页是否具有动态效果，只要网页应用了动态网页技术，这样的网页就被称为动态网页。

4．什么是 DIV？

DIV 是 HTML 的一种标签，被称为块级元素（block－level）或层元素。DIV 标签是用来为 HTML 文档内的区块提供结构和背景的元素，类似表格技术中的<table>标签。DIV 的起始标签和结束标签之间的所有内容都是用来构成这个区块的。区块的大小和位置由 DIV 标签的属性来控制，或者通过使用层叠样式表（CSS）中的样式进行控制。DIV 区块可以嵌套使用，也可以重叠使用，通过灵活控制各区块的大小和位置，即可以实现网页内容的布局。

5．什么是 CSS？

CSS（Cascading Style Sheet）即层叠样式表，是一种格式化网页的标准方式，它扩展了 HTML 的功能，使网页设计者能够以更有效的方式设置网页格式。CSS 不仅可以有效地实现对网页效果的精确控制，而且可以让网页的更新变得更容易。

在 DIV＋CSS 布局中，DIV 标签主要用来放置网页中的内容，其外观与形式完全由 CSS 进行控制。这样做，实现了网页内容与形式的分离，使网页代码更加规范、有序，减少了网页加载的冗余度，加快了网页的下载速度。

6．什么是色彩构成？

不同于传统的绘画色彩，色彩构成是以色彩的理性分析和逻辑组合为审美指向，探讨色彩不依附于具体形象而独立存在时的视觉功能，属于设计领域内的色彩运用的方法。色彩构成的基本概念：当存在两种及两种以上色彩时，根据设计的需要，按照一定的色彩搭配原则，将色彩重新组合，构成新的色彩关系。

色彩构成着重研究色彩本身的色相、明度、纯度，以及色彩之间的对比、调和的规律，色彩的感情和象征意义等问题。设计者需要强化自身的创新意识，充分运用色彩概括、夸张等功能，以应对各种设计需求所带来的挑战。

7．什么是光学三原色？

光学三原色为红色（Red）、绿色（Green）、蓝色（Blue）。我们可以通过调整三种颜色的混合比例，得到其他颜色，而将这三种颜色平均配比混合时，便可得到白色。许多图像处理软件提供了色彩调配功能，用户可以输入红色、绿色、蓝色三种颜色的数值来调配合成的颜色，用户也可以直接根据软件提供的调色板来选择颜色。计算机显示器上的色彩模式为RGB模式。

8．什么是色彩的三属性？

色彩的三属性也被称为色彩的三要素，即色相、纯度、明度。明白了色彩的三属性后就可以从千变万化的色彩世界中找着色彩变化的清晰脉络。

色相（Hue）简写为H，也被称为色泽，是色彩最明显的特征，色相指色彩的相貌，一般用色相环表示，色相是区别色彩种类的第一依据。例如，红色、橙色、黄色、绿色、蓝色、紫色分别代表不同的色相。

明度（Value）简写为V，也被称为亮度，体现色彩的深浅，表示色彩的强度，即色彩的明暗度。明度是色彩都具有的属性，适合表现物体的立体感和空间感。

彩度（Chroma）简写为C，表示色彩的纯度，即色彩的饱和度。彩度指色彩的纯净程度，也可以说色彩的鲜艳或灰暗程度。具体来说，彩度用于表明在一种色彩中是否含有白色或黑色的成份。假如某种色彩不含有白色或黑色的成份，那么这种色彩便是纯色，此时色彩的彩度最高。根据色彩的纯度，自然界的色彩可以被分为两大类，一类是有彩色，如红色、黄色、蓝色等；另一类是无彩色，如黑色、白色、灰色，无彩色不带有任何色彩倾向，纯度为零。

9．什么是色环？

色环有着非常显著的优点，它能直观地展示色彩的规律，把原本复杂的东西简化得十分通俗易懂，通过比较有逻辑性的方式展示原色、间色、复色之间的关系，以便我们随时随地查明色彩在色环中的位置。

如图1-4-21所示，瑞士画家伊顿设计的12色环以等量划分三原色的正三角形为中心，黄色在顶端有利于平衡，在正三角形的基础上画出三角形外接圆的内接正六边形，得到相应的间色，最后将外接圆的环形平均分成十二份，将原色、间色、复色依次排列。

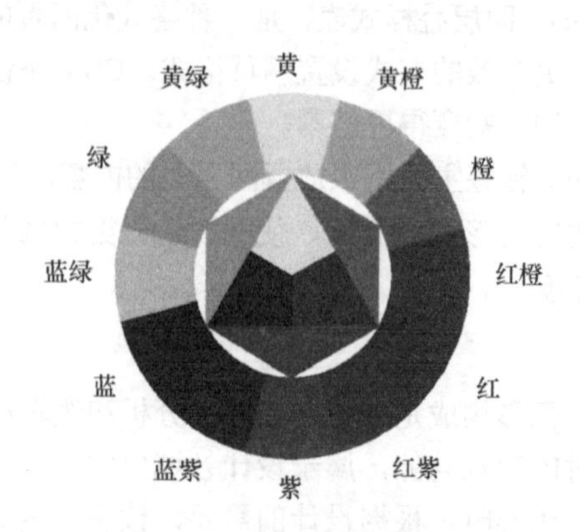

图1-4-21　伊顿设计的12色环

10. 什么是色彩的冷暖？

众所周知，红色显暖，蓝色显冷。人对色彩的冷暖感觉主要取决于色彩所属的色系。色系一般分为暖色系、冷色系、中性色系三类。在色相环中，以紫色和绿色两个中性色为界，可以分成暖色系和冷色系，如图 1-4-22 所示。

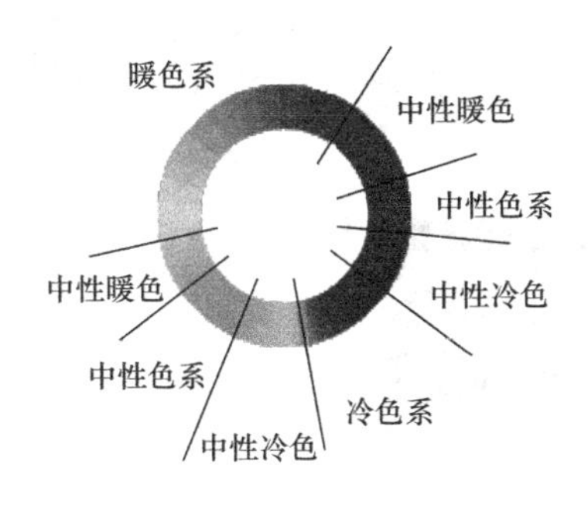

图 1-4-22　色彩的冷暖

另外，色彩的冷暖效果还需要考虑其他因素。例如，暖色系色彩的饱和度愈高，其温暖的特性愈明显；而冷色系色彩的亮度愈高，其寒冷的特性愈明显。

暖色给人以温暖的感觉，具有使人积极向前的作用。冷色给人以寒冷的感觉，具有使人镇静、退却的作用。中性暖色和中性冷色在配色的时候，可以起到协调作用。

任务 1.5　网站素材的准备

【学习导图】

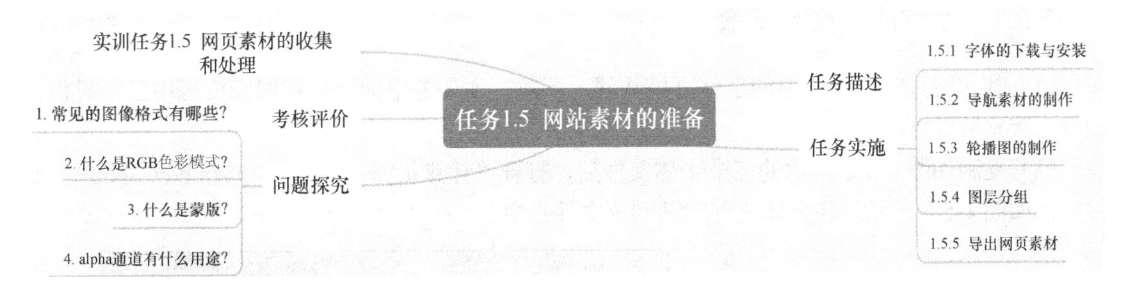

【任务描述】

经过前期的酝酿和准备，我们已经获得了“湘潭窑湾”网站首页的布局结构，也收集了一些图片和文字素材。在制作网页之前，还需要对网页中的图片和文字进行适当的处理，才能做出如图 1-5-1 所示的首页效果图。

在本任务中，读者将使用 Photoshop 软件制作导航中的图片和轮播图，并学习图层分组和快速导出图片的技巧，以及应用从网上下载的字体的方法。

首页效果图

图 1-5-1　首页效果图

【任务实施】

字体的下载与安装

1.5.1　字体的下载与安装

（1）制作网页时，网页中的字体可以从网上下载。本任务中的字体在配套资源中已经提供，读者直接安装即可。

（2）复制如图 1-5-2 所示的三个字体文件后，打开“计算机\本地磁盘(C:)\Windows\Fonts”文件夹，如图 1-5-3 所示，将字体文件粘贴到该文件夹中。

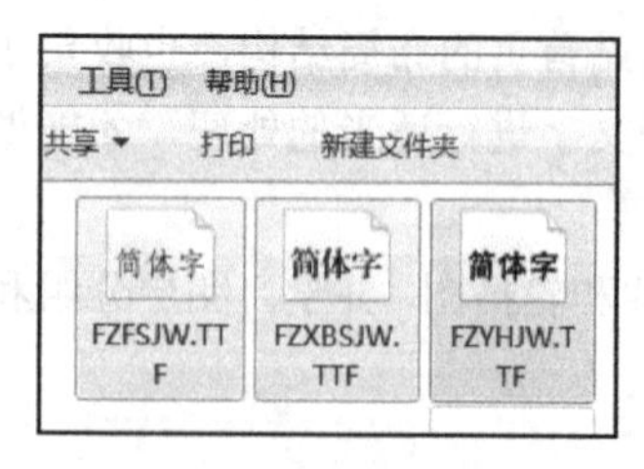

图 1-5-2　字体文件

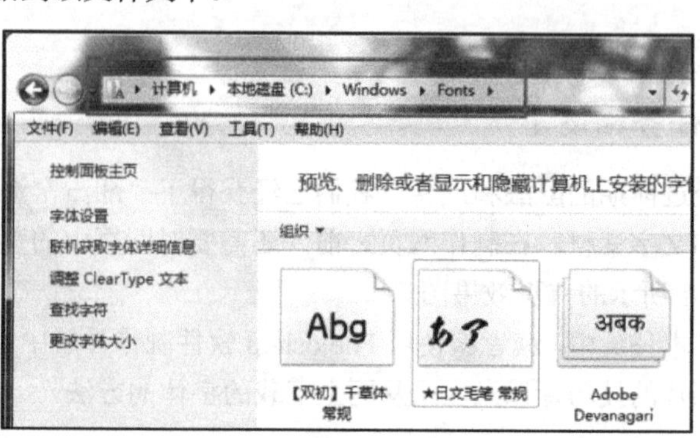

图 1-5-3　将字体文件复制并粘贴到 Fonts 文件夹中

1.5.2　导航素材的制作

（1）在 Photoshop 中打开背景素材图片，选择矩形选框工具，在“样式”下拉菜单中选择“固定大小”选项，建立一个宽 43 像素、高 134 像素的矩形选区，如图 1-5-4 所示。先按 Ctrl+C 组合键，再按 Ctrl+Shift+V 组合键，进行原地复制、粘贴。

图 1-5-4　建立一个宽 43 像素、高 134 像素的矩形选区

（2）在图层 1 的图标上右击，在弹出的快捷菜单中选择“选择像素”选项，载入图层 1 选区，在菜单栏中选择“图像→调整→亮度/对比度”选项，打开“亮度/对比度”对话框，设置亮度/对比度参数，如图 1-5-5 所示。

（3）新建图层，保持选区状态，选择矩形选框工具，在画面空白处右击，在弹出的快捷菜单中选择“描边”选项，打开“描边”对话框。设置描边参数，其中颜色数值为#b3b5ae，如图 1-5-6 所示。

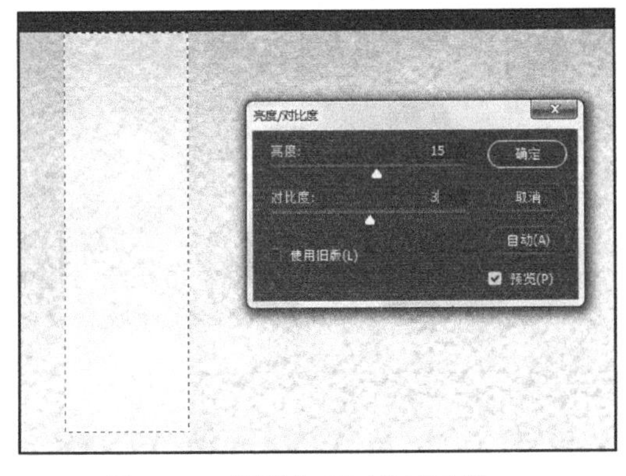

图 1-5-5　设置亮度/对比度参数

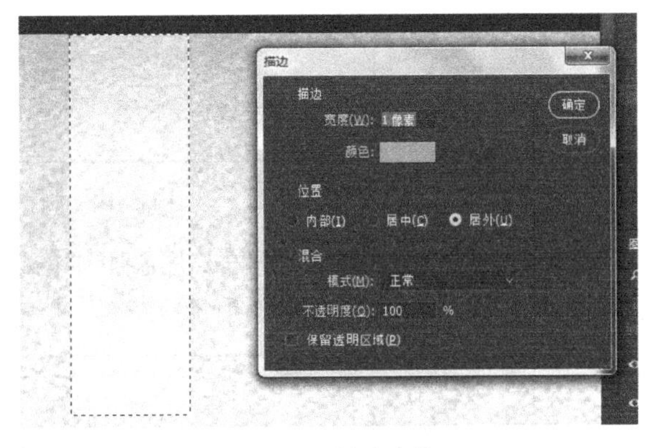

图 1-5-6　设置描边参数

（4）为描边图层创建蒙版，使用黑白渐变工具在蒙版上绘制渐变图案，如图 1-5-7 所示。

（5）如图 1-5-8 所示，选择图层 1 与图层 2 并右击，在弹出的快捷菜单中选择“合并图层”选项，完成导航背景素材的制作。

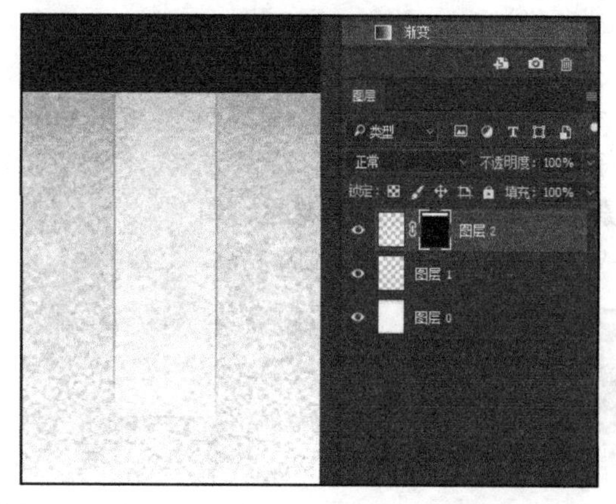

图 1-5-7　使用黑白渐变工具在蒙版上绘制渐变图案

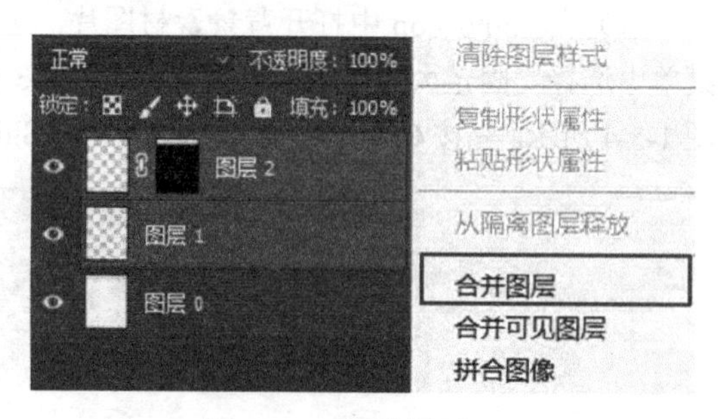

图 1-5-8　合并图层

（6）将制作的图层复制 8 个。将第 1 个素材与第 9 个素材摆放到适当位置。按住 Shift 键不放，同时选中 9 个导航背景素材所在的图层，选择移动工具，再分别单击“垂直居中对齐”“水平居中分布”按钮，使图层对齐，如图 1-5-9 所示。

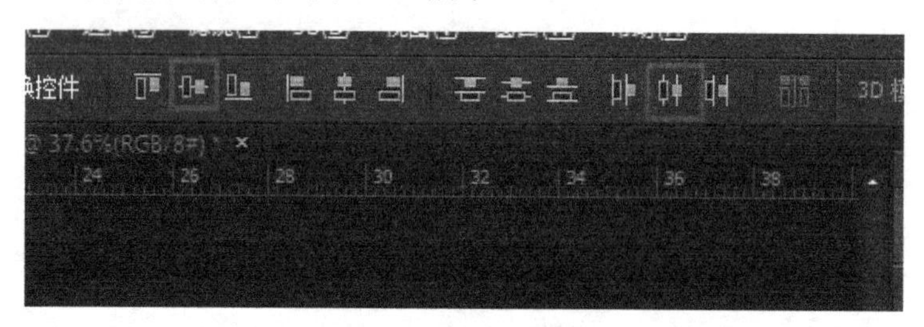

图 1-5-9　对齐图层

（7）选择竖排文字工具，将字体设置为“方正艺黑简体”，字号设置为 27，颜色设置为#989e81，该颜色为灰绿色，可以很好地表现传统文化。输入导航文本，并将导航文本放置到合适位置，使用对齐工具对齐文本。制作完成的导航如图 1-5-10 所示。

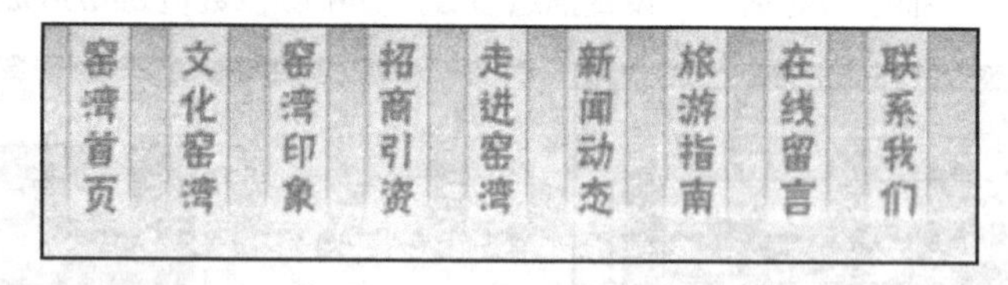

图 1-5-10　制作完成的导航

（8）导航制作完成后，根据布局图添加参考线、logo 及分隔线等素材，并将参考线与分隔素材移动到合适位置，如图 1-5-11 所示。

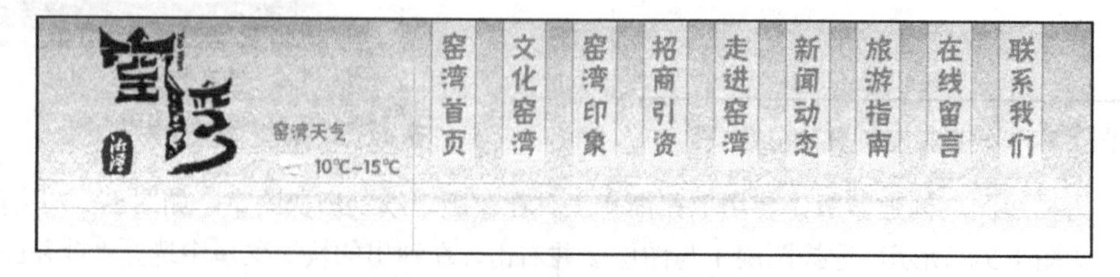

图 1-5-11　添加参考线及分隔素材

1.5.3　轮播图的制作

轮播图的制作

（1）新建图层，选择椭圆形选框工具。将羽化值设置为 50，样式设置为“固定大小”，尺寸设置为 990 像素×530 像素。绘制一个如图 1-5-12 所示的椭圆形选区，填充任意颜色。之后选择矩形选框工具，将羽化值设置为 0，绘制如图 1-5-13 所示的矩形选区。在菜单栏中选择“选择→反向”选项，按 Delete 键删除多余的选区，并再次反向选择。

图 1-5-12　椭圆形选区

图 1-5-13　矩形选区

（2）选择橡皮擦工具，将大小设置为 80，硬度值设置为 0，按住 Shift 键不放，对上下边框进行绘制，形成羽化效果，如图 1-5-14 所示。

（3）新建风景图层，并在该图层中添加风景图像，注意图层的顺序。在风景图层上右击，在弹出的快捷菜单中选择“创建剪贴蒙版”选项，剪贴蒙版如图 1-5-15 所示。

图 1-5-14　上下边框的羽化效果

图 1-5-15　剪贴蒙版

（4）在制作好的轮播图上新建文字图层，并输入标语：千年古街 再现“古韵商华”，将字体设置为方正仿宋简体，字号设置为 30，颜色设置为白色，如图 1-5-16 所示。

（5）右击文字图层，在弹出的快捷菜单中选择“混合选项”选项，打开“图层样式”对话框，设置“投影”效果，如图 1-5-16 所示。

图 1-5-16　制作标语

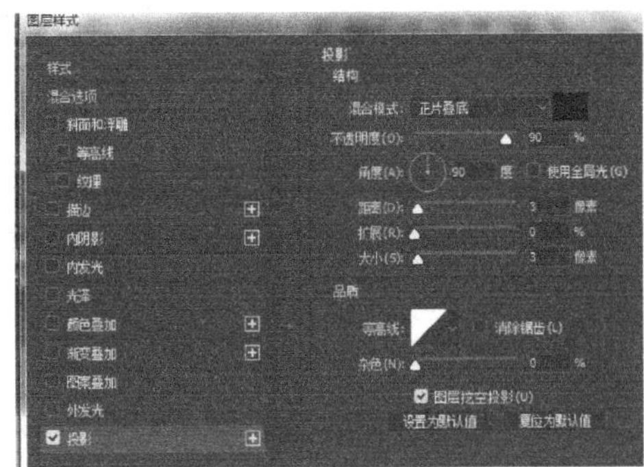

图 1-5-17　设置“投影”效果

1.5.4 图层分组

图层分组

（1）根据网站的布局图，可以将图层组分为四个模块，从上至下分别是头部区、横幅区、主体内容区和底部区，如图 1-5-18 所示。

图 1-5-18 图层组结构规划

（2）创建大模块图层组：按住 Ctrl 键不放，依次单击需要进行分组的图层，再按 Ctrl+G 组合键进行分组。完成分组后双击组名修改图层组名称，如图 1-5-19 所示。

（3）创建小模块图层组：创建小模块图层组可以在制作网页的过程中同步进行，也可以在完成网页制作后进行。选择小模块图层，按 Ctrl+G 组合键进行分组，如图 1-5-20 所示。

图 1-5-19　修改大模块图层组名称

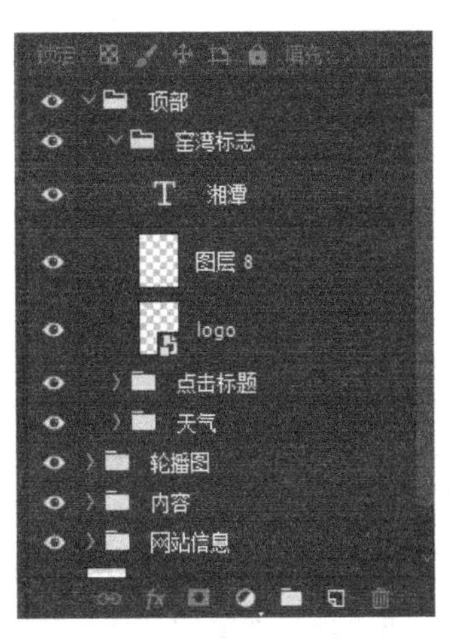

图 1-5-20　对小模块图层进行分组

导出网页素材

1.5.5　导出网页素材

快速导出功能的操作方法：在需要导出的图层上右击，在弹出的快捷菜单中选择“快速导出为 PNG”选项，如图 1-5-21 所示。另外，也可以同时选中多个图层快速导出，多个图层导出的图片会分别保存在目标文件夹中，如图 1-5-22 所示。

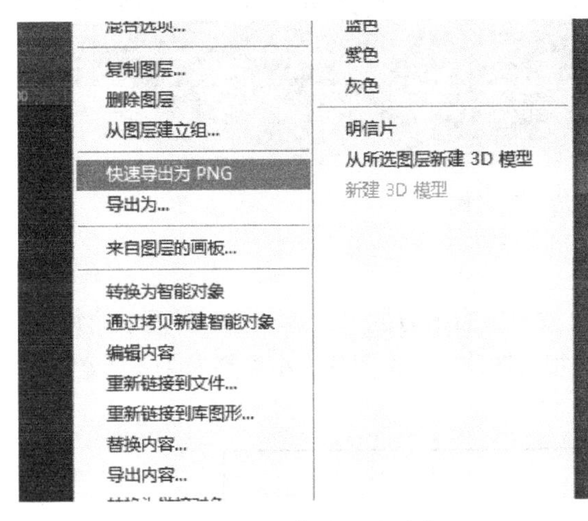

图 1-5-21　快速导出功能

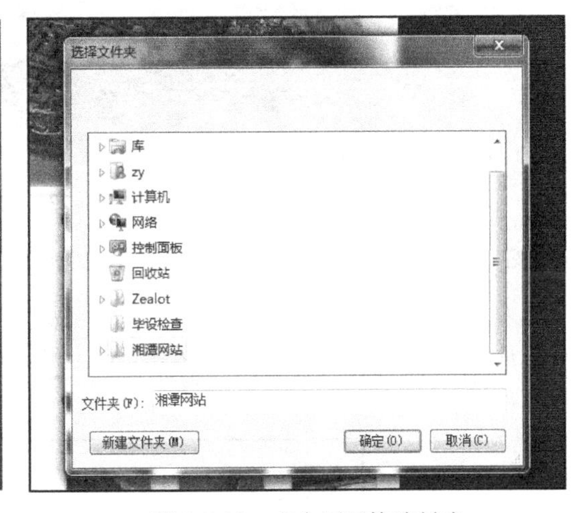

图 1-5-22　多个图层快速导出

网页素材的收集与处理

实训任务 1.5　网页素材的收集和处理

1. 字体的下载与安装

找到三个可以下载字体的网站，比较它们的特点，下载“微软雅黑”字体到系统字体库中，填写表 1-5-1。

表 1-5-1　字体的下载与安装

网　　址	提供下载的字体种类	网 站 特 点
运用“微软雅黑”字体，处理右侧的文字	这是微软雅黑字体效果	
操作总结		

2. 轮播图的制作

参考“窑湾”轮播图，如图 1-5-23 所示，根据前面所讲的内容制作一张大小为 1003 像素×350 像素的轮播图，并应用下载与安装的字体，在图片中添加适当的宣传文字。

图 1-5-23 “窑湾”轮播图

3. 图片素材的收集与处理

为了让画面更具有古风特色和层次感，在首页效果图右下方的“景点一览”界面中的每张景点图片都配有边框，如图 1-5-24 所示。请上网收集相关图片，并将图片大小调整为 218 像素×172 像素，然后填写表 1-5-2。

图 1-5-24 首页效果图中的“景点一览”界面

表 1-5-2 图片素材的选取及格式转换

操作内容	图　片	显示大小	存储大小
下载的图片			
处理后图片			
素材来源网址			

【考核评价】

任务名称	网站素材的收集和处理				
任务完成情况评价					
自我评价		小组评价		教师评价	
问题与反思					

【问题探究】

网站素材相关问题探究

1．常见的图像格式有哪些？

图像的格式有很多，常见的图像格式有 bmp、jpg、gif、psd、png 等。

bmp 是一种与硬件设备无关的图像文件格式，应用非常广泛。它采用位映射存储格式，除图像深度可选外，不采用其他任何压缩技术，因此，bmp 文件所占用的空间很大。

gif 是一种基于 LZW 算法的连续色调的无损压缩格式。几乎所有相关软件都支持该格式。

jpg 格式的文件名后辍为.jpg 或.jpeg，jpg 格式是最常用的图像文件格式之一，由软件开发联合会组织制定。jpg 格式是有损压缩格式，能够将图像的存储大小压缩得很小，图像中重复或不重要的信息会丢失，因此容易造成图像质量下降。

psd 是 Photoshop 图像处理软件的专用文件格式，文件名后缀为.psd。psd 格式支持图层、通道、蒙版和不同色彩模式等各种图像特征，是一种非压缩的原始文件保存格式。

png 是一种采用无损压缩算法的位图格式，其设计目的是替代 gif 和 tiff 格式，同时增加一些 gif 格式所不具备的特性。

2．什么是 RGB 色彩模式？

RGB 色彩模式是工业界的一种颜色标准。在该色彩模式中，通过对红（R）、绿（G）、蓝（B）三个颜色通道的变化以及它们相互之间的叠加得到各式各样的颜色。RGB 色彩模式几乎包括了人类视觉所能感知的所有颜色，是目前运用最广泛的颜色标准之一。

3．什么是蒙版？

PS 蒙版可以将不同灰度值转化为透明度值，并作用到它所在的图层，使图层不同位置的透明度产生相应的变化。黑色为完全透明，白色为完全不透明。

4．alpha 通道有什么用途？

alpha 通道是一个 8 位的灰度通道，该通道用 256 级灰度来记录图像中的透明度信息，定义透明、不透明和半透明区域，其中白表示不透明，黑表示透明，灰表示半透明。alpha 通道是用来记录透明度信息的特殊图层。

同 步 测 试

1．单选题

（1）（　　）是 Web 标准的制定者。

A．微软公司　B．万维网联盟（W3C）　C．网景公司（Netscape）　D．IBM 公司

（2）URL 是指（　　）。

A．网页　B．网址　C．主页　D．网站

（3）网站目录的层次一般不超过（　　）层。

A．1　B．3　C．5　D．10

（4）以下关于浏览器的描述中，错误的是（　　）。

A．主流的浏览器有 Chrome、Firefox、IE 等。

B．不同浏览器厂商开发的浏览器，一定有不同的内核。

C．不同版本的浏览器差别可能很大，对 Web 技术的支持程度也会不同。

D．Chrome 浏览器可以在进行 Web 前端开发时，用于调试和测试。

（5）以下统一资源定位器中，写法完全正确的是（　　）。

A．http//www.teach.com\que\que.html

B．http://www.teach.com\que\que.html

C．http://www.teach.com/que/que.html

D．http//www.teach.com/que/que.html

（6）以下关于统一资源定位器各部分的名称（从左到右）中，正确的是（　　）。

http://home.netscape.com/main/indel.html

1　2　3　4

A．1 主机域名　2 服务标志　3 目录名　4 文件名

B．1 服务标志　2 目录名　3 主机域名　4 文件名

C．1 服务标志　2 主机域名　3 目录名　4 文件名

D．1 目录名　2 主机域名　3 服务标志　4 文件名

（7）（　　）不是网站制作的实施阶段。

A．版面设计　B．网页制作　C．撰写网站规划书　D．代码整合

（8）影响网站风格的最重要的因素是（　　）。

A. 色彩和窗口　B. 特效和架构　C. 色彩和布局　D. 内容和布局

（9）多个网页相互之间都有超链接的网页链接结构是（　　）。

A. 树状结构　B. 星状结构　C. 线性结构　D. 以上都不是

（10）（　　）是静态网页的后缀名。

A. ASP　B. PHP　C. HTML　D. JSP

2. 多选题

（1）（　　）是网页的基本构成部分。

A. 主体内容区　B. 底部区　C. 导航　D. Banner

（2）以下关于导航的描述中，正确的是（　　）。

A. 可用链接文字实现　B. 一个网站可以没有导航

C. 可跳转到网站的各个页面　D. 可用链接图片实现

（3）常见的网页元素包括（　　）。

A. 文本　B. 图像　C. 动画　D. 视频

（4）网站建设的基本流程包括（　　）。

A. 前期策划　B. 实施制作　C. 网站测试　D. 网站发布

（5）网站栏目设置的方法包括（　　）。

A. 归纳法　B. 演绎法　C. 借鉴引用法　D. 关键词选择法

（6）主流的浏览器内核包括（　　）。

A. Trident　B. Gecko　C. Webkit　D. Blink

（7）属于暖色系的颜色有（　　）。

A. 红色　B. 蓝色　C. 黑色　D. 橙色

（8）常见的网页布局结构包括（　　）。

A. “国”字型布局　B. “匡”字型布局

C. “三”字型布局　D. 标题正文型布局

（9）（　　）是动态网页的后缀。

A. .html　B. .jsp　C. .asp　D. .php

（10）以下关于 HTML 语言的说法中，正确的是（　　）。

A. HTML 是 Hyper Text Markup Language 的首字母缩写，中文名为超文本标记语言。

B. 在 HTML 文件中可以插入图形、声音、视频等多媒体文件。

C. 在 HTML 文件中，用户可以建立与其他超文本的链接。

D. HTML 是纯文本类型的语言，可以使用任何文本编辑器打开、查看、编辑。

3. 判断题

（1）网页对应着的源文件包含一些代码，而浏览器可以解析这些代码，使其呈现出来。（　　）

（2）网页的导航是超链接的集合，可以由此进入不同版块或页面。（　　）

（3）网站中的网页是逻辑相关的，可以通过超链接组织在一起。（　　）

（4）一个 Web 站点至少需要一个主页，并且可以有其他子页。（　　）

（5）网站中最好不要使用过长的目录。（ ）

（6）网站中要使用中文目录。（ ）

（7）HTML 是超文本标记语言，是制作网页的标准语言。（ ）

（8）网页可分为静态网页和动态网页。（ ）

（9）浏览器是一种可以显示网页服务器或文件系统的 HTML 文件内容，并让用户与这些文件交互的软件。（ ）

（10）目录结构是指网站目录及目录中包含的文件所存储的真实位置而表现出来的结构。目录结构体现了网站中所有文件存储在硬盘中的真实路径，因此也被称为网站的物理结构。（ ）

项 目 小 结

本项目首先通过在 Dreamweaver 中创建与管理一个名为“湘潭窑湾”的本地站点，使读者初步认识 Dreamweaver 的界面，并了解其主要功能。然后，对网站建设流程及网页的构成、网站结构和网站类型等网站建设的基本知识进行介绍，最后通过 Photoshop 对网页素材进行处理，为后面的网页制作流程做好充分的准备。

本项目主要展现了网站建设中的网站总体设计，以及网站、网页的基础知识，有助于帮助读者把握网站建设流程并了解网站结构和网页风格的设计，为接下来的网页制作流程打下良好的基础。

思 政 乐 园

带心上路，一切外物自然具足！

请扫码阅读。

思政乐园

表格布局的网页制作

微课视频

【学习目标】

素质目标

- 踏实严谨、精益求精的学习态度
- 审美意识、创新意识和前瞻意识
- 良好的心理素质和克服困难的精神
- 热爱劳动、勤于劳动和善于劳动
- 设计思维的素养

知识目标

- 了解 HTML 的概念和特点，以及 HTML 文档的基本结构
- 掌握使用 Dreamweaver 编辑文本及设置基本属性的方法
- 掌握使用表格布局网页的方法
- 掌握使用 Dreamweaver 插入网页基本元素的方法
- 掌握使用 Dreamweaver 制作表单网页的方法

能力目标

- 利用 Dreamweaver 中的拆分视图模式，能够对照网页，分析其中的 HTML 代码
- 能够正确设置网页标题、关键词和描述
- 能够在 Dreamweaver 中设置网页基本属性，以及编辑文本
- 能够在 Dreamweaver 中熟练使用表格制作网页框架
- 能够熟练应用所学技能为网页添加基本元素
- 能够在网页中添加表单元素

【项目2简介】

在本项目中，我们将学习 HTML 的概念和特点；了解 HTML 文档的基本结构；学习网页基本属性的设置及文本的编辑；使用表格布局，以简洁明了、高效快捷的方式将网页中的各种元素有序地组织在一起，使整个网页布局井然有序，避免杂乱无章；使用表单实现浏览器与服务器之间的信息交流，收集和反馈各种信息。

本项目采用表格布局的方式制作“窑湾印象”网页和“在线留言”表单网页，主要过程包括：使用表格布局的方式搭建网页的基本框架；为网页添加各种元素。因此，本项目分为 4 个任务：网页基本属性的设置及文本的编辑；利用表格布局网页；插入图片等网页元素；表单网页的制作。

【操作准备】

1. 创建站点文件夹并复制站点素材

在本地磁盘（如 D 盘）中新建一个名为 yaowan 的文件夹，用于存放站点内的所有文件。在此文件夹中，新建 img 文件夹，并将站点素材复制到 img 文件夹中。

2. 新建站点

启动 Dreamweaver，在菜单栏中选择“站点”→“新建站点”选项，如图 2-1 所示，在打开的对话框中设置站点名称和本地站点文件夹，如图 2-2 所示。

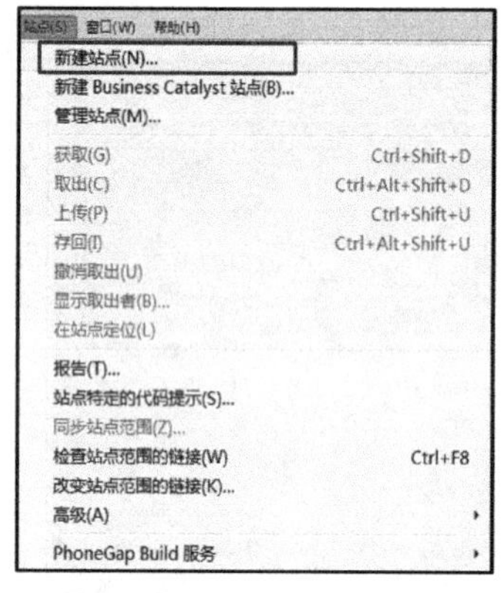

图 2-1 选择“新建站点”选项

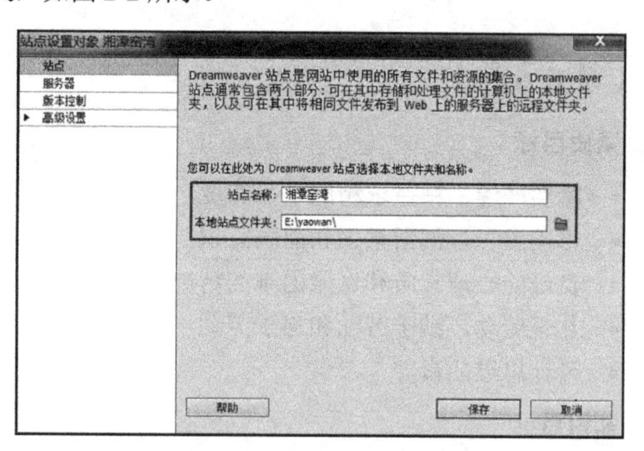

图 2-2 设置站点名称和本地站点文件夹

3. 新建网页

在“文件”面板中，右击站点文件夹，在弹出的快捷菜单中选择“新建文件”选项，如图 2-3 所示。

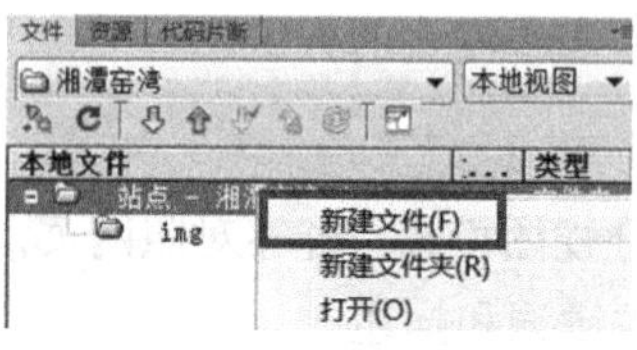

图 2-3 选择“新建文件”选项

任务 2.1 网页基本属性的设置及文本的编辑

【学习导图】

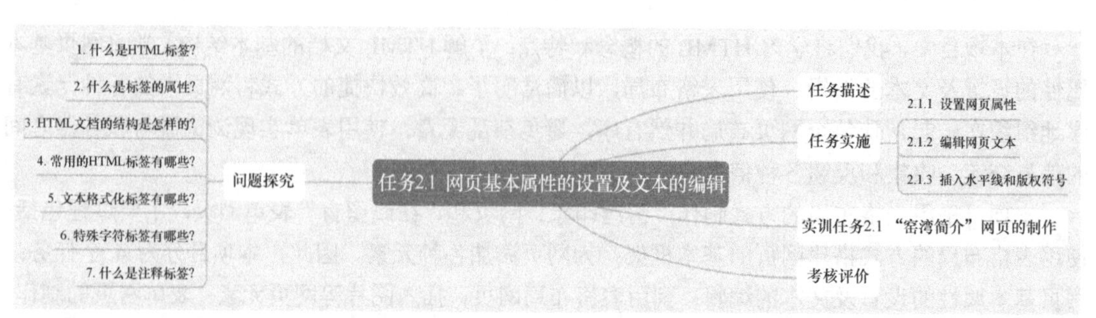

【任务描述】

"窑湾简介"效果图

在本任务中，通过制作"窑湾简介"网页，使读者熟悉网页基本属性的设置及文本的编辑。"窑湾简介"网页只包含一张背景图片和简单的文本，网页效果如图 2-1-1 所示。

图 2-1-1　"窑湾简介"网页效果

【任务实施】

设置网页属性及编辑文本

2.1.1　设置网页属性

1. 添加网页背景图片

单击"属性"面板中的"页面属性"按钮，如图 2-1-2 所示，弹出"页面属性"对话框，如图 2-1-3 所示。在"分类"列表框中选择"外观"选项，单击"背景图像"右边的"浏览"按钮，在站点文件夹的图片文件夹中选择背景图片。

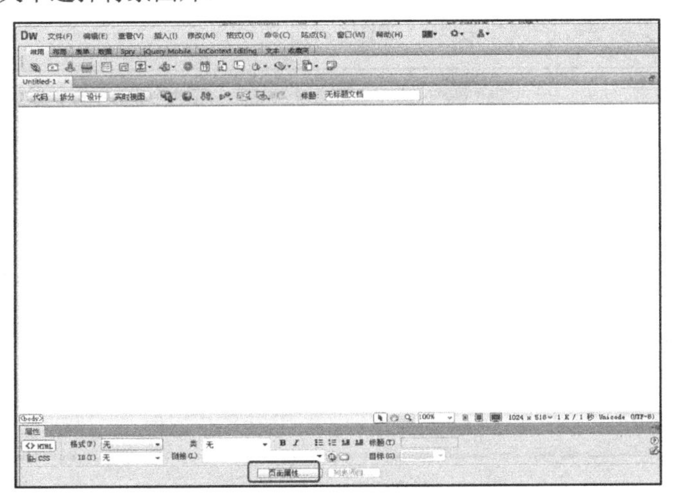

图 2-1-2　单击"网页属性"按钮

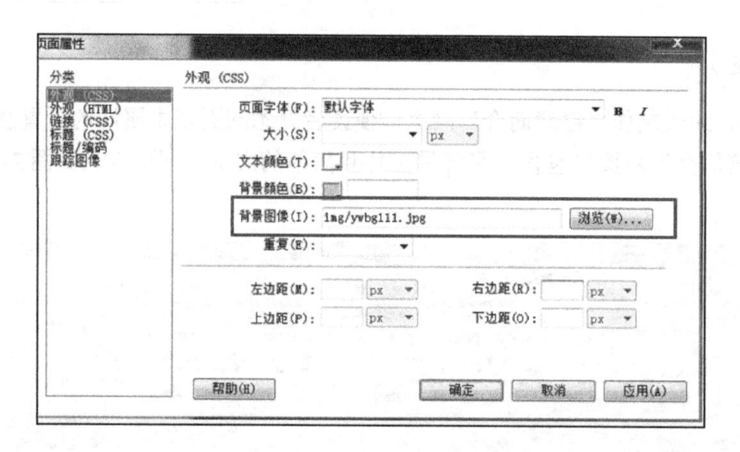

图 2-1-3　“页面属性”对话框

单击“背景颜色”右边的倒三角按钮，打开颜色面板，选择合适的颜色或直接输入颜色的数值，即可设置网页的背景颜色，如图 2-1-4 所示。

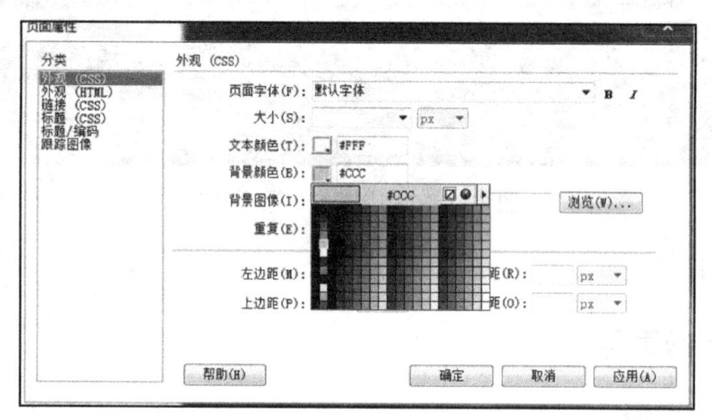

图 2-1-4　设置背景颜色

2．设置网页边距

在“分类”列表框中选择“外观”选项。根据需要设置相应的边距（左边距、右边距、上边距、下边距），从而实现更好的网页效果，如图 2-1-5 所示。

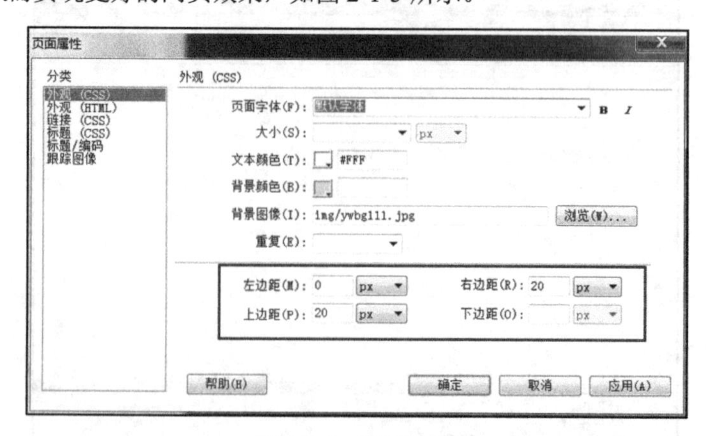

图 2-1-5　设置边距

3. 设置链接颜色

在“分类”列表框中选择“链接”选项，单击“链接颜色”右边的倒三角按钮，打开颜色面板，选择合适的颜色或直接输入颜色的数值，即可设置链接颜色、已访问链接颜色和活动链接颜色，如图 2-1-6 所示。

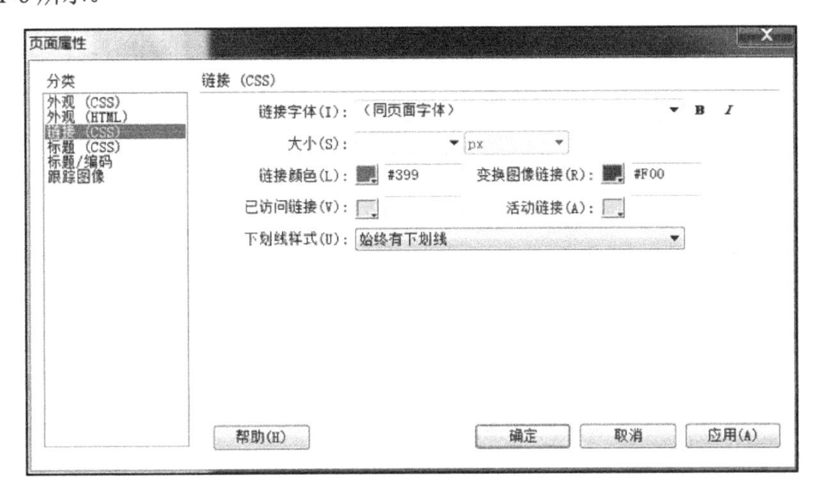

图 2-1-6　设置链接颜色等

4. 设置下画线样式

在“分类”列表框中选择“链接”选项，单击“下画线[1]样式”下拉列表，根据需要选择下画线的样式，如图 2-1-7 所示。其中，“始终无下画线”选项会经常用到，因为在默认情况下，Dreamweaver 中的链接都有下画线。为了美观，通常会将链接设置为始终无下画线。

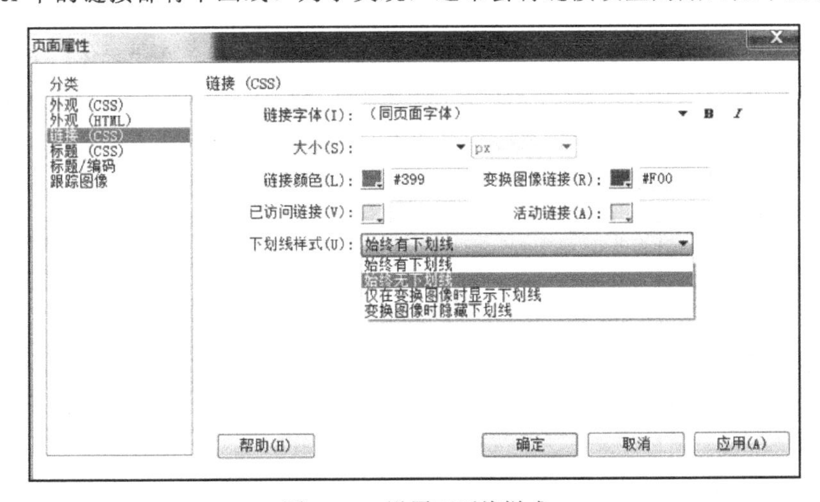

图 2-1-7　设置下画线样式

5. 设置标题样式

在“分类”列表框中选择“标题”选项，设置标题的字体为黑体，标题 1 的大小为 30px，颜色为白色，如图 2-1-8 所示。

---

① 软件界面中的“下划线”，其正确写法为“下画线”。

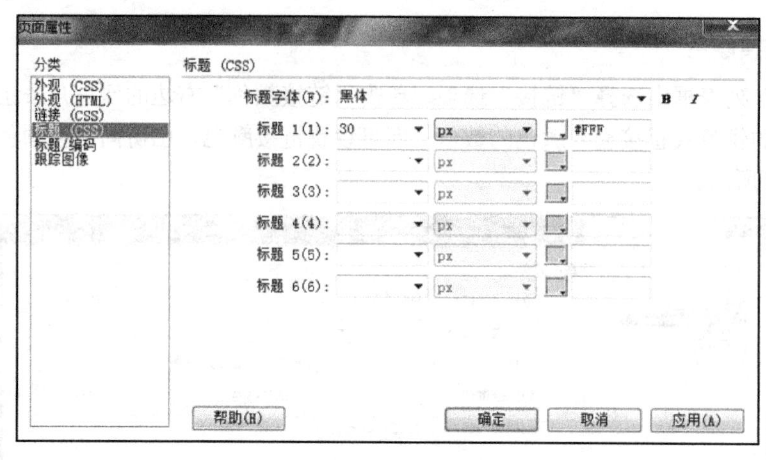

图 2-1-8　设置标题样式

说明：标题（Heading）是通过 <h1> ~ <h6> 标签定义的。<h1>标签定义层级最高的标题。<h6>标签定义层级最低的标题。

2.1.2　编辑网页文本

常用的输入文本的方法有直接输入文本、从已有的文件中复制文本、修改已有的网页文本等。

1. 应用标题样式

选中要设置格式的标题，在“属性”面板的“格式”下拉列表中选择“标题 1”选项，应用标题样式，如图 2-1-9 所示。

2. 设置文本的字体

选中要设置格式的文本，在“属性”面板中单击“CSS”按钮，在“字体”下拉列表中选择“编辑字体列表”选项，如图 2-1-10 所示，打开“编辑字体列表”对话框，在“可用字体”列表框中选择一种字体，如图 2-1-11 所示。单击“«”按钮，然后单击“确定”按钮，便可在“属性”面板的“字体”下拉列表中找到刚才添加的字体。

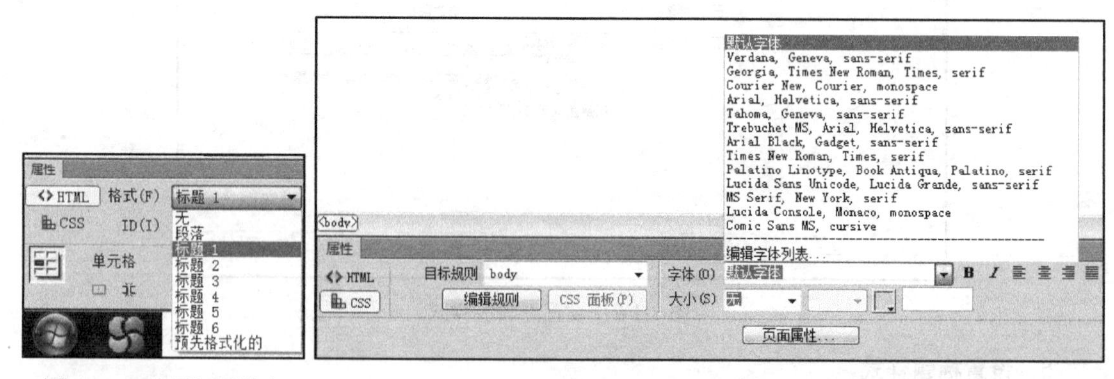

图 2-1-9　应用标题样式　　　　图 2-1-10　选择“编辑字体列表”选项

3. 分段与换行

将在“记事本”应用程序中预先保存的文本复制到 Dreamweaver 中时，Dreamweaver 不会自动换行、分段，复制后的文本是连在一起的。当文本较多时，就必须换行、分段，以便用户阅读。

在 Dreamweaver 中，对文本分段要按 Enter 键；对文本换行要按 Shift＋Enter 组合键，我们也可以在“文本”工具栏中单击“字符”按钮旁边的倒三角按钮，在弹出的下拉列表中选择“换行符”选项，如图 2-1-12 所示。

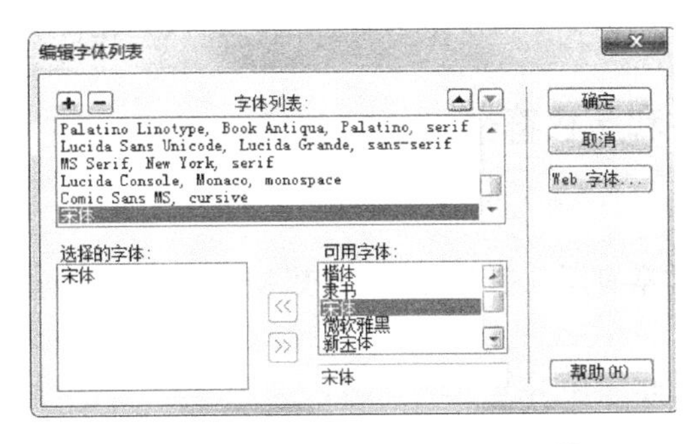

图 2-1-11　“编辑字体列表”对话框

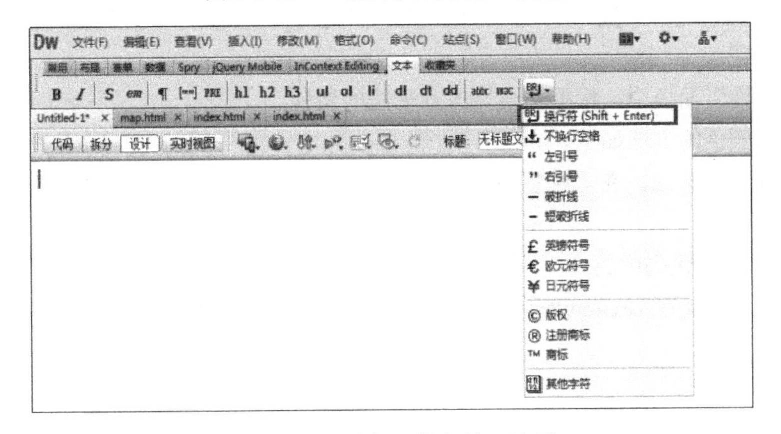

图 2-1-12　选择“换行符”选项

4. 设置文本对齐方式

选中文本，在“属性”面板中单击“居中对齐”按钮，在弹出的“新建 CSS 规则”对话框中设置选择器名称，如图 2-1-13 所示。

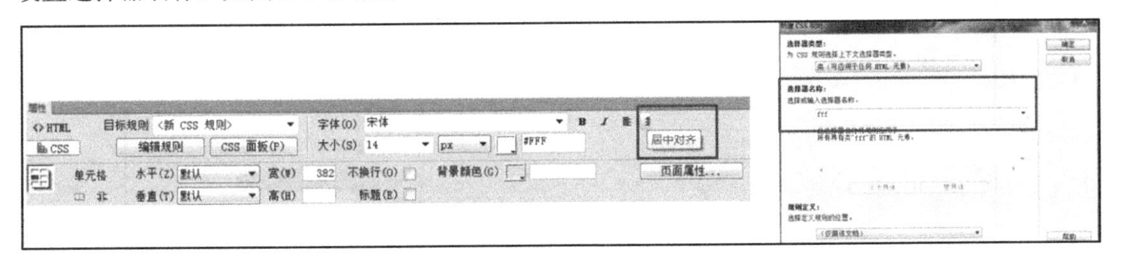

图 2-1-13　设置文本对齐方式并设置选择器名称

温馨提示：同一个段落的对齐方式一致。按 Enter 键将标题和正文分开后，如果居中对齐标题，那么正文会保持原样。而按 Shift + Enter 组合键换行时，由于标题和正文还属于同一个段落，如果居中对齐标题，那么正文也会居中对齐。因此，如果想应用不同的对齐方式，必须按 Enter 键分段。

5. 更改文字格式

选中文字，在“属性”面板中设置文字大小。一般情况下，文字大小的单位有像素和点数，如果以点数为单位，则文字大小会根据浏览器的差异发生变化，但是如果以像素为单位，则在所有浏览器上，文字以同样的大小显示。

如果设置文字的大小、字体、颜色等属性，则文字的属性将以任意名称自动保存在 Style 中。如果想为其他文字应用同样的样式，则在样式列表中选择相应的样式名称即可。

2.1.3 插入水平线和版权符号

1. 插入水平线

水平线对于划分版面非常有用。在页面中，可以使用一条或多条水平线以可视的方式分隔文本或对象。

创建水平线的具体操作步骤如下。

（1）在网页中，将光标置于要插入水平线的位置。

（2）在菜单栏中选择“插入”→“HTML”→“水平线”选项，或者在“常用”工具栏中单击“水平线”按钮。

（3）在“属性”面板中，根据需要修改水平线的属性。

修改水平线颜色的方法如下。

方法一：选择水平线，在“标签检查器”中选择<hr>标签，在“浏览器特定的”列表中修改水平线的颜色。

方法二：在 html 代码中的<hr>标签内，设置水平线的“color”属性值。

水平线的颜色不能在 Dreamweaver 的工作界面中确认，用户需要按 F12 键，在浏览器中确认。

2. 插入版权符号

在“文本”工具栏中单击“字符”按钮旁边的倒三角按钮，在弹出的下拉列表中选择“©版权”选项，插入版权符号，如图 2-1-14 所示。

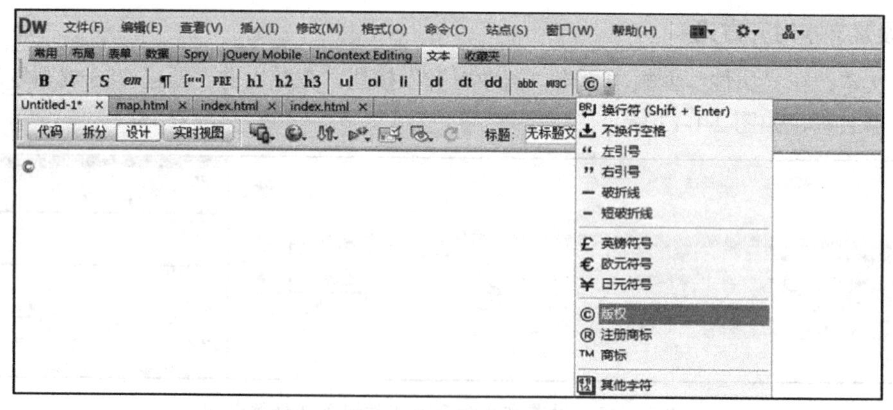

图 2-1-14 插入版权符号

2.1.4 插入关键字和说明

在“常用”工具栏中，单击“文件头”按钮旁边的倒三角按钮，在弹出的下拉列表中选择“关键字”选项，在弹出的“关键字”对话框中，添加网页关键字，如图 2-1-15 所示。多个关键字之间用逗号分隔，逗号表示逻辑“或”；再在“常用”工具栏中，单击“文件头”按钮旁边的倒三角按钮，在弹出的下拉列表中选择“说明”选项，添加说明，添加说明的方法与添加网页关键字的方法类似。

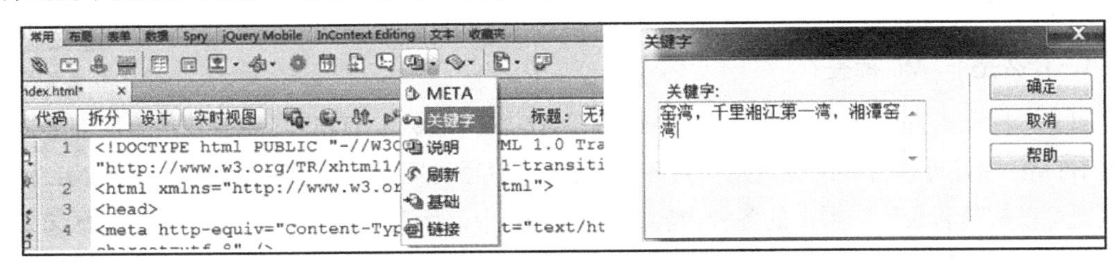

图 2-1-15　添加网页关键字

实训任务 2.1　“窑湾简介”网页的制作

“窑湾简介”网页的制作

1. 模仿练习

参照任务 2.1 中任务实施的操作步骤，以及“窑湾简介”网页效果，完成以下操作。

（1）添加网页背景图片（图片自选）。

（2）分别设置链接颜色、已访问链接颜色和活动链接颜色。

（3）设置链接属性为“始终无下画线”。

（4）设置网页的左、右边距和上、下边距均为 0。

2. 自主练习

（1）网页文字的排版与编辑（内容自拟）。

①设置标题样式为“标题 1”，字体为“黑体”，大小为“30px”。

②为正文换行和分段。

③设置文字的颜色、字体、大小等基本属性。

④在正文中选择一个词语，并为该词语添加链接（链接指向该词语在百度百科中的相关页面），在浏览器中预览链接的效果。

⑤在网页的适当位置插入水平线和版权信息。

（2）为网页添加网页标题、关键字和说明。

【考核评价】

<table>
<tr><td>任务名称</td><td colspan="5">“窑湾简介”网页的制作</td></tr>
<tr><td colspan="6">任务完成情况评价</td></tr>
<tr><td>自我评价</td><td></td><td>小组评价</td><td></td><td>教师评价</td><td></td></tr>
<tr><td colspan="6">问题与反思</td></tr>
<tr><td colspan="6"></td></tr>
</table>

【问题探究】

HTML 标签及属性

1．什么是 HTML 标签？

超文本标记语言标签通常被称为HTML标签，HTML标签是HTML中最重要的组成部分之一。通过 HTML 标签可以告诉浏览器网页内容是什么。浏览器访问网页后，根据网页中的 HTML 标签，浏览器可以解释和显示网页中的各种内容。在 HTML 中，所有标签都用尖括号“<>”括起来。

绝大多数标签都是成对出现的，由开始标签和结束标签组成。开始标签和相应的结束标签定义了标签的起始位置和终止位置，开始标签和结束标签的区别是结束标签有一条斜线，如<body>和</body>。此外，只有少数标签是单一标签，这类标签并不是成对出现的，如换行标签
。

2．什么是标签的属性？

在 HTML 中，大多数标签都有一个或多个属性，标签的属性用于对标签所作用的内容进行更详细的控制。标签的所有属性均放置在开始标签的尖括号内，属性与标签之间用空格分隔；属性的值放在相应的属性之后，用“=”分隔，不同的属性之间用空格分隔。语法如下：

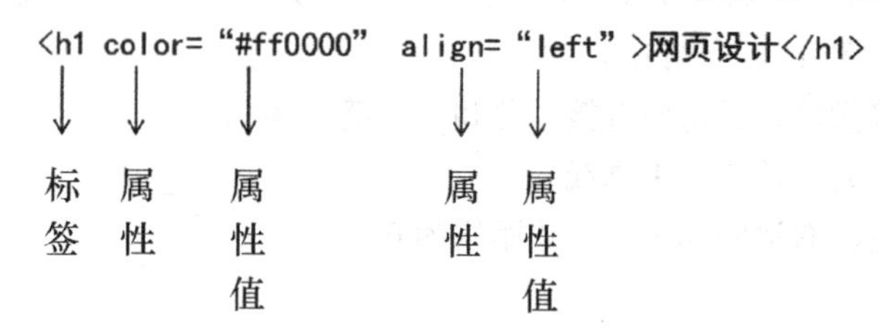

在上面的语法中，标签可以拥有多个属性，这些属性必须写在开始标签中，并且位于标签名之后。属性之间不分先后顺序，标签名与属性、属性与属性之间均以空格分隔。任何标签的属性都有默认值，省略该属性则取该属性的默认值。

3．HTML 文档的结构是怎样的？

HTML 文档的结构

HTML 文档是一种纯文本格式的文件，其基本结构由<!DOCTYPE>文档类型声明、<html>标签、<head>头部标签、<body>主体标签等构成。

（1）<!DOCTYPE>文档类型声明。

Web 中有各种文档。只有了解文档的类型，浏览器才能正确地显示文档。HTML 有多个版本，只有清楚地知道页面中使用的 HTML 版本，浏览器才能正确地显示 HTML 页面。这就是<!DOCTYPE>文档类型声明的用处。<!DOCTYPE>不是 HTML 标签，它为浏览器提供一项信息（声明），即 HTML 是用什么版本编写的。<!DOCTYPE>文档类型声明必须位于 HTML 文档的第一行，且位于<html>标签之前。

在 HTML 4.01 中，<!DOCTYPE>文档类型声明引用 DTD，因为 HTML 4.01 基于 SGML，而 DTD 规定了标签语言的规则，这样浏览器才能正确地呈现内容。HTML5 不基于 SGML，所以无须引用 DTD。

常用的声明如下：

```
HTML5
<!DOCTYPE html>
```

```
HTML 4.01
<!DOCTYPE HTML PUBLIC "-//W3C//DTD HTML 4.01 Transitional//EN"
"http://www.w3.org/TR/html4/loose***.dtd">
XHTML 1.0
<!DOCTYPE html PUBLIC "-//W3C//DTD XHTML 1.0 Transitional//EN"
"http://www.w3.org/TR/xhtml1/DTD/xhtml1-transitional***.dtd">
```

提示：在HTML文档中，必须添加<!DOCTYPE>文档类型声明，以便浏览器了解文档类型。

（2）<html>标签。

<html>标签位于<!DOCTYPE>文档类型声明之后，也被称为根标签，用于告知浏览器该文档是一个HTML文档，<html>标签标志着HTML文档的开始，</html>标签标志着HTML文档的结束，在<html>标签和</html>标签之间的内容是文档的头部和主体。

（3）<head>标签。

头部标签（<head>…</head>）紧跟在<html>标签之后，主要用于封装位于文档头部的其他标签，如<meta>、<title>、<link>及<style>等（这些标签用于描述文档的标题、作者，以及和其他文档的关系等）。文档头部中的数据并不会被显示在浏览器的窗口中。

①<meta>标签可提供有关页面的元信息（meta-information）。<head>标签内可以有多个<meta>标签，如定义用户浏览器上的Cookie、作者、版权信息、描述信息、关键词，以及刷新间隔等。<meta>标签的属性定义了与文档关联的名称/值对。其中，http-equiv、name是两个常用的可选属性。content是必要的属性，但必须和name属性或http-equiv属性一起使用，content属性提供了名称/值对中的值，该值可以是任何有效的字符串。下面举例说明。

```
<meta http-equiv= "Content-Type" content="text/html; charset=gb2312" />
```

用于告诉浏览器该文件为html文件，并且使用了gb2312编码。

```
<meta http-equiv="Refresh" content="10";url="http://www.baidu.com" />
```

用于设定该网页在10秒内跳转到url为http://www.baidu.com的地址。若不设置url值，则表示该网页每隔10秒自动刷新一次。

```
<meta name="keywords" content="人民网，人民日报，中国共产党新闻，新闻中心，时政，社会"/>
```

用于告诉搜索引擎网页中的关键字。

```
<meta name="description" content="人民网，是世界十大报纸之一《人民日报》建设的以新闻为主的大型网上信息发布平台。"
```

用于告诉搜索引擎网页的主要内容。

②<title>标签用于定义HTML文档的标题，该标题显示在浏览器的标题栏中。例如：

```
<title>网页的标题</title>
```

③<link>标签用于定义文档与外部资源的关系，常用于链接外部样式表。例如：

```
<link href="mystyle.css"   rel="stylesheet" type="text/css" />
```

④<style>标签用于为HTML文档定义样式信息。例如：

```
<style type="text/css">
.xt {
    font-family: "黑体";
}
</style>
```

（4）<body>标签。

主体标签<body>位于<head>标签之后，用于定义 HTML 文档所显示的内容。<body>标签有很多属性，用于设置网页的背景颜色、背景图片、文本颜色及链接颜色等。例如：

```
<body bgcolor="#00cc00" background="bg.jpg" text="#000000" link="#0000ff" vlink= "#cc00ff" alink="#ff0000" leftmargin="80" topmargin="30">……</body>
```

其中，bgcolor 属性用于设置网页的背景颜色；background 属性用于设置网页的背景图片；text 属性用于设置网页的文本颜色；link、vlink、alink 属性分别用于设置链接颜色、已访问链接颜色和活动链接颜色；leftmargin 和 topmargin 属性分别用于设置网页的左边距和右边距。

4．常用的 HTML 标签有哪些？

（1）标题标签<h*n*>。

<h*n*>标签用于定义文档中的标题，其中 *n* 是 1～6 的数字。HTML 提供了 6 个层级的标题，<h1>标签定义层级最高的标题，<h6>标签定义层级最低的标题，从<h1>到<h6>，标题层级递减。语法如下：

```
<hn align= "对齐方式">标题内容</hn>
```

其中，align 属性为可选属性（left 代表文本左对齐，center 代表文本居中对齐，right 代表文本右对齐），用于指定标题的对齐方式。

（2）段落标签<p>。

<p>标签用于定义一个段落，默认情况下，在段落后添加一个空行。语法如下：

```
<p align= "对齐方式">段落文本</p>
```

align 属性为可选属性（left 代表文本左对齐，center 代表文本居中对齐，right 代表文本右对齐），用于指定标题的对齐方式。

（3）换行标签
。

换行标签
用于在文档中强制换行，
标签是一个单标签。使用
标签进行强制换行的内容仅在形式上实现了换行，而换行前、后的内容仍属于一个段落，并且行与行之间不会产生空行。

（4）水平分隔线标签<hr>。

水平分隔线标签<hr>用于在网页中添加一条水平分隔线，从而起到分隔作用，<hr>标签是一个单标签，该标签的属性如表 2-1-1 所示。语法如下：

```
<hr 属性="属性值" />
```

表 2-1-1　水平分隔线标签<hr>的属性

属　性	参　数	功　能	单　位	默 认 值
Size		设置水平分隔线的粗细	pixel（像素）	2
Align	left、center、right	设置水平分隔线的对齐方式		center
Width		设置水平分隔线的宽度	pixel 或%	100%
Color		设置水平分隔线的颜色		black
Noshade		去掉水平分隔线的阴影		

其他常用的 HTML 标签还有<table>、<div>、<img>等，将在后续相关任务中详细讲解。

5. 文本格式化标签有哪些？

文本格式化标签

为着重强调某一部分，如为文字设置粗体效果，HTML 提供了专门的文本格式化标签，如表 2-1-2 所示。

表 2-1-2 文本格式化标签

标　签	说　明	示　例
<b>…</b>	粗体	**HTML 文本示例**
<strong>…</strong>	表示强调，一般为粗体	**HTML 文本示例**
<i>…</i>	斜体	*HTML 文本示例*
<em>…</em>	表示强调，一般为斜体	*HTML 文本示例*
<del>…</del>	删除线	~~HTML 文本示例~~
<ins>…</ins>	加下画线	HTML 文本示例
[…]	上标	X^2+Y^2
_…	下标	X_2+Y_2

6. 特殊字符有哪些？

特殊字符

HTML 中的有些字符无法直接显示出来，可以用特殊字符代码表示，如表 2-1-3 所示。

表 2-1-3 特殊字符及字符代码

特殊字符	字符代码	特殊字符	字符代码
空格		“	"
<	<	©	©
>	>	®	®
&	&	×	×

7. 什么是注释标签？

注释标签 <!--注释内容-->是一种特殊的标签，用于在 HTML 中插入注释。如果想在 HTML 文档中添加一些便于阅读和理解但又不想显示在页面中的注释文字，就要使用注释标签。

任务 2.2　利用表格布局网页

【学习导图】

【任务描述】

网站的站点创建完成后就可以制作网页了。在学习制作网页的初期，我们可以参考一些成熟的网站并加以借鉴。在本任务中，使用表格布局的方式制作名为“窑湾印象”的网页。首先，我们要对网页结构进行分析，将“窑湾印象”网页分成4个区域，总体布局如图2-2-1所示。

图2-2-1 “窑湾印象”网页总体布局

根据布局需要，使用表格进行区域布局，布局框架如图2-2-2所示。

“窑湾印象”之
页面布局分析

“窑湾印象”
网页总体布局

“窑湾印象”
布局框架

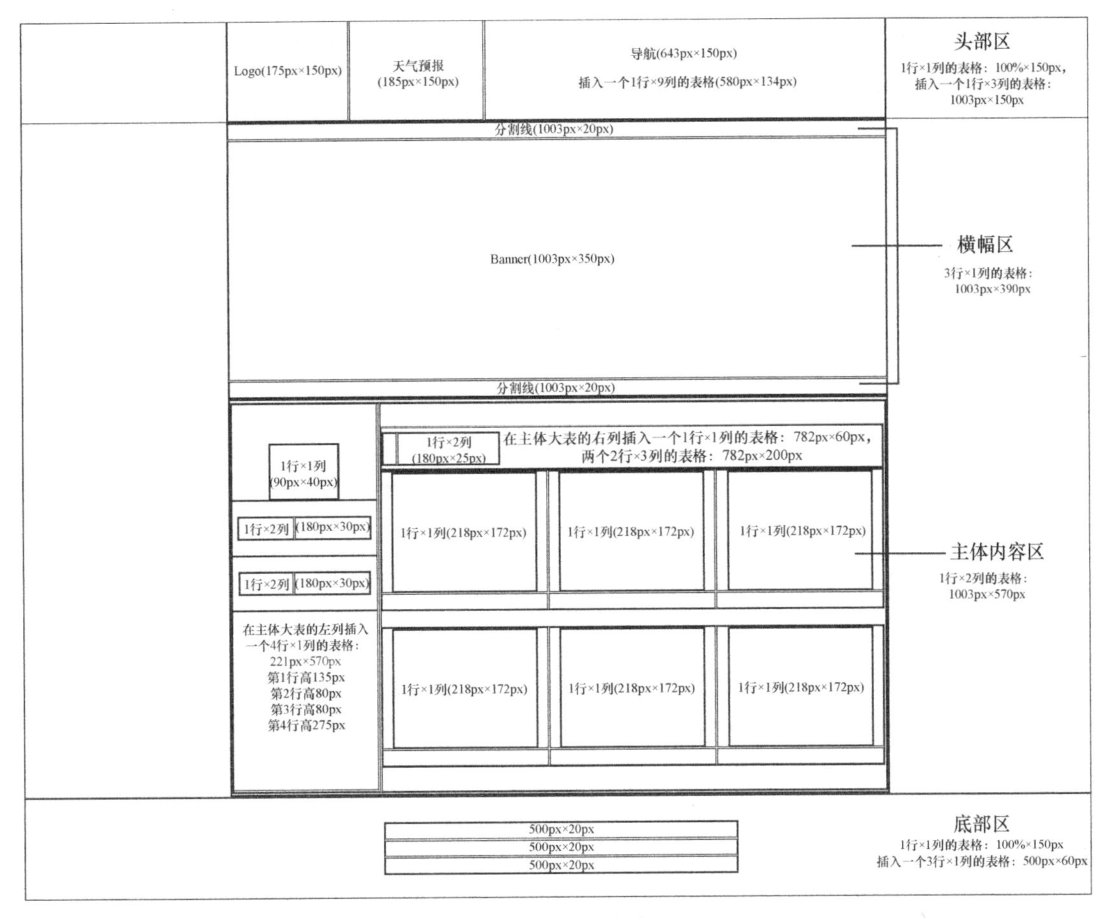

图 2-2-2　布局框架

【任务实施】

头部区表格的搭建

2.2.1　头部区表格的搭建

（1）打开“页面属性”对话框，在“分类”列表框中选择“外观”选项，在对话框中设置背景颜色、边距、页面字体和文字大小，如图 2-2-3 所示。在“分类”列表框中选择“标题/编码”选项，在对话框中设置标题，并将编码设置为“简体中文（GB2312）”，如图 2-2-4 所示。

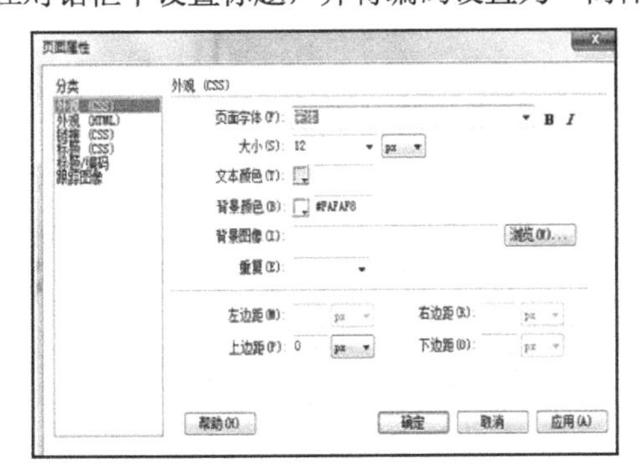

图 2-2-3　设置背景颜色、边距、页面字体和文字大小

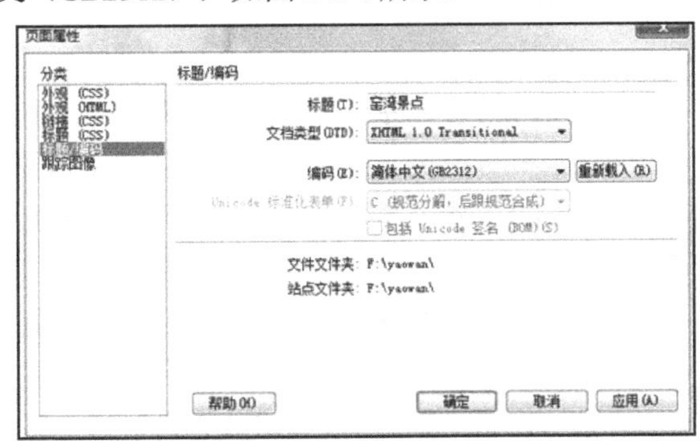

图 2-2-4　设置标题/编码

（2）单击“常用”工具栏中的“表格”按钮，如图 2-2-5 所示，打开“表格”对话框，在“表格宽度”文本框中输入“100”，在右侧的下拉列表中选择“百分比”选项，如图 2-2-6 所示。

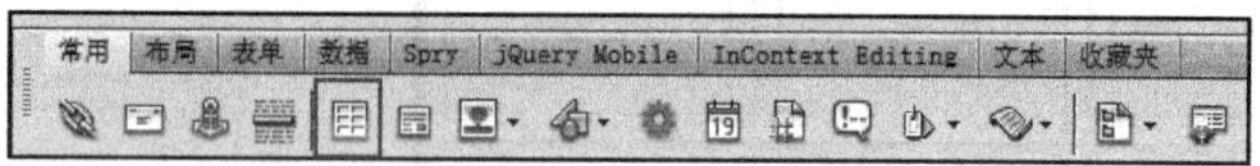

图 2-2-5 单击“表格”按钮

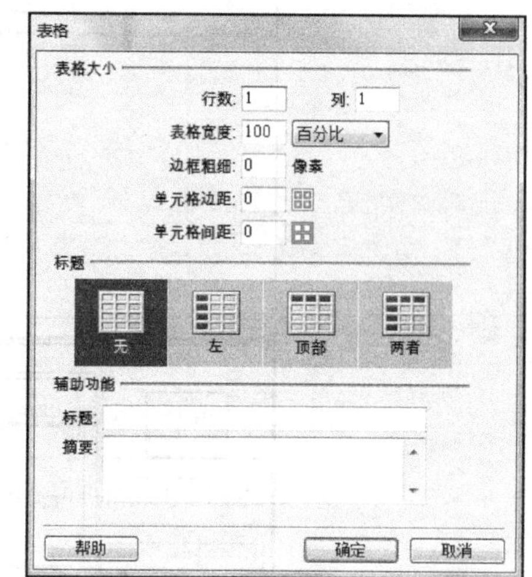

图 2-2-6 “表格”对话框

（3）在表格中进行嵌套，插入 1 行×3 列的表格，参数设置如图 2-2-7 所示，表格的对齐方式为居中对齐，表格宽度为 1003 像素。

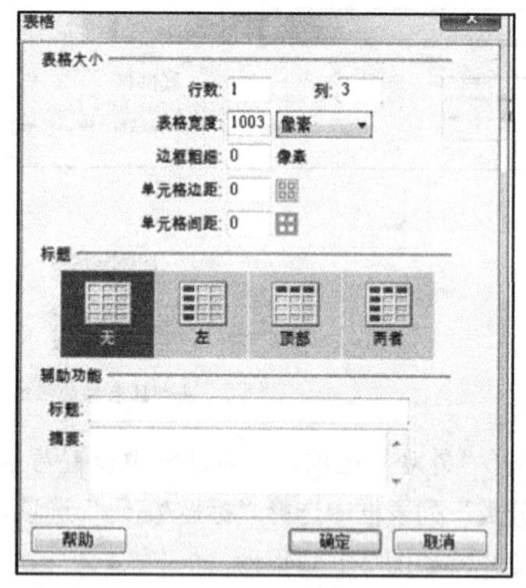

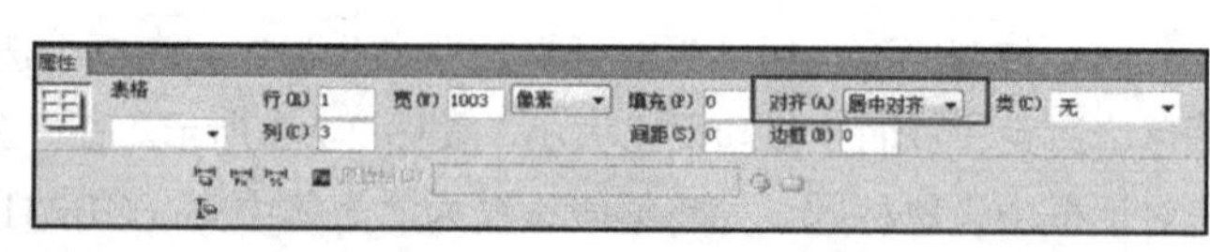

图 2-2-7 插入表格

说明：读者可以根据网页效果图设置表格的宽度和高度。表格的宽度可以直接在“属性”面板中设置，而表格的高度需要在“标签检查器”中设置，或者在代码区中对应的<table>标签中输入表格的高度。有关单元格（或列）宽度的设置，只需将光标置于单元格（或列）内，在“属性”面板上设置即可。

（4）在第 3 列中插入 1 行×9 列的表格，设置表格宽度为 95%，如图 2-2-8 所示。

注意：由于表格只是用来布局的，所以表格的边框、单元格边距、单元格间距均设置为 0 像素，即表格在浏览器中预览时是看不见的，如图 2-2-1 所示。表格相当于容器、定位器，因此三个属性的值均设置为 0 像素，如图 2-2-9 所示。

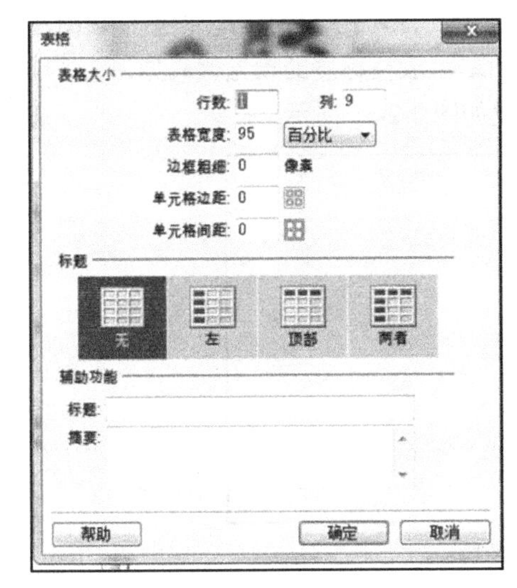

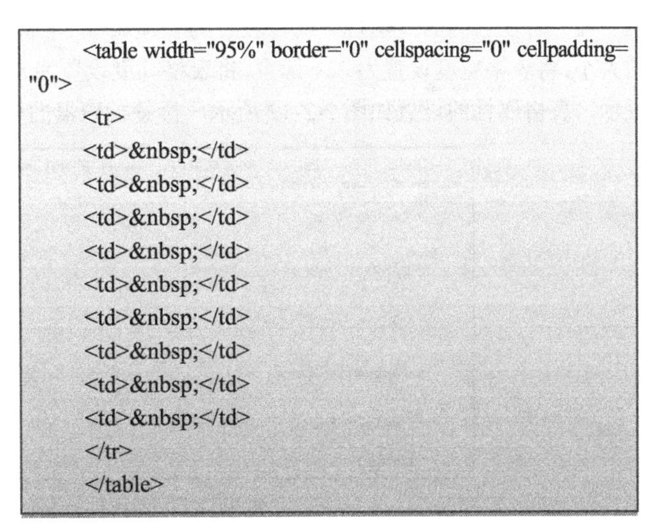

```
<table width="95%" border="0" cellspacing="0" cellpadding=
"0">
<tr>
<td> </td>
<td> </td>
<td> </td>
<td> </td>
<td> </td>
<td> </td>
<td> </td>
<td> </td>
<td> </td>
</tr>
</table>
```

图 2-2-8　插入 1 行×9 列的表格

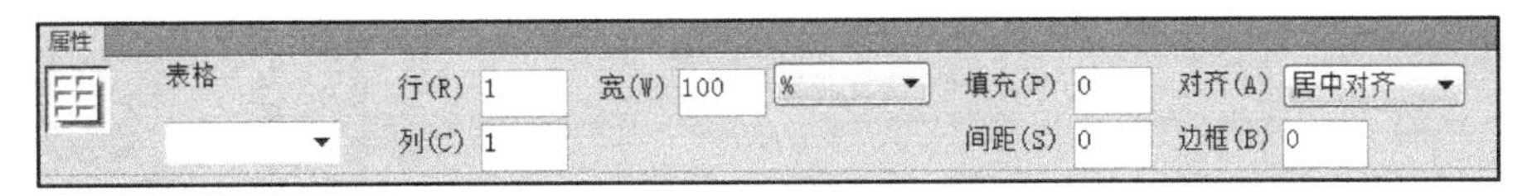

图 2-2-9　表格的属性设置

2.2.2　横幅区表格的搭建

横幅区表格的搭建

在横幅区插入 3 个表格（表格大小为 1003px×20px、1003px×350px 和 1003px×20px）和 2 条分割线。分割线和表格的插入方法请参照前文。

2.2.3　主体内容区表格的搭建

主体内容区表格的搭建

（1）我们先对主体内容区的布局进行分析，主体内容区大致可以分为左、右两部分，故插入一个 1 行×2 列，宽度为 1003 像素的表格，设置表格的对齐方式为居中对齐，如图 2-2-10 所示。

注意：当主体内容区的布局比较复杂、表格中的内容比较多时，应先对主体内容区的布局进行分析，分析完成后再实施操作，以确保操作更合理。

提醒：插入表格前，必须先定位，即确定光标的位置，才能确定表格的位置。如何确定光标的位置呢？首先，选中表格对应的<table>标签；然后，按键盘上的→键，或者在所选表格的右侧空白位置单击；最后，按 Enter 键，就完成定位了。

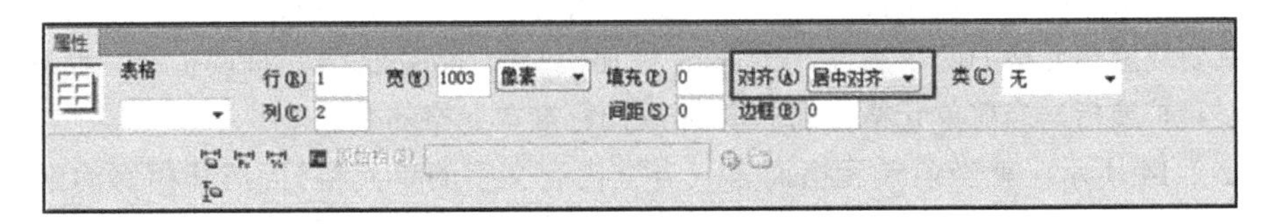

图 2-2-10　插入一个 1 行×2 列的表格

（2）将左边列的“垂直”属性设置为“顶端”，并插入一个5行×1列的表格，根据背景图片的大小，将表格宽度设置为221像素，将表格高度设置为570像素，表格标签的设置代码如图2-2-11所示，表格属性的设置如图2-2-12所示，标签检查器的设置如图2-2-13所示。

```
    <table width="221" border="0" cellspacing="0" cellpadding="0" height="570"
background="img/bg2.jpg">
  <tr>
    <td> </td>
    </tr>
  <tr>
    <td> </td>
    </tr>
  <tr>
    <td> </td>
    </tr>
  <tr>
    <td> </td>
    </tr>
  <tr>
    <td> </td>
    </tr>
    </table>
```

图2-2-11　表格标签的设置代码

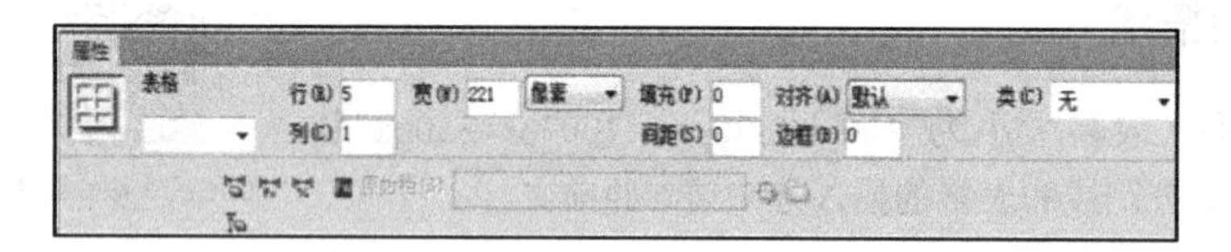

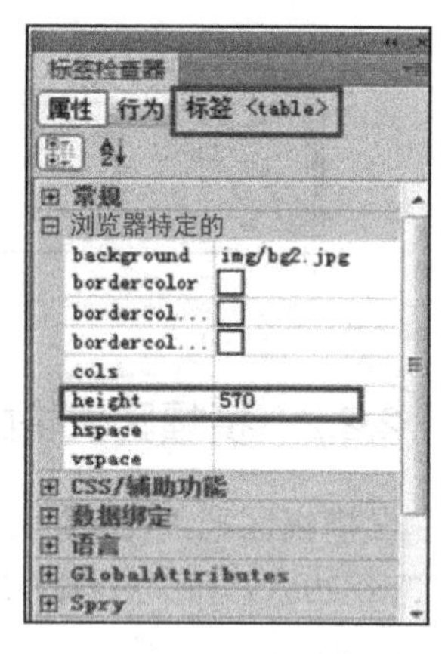

图2-2-12　表格属性的设置　　图2-2-13　标签检查器的设置

（3）按照如图2-2-2所示的布局框架，在主体内容区中插入其余表格。

底部区表格的搭建

2.2.4　底部区表格的搭建

在底部区插入表格，操作方法请参照2.2.1节。

插入表格后，将整个网页居中，以便在浏览器中获得更好的显示效果，即网页的最终效果不会因浏览器的类型、浏览器的窗口大小、显示器的差异而出现明显变化。

【温馨提示】

（1）表格中的某些单元格可能需要拆分，会造成其与同一行的其他单元格的宽度或高度不一致。这时就要注意单元格的两个属性：colspan和rowspan。colspan表示横向扩展，而rowspan表示纵向扩展。扩展指与当前单元格相邻的横向/纵向标准单元格的数量。

如图2-2-14所示，就当前单元格而言（方框内有文字的单元格），与其相邻的下一行横向标准单元格的数量为3，即colspan=3；与其相邻的右侧纵向标准单元格的数量也为3，即rowspan=3。

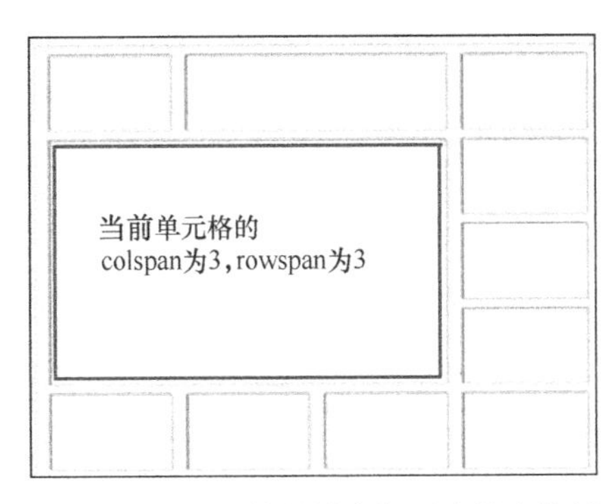

图 2-2-14　单元格的横向扩展和纵向扩展

如果改变当前单元格的相邻单元格的高度、宽度，或者数量时，则当前单元格的高度、宽度也会发生变化。这种相互制约的情况调整起来很麻烦，我们并不希望出现。因此，如果表格比较复杂，建议采取内嵌表格的方式，从而减少单元格之间的相互干扰，使各单元格相对独立。

（2）使用表格时，除设置一些必要单元格的高度和宽度外，其他单元格的高度和宽度无须设置，这样做一方面减少了冗余代码，另一方面也降低了错误发生的概率。所有属性均在<td>标签（单元格）中设置，而非在<tr>标签（行）中设置。不要使用拖动鼠标的方法改变表格的大小。

（3）表格是网页布局的基本工具之一，因此熟练掌握表格的应用非常重要。当设置单元格大小时，必须使每个单元格的大小和它内部所放置的对象的大小保持一致，这样在预览效果时，才不会出现异常情况。

关于表格的应用，请读者多加练习，在练习过程中，不要怕出现问题，出现问题后要想办法解决，并且要积极总结经验，吸取教训，从而不断提高自身水平。

实训任务 2.2　“窑湾印象”网页布局框架的搭建

1. 模仿练习

“窑湾印象”网页布局框架的搭建

参照任务 2.2 的任务实施的操作步骤，根据如图 2-2-15 所示的“窑湾印象”网页的布局框架，完成以下操作。

（1）将“窑湾印象”网页分成 4 部分，即头部区，表格搭建代码如图 2-2-16 所示；横幅区，表格搭建代码如图 2-2-17 所示；主体内容区，表格搭建代码如图 2-2-18 所示；底部区，表格搭建代码如图 2-2-19 所示。

（2）参照 2.2.1 节，完成头部区的表格嵌套操作。

2. 自主练习

（1）通过嵌套表格，制作主体内容区和底部区，完成“窑湾印象”网页的布局框架。具体的表格宽度和高度等参数如图 2-2-15 所示；表格搭建代码如图 2-2-20～图 2-2-22 所示。

（2）为每个单元格设置不同的背景颜色。

（3）网页制作完成后，将其保存为 ywyx_kj.html。

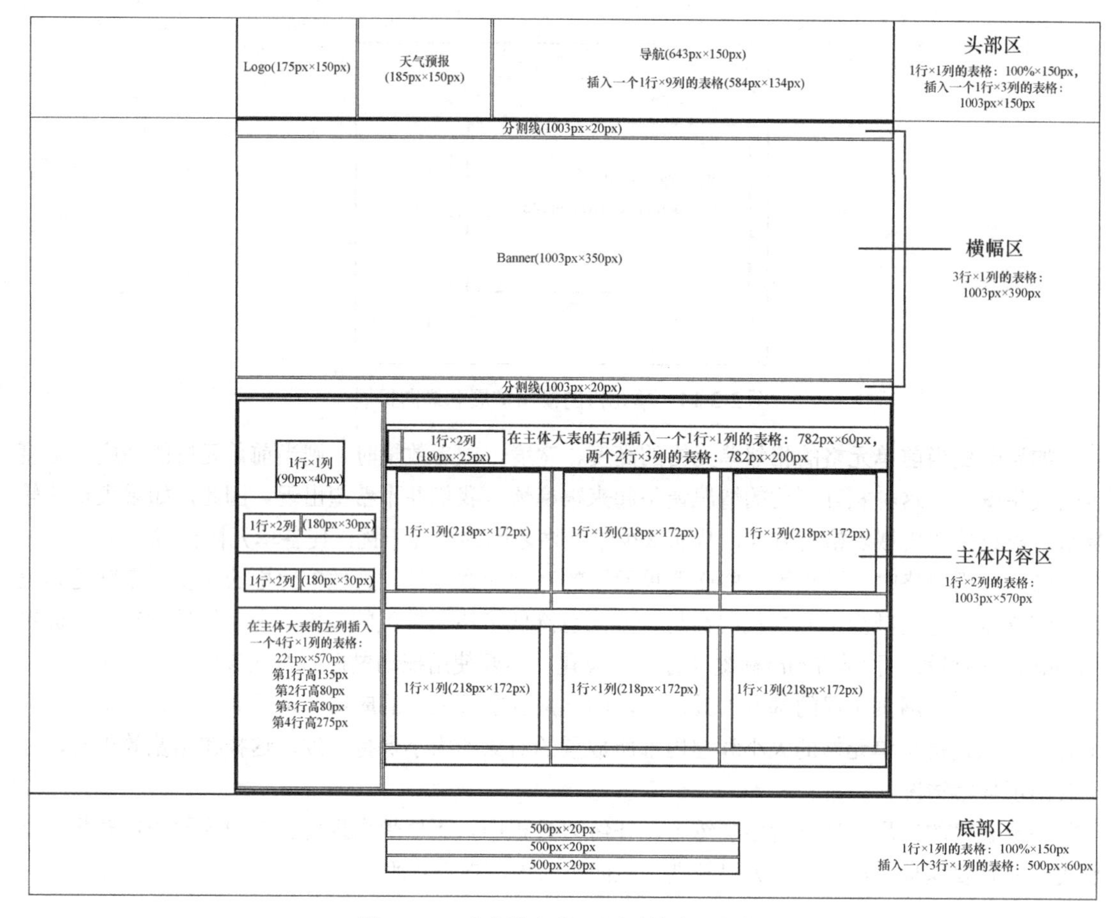

图 2-2-15 “窑湾印象”网页的布局框架

“窑湾印象”网页的布局框架

```
<table width="100%" border="0" cellspacing="0" cellpadding="0">
  <tr>
    <td>
    <table width="1003" height="150" align="center" border="0"
cellspacing="0" cellpadding="0">
      <tr>
        <td width="175"> </td>
        <td width="185"> </td>
        <td width="643">
        <table width="584" height="134" align="center" border="0"
cellspacing="0" cellpadding="0">
          <tr>
            <td> </td>
            <td> </td>
            <td> </td>
            <td> </td>
            <td> </td>
            <td> </td>
            <td> </td>
            <td> </td>
            <td> </td>
          </tr>
        </table>
        </td>
      </tr>
    </table></td>
  </tr>
</table>
```

头部区表格搭建代码

图 2-2-16 头部区的表格搭建代码

```
<table width="1003" height="390" align="center" border="0" cellspacing="0" cellpadding="0">
  <tr>
    <td height="20"> </td>
  </tr>
  <tr>
    <td height="350"> </td>
  </tr>
  <tr>
    <td height="20"> </td>
  </tr>
</table>
```

图 2-2-17　横幅区的表格搭建代码

```
<table width="1003"  height="570" align="center" border="0"
cellspacing="0" cellpadding="0">
  <tr>
    <td width="221" valign="top" >
    <table ...
    </td>
    <td width="782" valign="top">
    <table ...
    <table ...
    <table ...
    </td>
  </tr>
</table>
```

折叠表格

主体内容区
1行×2列

主体内容区
表格搭建代码

图 2-2-18　主体内容区的表格搭建代码

```
<table width="100%" height="150" align="center" border="0" cellspacing="0"
cellpadding="0">
  <tr>
    <td>
    <table width="500" height="60" align="center" border="0" cellspacing="0"
 cellpadding="0">
      <tr>
        <td height="20"> </td>
      </tr>
      <tr>
        <td height="20"> </td>
      </tr>
      <tr>
        <td height="20"> </td>
      </tr>
    </table>
    </td>
  </tr>
</table>
```

图 2-2-19　底部区的表格搭建代码

```
<td width="782">
<table ...
<table ...
<table ...
</td>
```

表格展开

```
<table width="782" height="60" border="0" cellspacing="0"
cellpadding="0">
  <tr>
    <td>
    <table width="180" height="25" border="0" cellspacing="15"
cellpadding="0">
      <tr>
        <td> </td>
        <td> </td>
      </tr>
    </table>
    </td>
  </tr>
</table>
```

图 2-2-20　主体内容区内部的表格搭建代码（一）

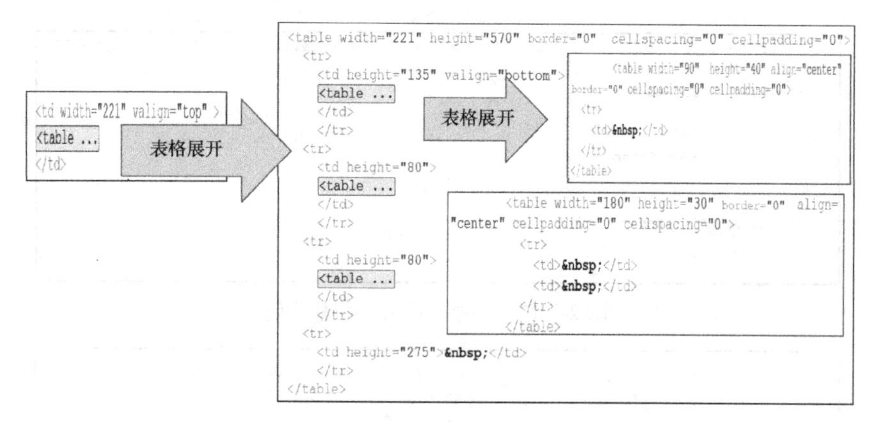

图 2-2-21　主体内容区内部的表格搭建代码（二）

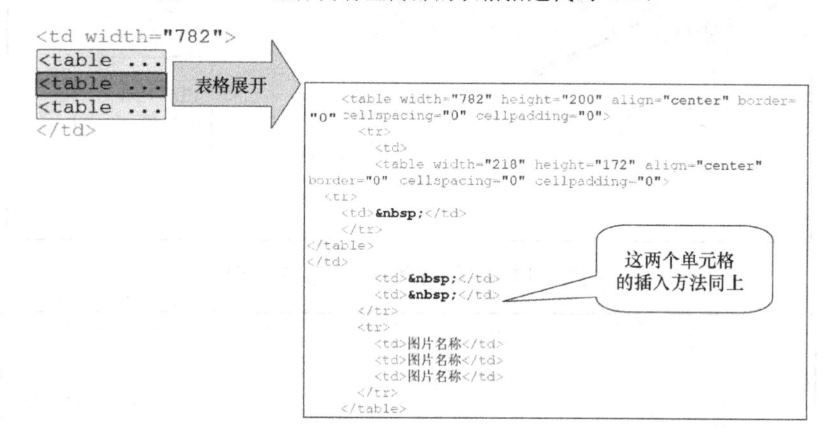

图 2-2-22　主体内容区内部的表格搭建代码（三）

操作提示：

1. 建议初学者按照如图 2-2-15 所示的布局框架搭建表格，并设置表格的宽度和高度。

2. 制作主体内容区的最外层表格时，应以“像素”为单位，否则表格的宽度将随浏览器的大小产生变化，网页中的内容可能出现错乱现象。

3. 制作内嵌表格时，既能以“百分比”为单位，也能以“像素”为单位，因为该表格所在的单元格的宽度是固定的。

4. 对于插入的表格，其默认对齐方式在水平方向上为左对齐，在垂直方向上为居中对齐，读者应根据要求在“属性”面板中设置表格的对齐方式。

【考核评价】

任务名称	“窑湾印象”网页布局框架的搭建				
任务完成情况评价					
自我评价		小组评价		教师评价	
问题与反思					

【问题探究】

1．什么是表格标签？

表格由<table>标签定义。每个表格均有若干行（由<tr>标签定义），每行被分割为若干单元格（由<td>标签定义）。表格标签的含义如表 2-2-1 所示。

表 2-2-1　表格标签的含义

表　格	描　述
<table>	定义表格
<caption>	定义表格标题
<th>	定义表格的表头。<th>用粗体样式标记文本表头
<tr>	定义表格的行
<td>	定义单元格
<thead>	定义表格的页眉
<tbody>	定义表格的主体
<tfoot>	定义表格的页脚
<col>	定义表格的列
<colgroup>	定义列的组

2．表格标签有哪些属性？

表格标签的属性如表 2-2-2 所示，<td>标签的属性如表 2-2-3 所示，<tr>标签的属性如表 2-2-4 所示。

表 2-2-2　表格标签的属性

属　性	描　述
border	表格的外边框粗细，默认单位为像素
bordercolor	表格的边框颜色
align	表格的对齐方式
width	表格的宽度
height	表格的高度
bgcolor	背景颜色
background	背景图片
cellspacing	单元格之间的距离（见图 2-2-23）
cellpadding	单元格边缘与其内容之间的距离（见图 2-2-23）

表 2-2-3　<td>标签的属性

属　性	描　述
align	单元格内容的水平对齐方式
valign	单元格内容的垂直对齐方式
bgcolor	单元格背景颜色
background	单元格背景图片

（续表）

属　性	描　述
width	单元格的宽度
height	单元格的高度
colspan	跨列数
rowspan	跨行数

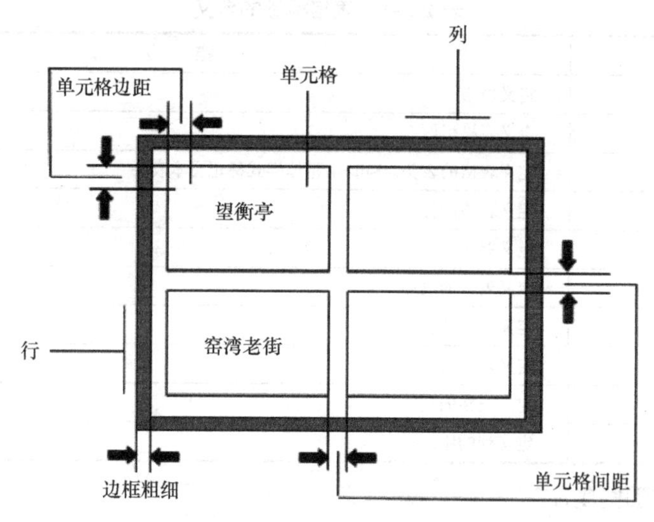

图 2-2-23　单元格边距和单元格间距示意图

表 2-2-4　<tr>标签的属性

属　性	描　述
align	行内内容的水平对齐方式
Valign	行内内容的垂直对齐方式
Bgcolor	背景颜色

任务 2.3　插入图片等网页元素

【学习导图】

【任务描述】

通过任务 2.2 的学习，我们利用表格搭建了网页的布局框架，在本任务中，我们将在该布局框架中插入网页元素，包括图片、文字和脚本等内容，使得整个网页更加完整。完成后网页效果如图 2-3-1 所示。

图 2-3-1 “窑湾印象”网页效果

【任务实施】

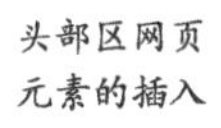
头部区网页元素的插入

“窑湾印象”效果图

2.3.1　头部区背景图片的插入

在头部区插入背景图片“bg_header.jpg”，在菜单栏中选择“窗口”选项，打开“标签检查器”对话框，选择“table”标签，展开“浏览器特定的”列表，设置背景图片及图片的高度，如图 2-3-2 所示，相应的代码如图 2-3-3 所示，页面效果如图 2-3-4 所示。

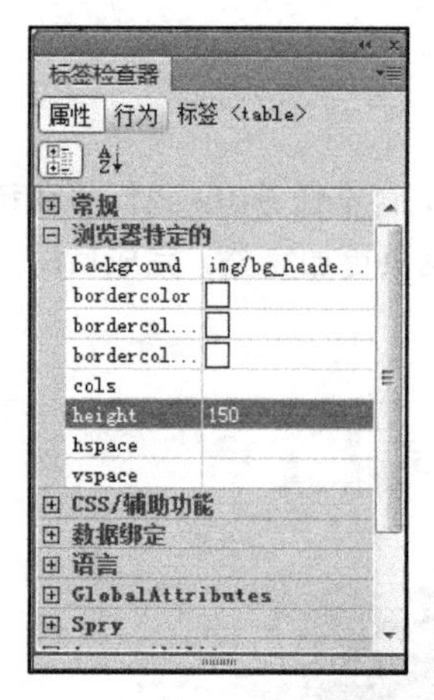

图 2-3-2　设置背景图片及图片的高度

```
<table width="100%" height="150" border="0" cellpadding="0"
cellspacing="0" background="img/bg_header.jpg" >
  <tr>
   <td> </td>
  </tr>
</table>
```

图 2-3-3　头部区背景图片的代码

图 2-3-4　头部区背景图片的页面效果

2.3.2　插入 Logo 图片

使用图片对相应的单元格进行填充。在表格的第一列中插入 Logo 图片，属性设置如图 2-3-5 所示，相应的代码如图 2-3-6 所示。

提醒：建议初学者每插入一个对象，就在浏览器中预览网页效果，以便及早发现问题，尽快纠错。否则，等多个问题积攒起来，导致难以修改网页，可能影响初学者的学习信心。

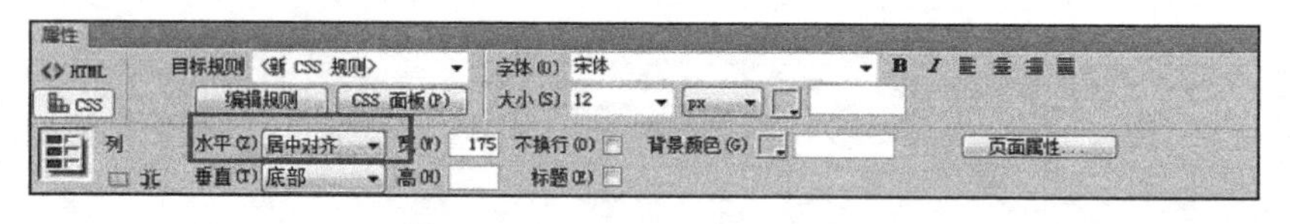

图 2-3-5　Logo 图片的属性设置

```
<table width="1003" border="0" align="center"
cellpadding="0" cellspacing="0">
    <tr>
     <td width="175" align="center"><img
src="img/logo.png" width="134" height="139" /></td>
     <td width="184" align="center" valign="bottom></td>
     <td> </td>
    </tr>
  </table>
```

图 2-3-6　Logo 图片的代码

2.3.3　插入天气预报的代码

在表格的第二列中，设置单元格的“垂直”对齐方式为“底部”，如图 2-3-7 所示。编辑代码，在第二列单元格的相应位置插入天气预报的代码，天气预报在浏览器中的预览效果如图 2-3-8 所示，相应的代码如图 2-3-9 所示。

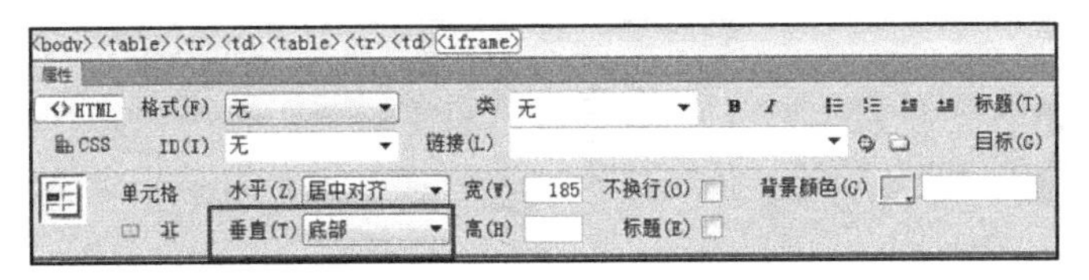

图 2-3-7　设置单元格的“垂直”对齐方式为“底部”

图 2-3-8　天气预报在浏览器中的预览效果

```
        <td width="175" align="right" valign="bottom"><img src="img/logo.png" alt="logo" width="134" height=
"139" /></td>
        <td width="185" align="center" valign="bottom"><iframe allowtransparency="true" frameborder="0" width=
"180" height="36" scrolling="no" src=
"http://tianqi.2345.com/plugin/widget/index.htm?s=3&z=3&t=1&v=0&d=3&bd=0&k=&f=&ltf=009944&htf=cc0000&q=1&e=1&a=1
&c=57773&w=180&h=36&align=center"></iframe></td>
```

图 2-3-9　天气预报的代码

2.3.4　在导航中插入“鼠标经过图像”

将光标置于导航对应的单元格中，在“常用”工具栏单击“图像”右侧的下拉按钮，在弹出的下拉列表中选择“鼠标经过图像”选项，如图 2-3-10 所示，弹出“插入鼠标经过图像”对话框，设置“原始图像”和“鼠标经过图像”，如图 2-3-11 所示。“鼠标经过图像”的代码如图 2-3-12 所示。

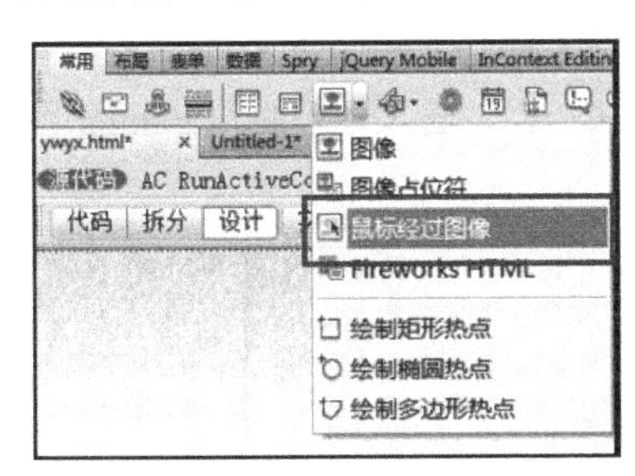

图 2-3-10　选择“鼠标经过图像”选项

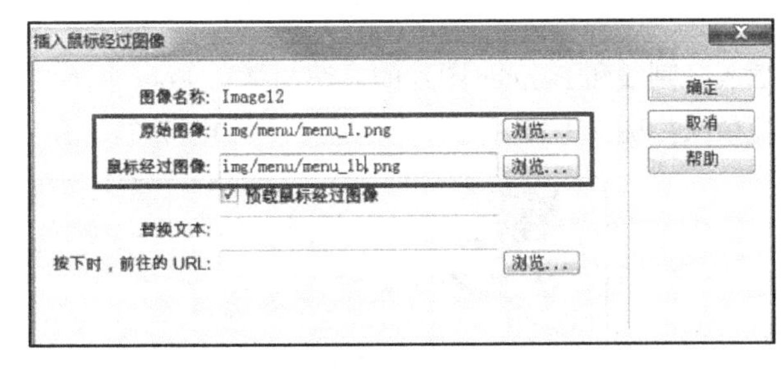

图 2-3-11　“插入鼠标经过图像”对话框

```
    <table width="580" border="0" cellpadding="0" cellspacing="0">
  <tr align="center">
    <td><a onmouseout="MM_swapImgRestore()" onmouseover="MM_swapImage('Image26','','img/menu_1b.png',1)">
    <img src="img/menu_1.png" name="Image26" width="43" height="134" border="0" id="Image26" /></a></td>
    <td> </td>
    <td> </td>
    <td> </td>
    <td> </td>
    <td> </td>
    <td> </td>
    <td> </td>
    <td> </td>
  </tr>
</table>
```

图 2-3-12　“鼠标经过图像”的代码

使用同样的方法，在第三列的嵌套表格内依次插入导航中的其他“原始图像”和“鼠标经过图像”，预览效果如图 2-3-13 所示，相应的代码如图 2-3-14 所示。

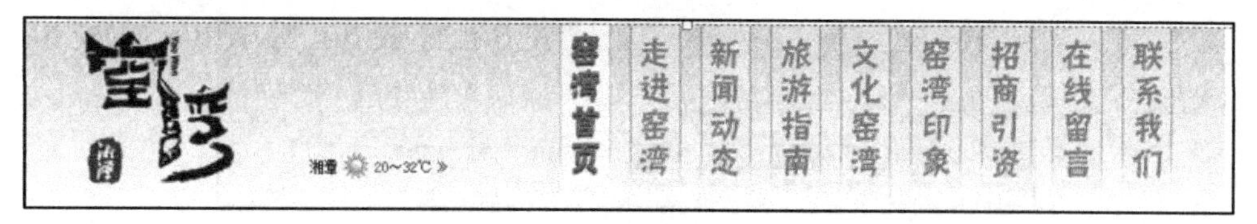

图 2-3-13　导航预览效果

```
        <table width="580" border="0" cellpadding="0" cellspacing="0">
      <tr align="center">
        <td><a href="index.html" onmouseout="MM_swapImgRestore()" onmouseover=
"MM_swapImage('Image26','','img/menu_1b.png',1)"><img src="img/menu_1.png" name="Image26" width="43"
height="134" border="0" id="Image26" /></a></td>
        <td><a href="index.html" onmouseout="MM_swapImgRestore()" onmouseover=
"MM_swapImage('Image22','','img/menu_2b.png',1)"><img src="img/menu_2.png" name="Image22" width="43"
height="134" border="0" id="Image22" /></a></td>
        <td><a href="index.html" onmouseout="MM_swapImgRestore()" onmouseover=
"MM_swapImage('Image25','','img/menu_3b.png',1)"><img src="img/menu_3.png" name="Image25" width="43"
height="134" border="0" id="Image25" /></a></td>
        <td><a href="map.html" onmouseout="MM_swapImgRestore()" onmouseover=
"MM_swapImage('Image21','','img/menu_4b.png',1)"><img src="img/menu_4.png" name="Image21" width="43"
height="134" border="0" id="Image21" /></a></td>
        <td><a href="index.html" onmouseout="MM_swapImgRestore()" onmouseover=
"MM_swapImage('Image27','','img/menu_5b.png',1)"><img src="img/menu_5.png" name="Image27" width="43"
height="134" border="0" id="Image27" /></a></td>
        <td><a href="ywyx.html" onmouseout="MM_swapImgRestore()" onmouseover=
"MM_swapImage('Image29','','img/menu_6b.png',1)"><img src="img/menu_6.png" name="Image29" width="43"
height="134" border="0" id="Image29" /></a></td>
        <td><a href="index.html" onmouseout="MM_swapImgRestore()" onmouseover=
"MM_swapImage('Image24','','img/menu_7b.png',1)"><img src="img/menu_7.png" name="Image24" width="43"
height="134" border="0" id="Image24" /></a></td>
        <td><a href="zxly.html" onmouseout="MM_swapImgRestore()" onmouseover="
MM_swapImage('Image19','','img/menu_8b.png',1)"><img src="img/menu_8.png" name="Image19" width="43"
height="134" border="0" id="Image19" /></a></td>
        <td><a href="zxly.html" onmouseout="MM_swapImgRestore()" onmouseover=
"MM_swapImage('Image20','','img/menu_9b.png',1)"><img src="img/menu_9.png" name="Image20" width="43"
height="134" border="0" id="Image20" /></a></td>
      </tr>
    </table>
```

图 2-3-14　导航的代码

2.3.5　插入分割线和 Banner 图片

插入分割线和 Banner 图片的方法与插入 Logo 图片的方法一样，插入分割线和 Banner 图片后的预览效果如图 2-3-15 所示，相应的代码如图 2-3-16 所示。

图 2-3-15　插入分割线和 Banner 图片后的预览效果

```
<table width="1003" border="0" align="center">
  <tr>
    <td height="30" align="center"><img src="img/bg_fgx.png" width="814" height="18" /></td>
  </tr>
</table>
<table width="1003" border="0" align="center">
  <tr>
    <td width="1003" height="352" ><img src="img/banner1.png" width="1003" height="352" /></td>
  </tr>
</table>
<table width="1003" border="0" align="center">
  <tr>
    <td height="30" align="center"><img src="img/bg_fgx.png" width="814" height="18" /></td>
  </tr>
</table>
```

图 2-3-16　分割线和 Banner 图片的代码

2.3.6　在左边列中插入图文

主体内容区和底部区网页元素的插入

将光标置于表格的左边列中，在“标签检查器”中设置背景图片，如图 2-3-17 所示，预览效果如图 2-3-18 所示，相应的代码如图 2-3-19 所示。

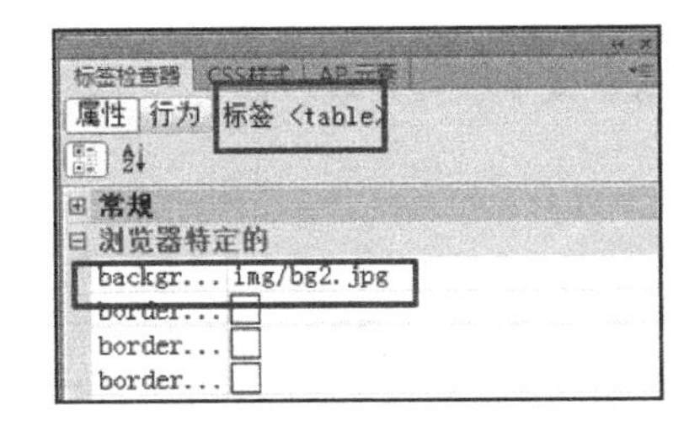

图 2-3-17　在“标签检查器”中设置背景图片

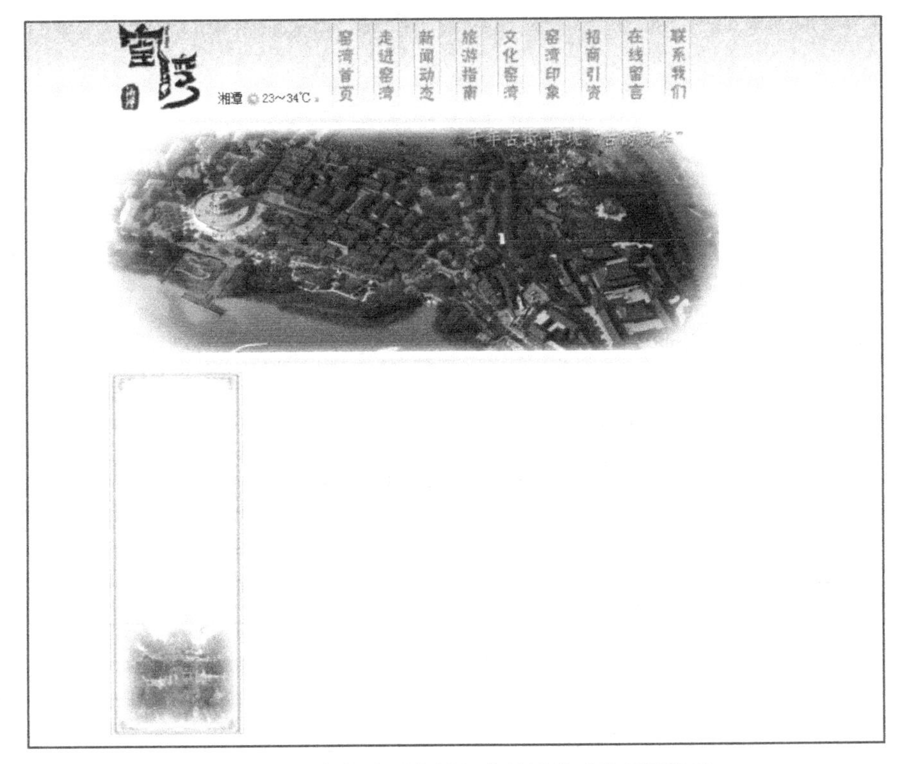

图 2-3-18　在左边列中插入背景图片后的预览效果

```
        <td width="221" height="570"><table width="221" height="570" border=
"0" cellpadding="0" cellspacing="0" background="img/bg2.jpg">
```

图 2-3-19　在左边列中插入背景图片的代码

参照前面的方法，在左侧的嵌套表格内插入图片和文字等元素，在右侧的嵌套表格内插入背景图片，将窑湾景点图片依次放入单元格内，完成整个网页的制作。

“窑湾印象”网页的制作

实训任务 2.3 “窑湾印象”网页的制作

（1）基于在实训任务 2.2 中制作的布局框架，参照图 2-3-1 为网页添加基本元素。网页图片素材可从本书配套资源包中获取。

（2）在导航中插入“鼠标经过图像”，实现鼠标指针经过时的动态效果。

操作提示：

插入窑湾景点图片后，可以直接复制表格内容，改变单元格的图片来源，快速完成操作。

【考核评价】

<table>
<tr><td>任务名称</td><td colspan="5">“窑湾印象”网页的制作</td></tr>
<tr><td colspan="6">任务完成情况评价</td></tr>
<tr><td>自我评价</td><td></td><td>小组评价</td><td></td><td>教师评价</td><td></td></tr>
<tr><td colspan="6">问题与反思</td></tr>
<tr><td colspan="6"></td></tr>
</table>

【问题探究】

图片标签及路径

1．什么是图片标签？

在 HTML 中，图片由<img>标签定义。<img>标签只包含属性，没有结束标签。<img>标签的属性如表 2-3-1 所示。语法：

```
<img src="img/logo.gif" alt="YW logo ">
```

表 2-3-1　<img>标签的属性

属　性	描　述
src	图片的 URL 路径
title	鼠标指针悬停时显示的内容
alt	提示文字
width	图片的宽度，通常只设置为图片的真实宽度，以免失真
height	图片的高度，通常只设置为图片的真实高度，以免失真
align	图片和文字之间的对齐方式，值可以是 top、middle、bottom、left、right 和 center
border	边框宽度

（续表）

属　性	描　述
hspace	水平间距，设置图片左侧和右侧的空白区域
vspace	垂直间距，设置图片顶部和底部的空白区域

其中，src 属性用于指定图片文件的路径和文件名，源属性的 src 指 source。源属性的值是图片的 URL 地址。src 属性是<img>标签的必要属性。

alt 属性用来为图片定义一串预备的可替换的文本。当浏览器无法载入图片时，将显示这个替换文本。为网页中的图片都加上替换文本是一个良好的习惯，这样能够更好地显示信息，尤其对于那些使用纯文本浏览器的人来说，是非常有用的。

2. 什么是相对路径和绝对路径？

相对路径就是相对于当前文件的路径，通过层级关系描述文件的位置。图片相对路径的设置方法包括以下 3 种。

（1）图片文件和 html 文档位于同一文件夹中。

只需输入图片文件的名称即可，如<img src="logo.gif"/>。

（2）图片文件位于 html 文档的下一级文件夹中。

输入文件夹名和文件名，文件夹名和文件名用“/”隔开，如<img src="img/ logo.gif"/>。

（3）图片文件位于 html 文件的上一级文件夹中。

在文件名前添加“../”，如果是上两级，则添加“../../”，以此类推，如<img src="../../logo.gif"/>。

绝对路径就是网页上的文件在磁盘上的真正路径或完整的网络地址，如“D:\yaowan\ images”和“http://www.xtyw.site/images***/logo.gif”。

在网页中不推荐使用绝对路径。因为在服务器或另外一台计算中可能不存在“D:\yaowan\images\logo.gif”这样的路径，使用相对路径能够避免图片无法显示。

任务 2.4　表单网页的制作

【学习导图】

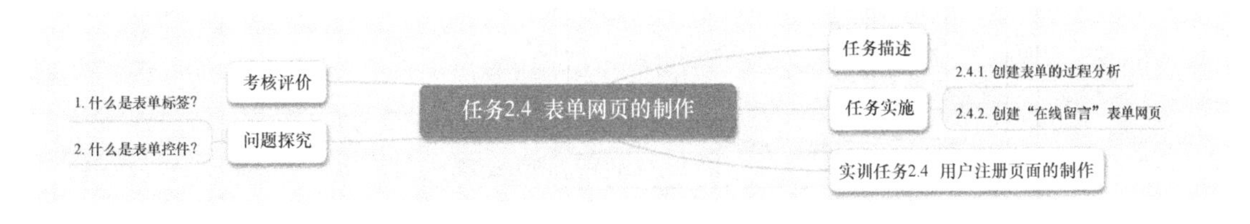

【任务描述】

与电视、广播相比，网络作为传播工具，既能传播信息，又能与用户进行交互。用户访问网站时，经常会遇到注册、登录、留言评论等操作，网站通过合理的方式可以收集用户的基本数据。此外，网站还可以根据用户的浏览记录，分析用户的行为偏好，推送感兴趣的内容，这都属于网页的交互性。在本任务中，我们利用表单创建一个“在线留言”表单网页，效果如图 2-4-1 所示。

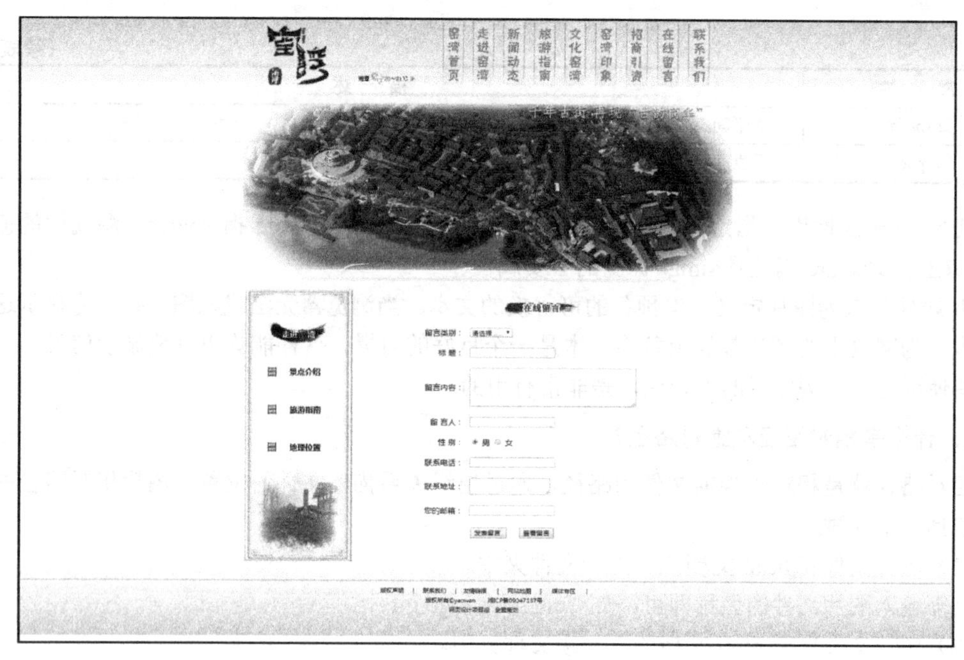

图 2-4-1 “在线留言”表单网页效果

“在线留言”表单网页效果图

【任务实施】

2.4.1 创建表单的过程分析

表单相当于一个容器，它容纳了承载数据的表单对象，如文本框和复选框等。

在 HTML 中，一个完整的表单通常由表单控件（也被称为表单元素）、提示信息和表单域组成，如图 2-4-2 所示。

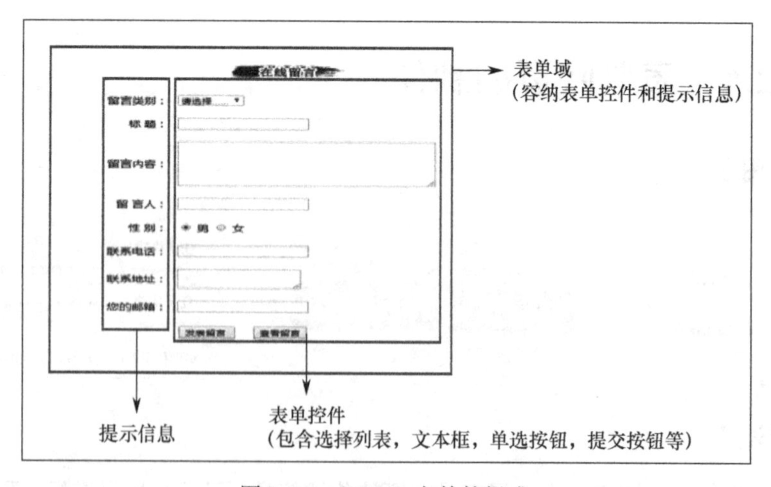

图 2-4-2 HTML 表单的组成

在包含表单的网页中，一般采用表格的方式进行排版，操作步骤如下。

（1）新建一个网页，添加网页背景，插入一个表单，出现一个红色的虚线框。

（2）在表单中插入表格，采用表格的方式进行排版，如图 2-4-3 所示。在表格中，可以插入图片、动画、文本等加以修饰，并使用 CSS 样式美化网页。

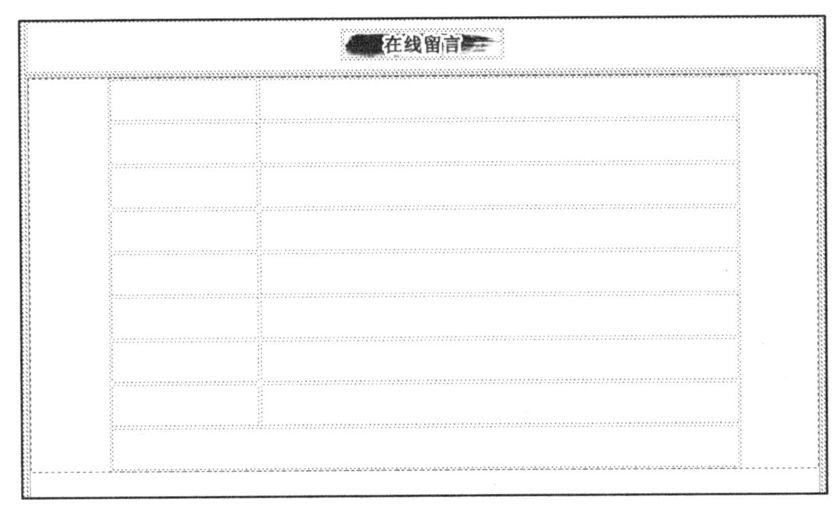

图 2-4-3　在表单中插入表格

（3）在表格中插入表单对象。

2.4.2　创建“在线留言”表单网页

创建“在线留言”表单网页

1. 插入表单

常用的插入表单的方法有以下两种。

方法一：在“表单”工具栏中单击“插入表单”按钮。

方法二：在菜单栏中选择“插入”→“表单”→“表单”选项。

执行上述操作后，网页中出现一个红色的虚线框，如图 2-4-4 所示。表单的作用是当访问者单击表单的“提交”按钮时，浏览器将表单对象所包含的数据发送到服务器，因此表单对象必须被置于表单中。

图 2-4-4　网页中出现一个红色的虚线框

2. 在表单中添加表格，并输入提示信息

在表单中添加表格，并输入提示信息，如图 2-4-5 所示。

3. 添加留言类别

在“表单”工具栏中单击“列表”按钮，如图 2-4-6 所示。

在“属性”面板中选中“菜单”单选按钮，如图 2-4-7 所示，单击“列表值”按钮，弹出“列表值”对话框，在该对话框中添加列表值，如图 2-4-8 所示。

在“属性”面板中设置初始值，即在“初始化时选定”下拉列表中选择合适的选项，如图 2-4-9 所示，初始值设置完成后的预览效果如图 2-4-10 所示，添加列表值的代码如图 2-4-11 所示。

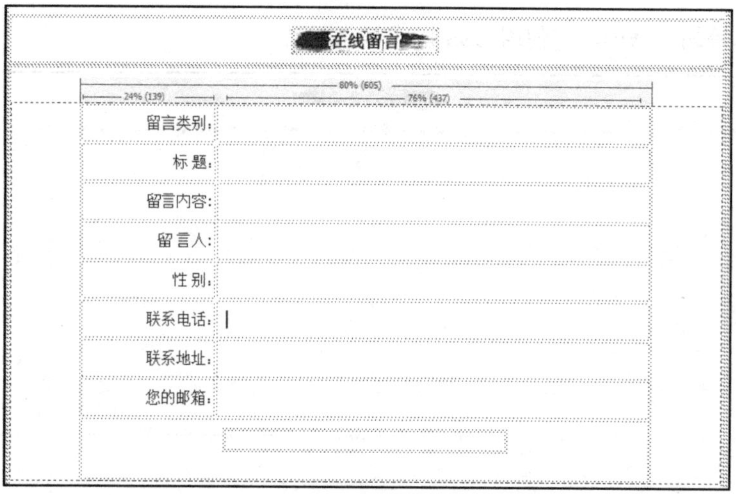

图 2-4-5　在表单中添加表格并输入提示信息

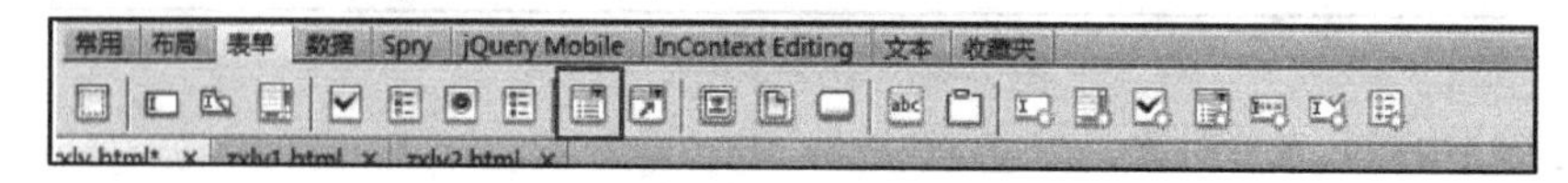

图 2-4-6　单击“列表”按钮

图 2-4-7　选中“菜单”单选按钮

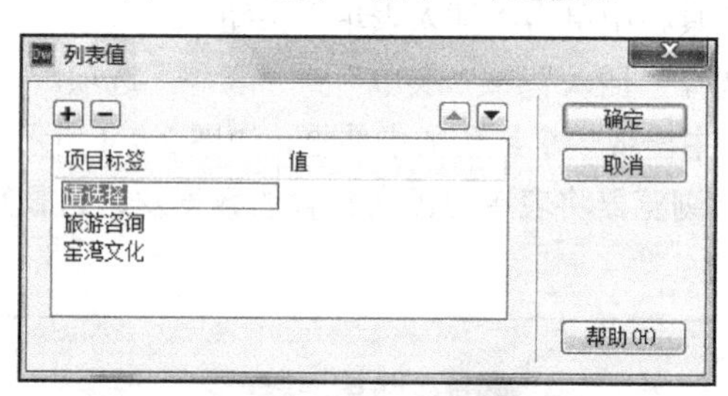

图 2-4-8　添加列表值

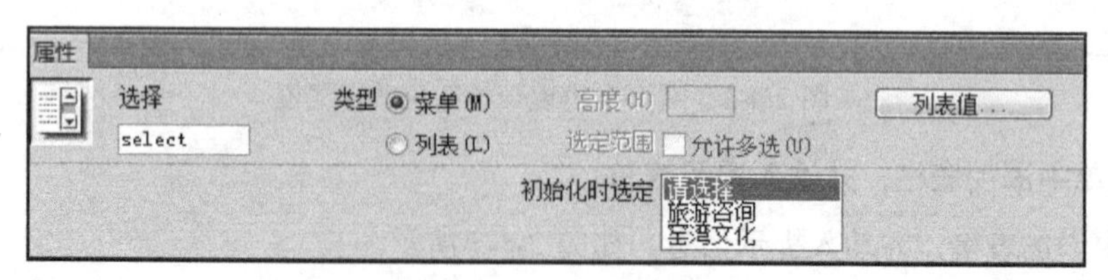

图 2-4-9　设置初始值

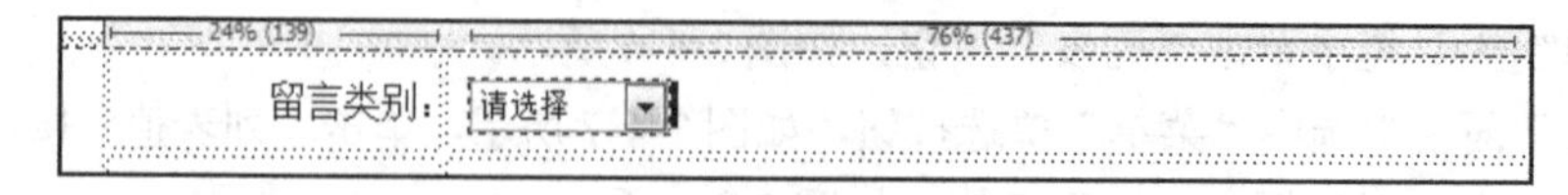

图 2-4-10　初始值设置完成后的预览效果

```
<select name="select" id="select">
  <option selected="selected">请选择</option>
  <option>旅游咨询</option>
  <option>窑湾文化</option>
</select>
```

图 2-4-11　添加列表值的代码

4．添加文本字段和文本域

在“表单”工具栏中，单击“文本字段”按钮，如图 2-4-12 所示，添加文本字段后的预览效果如图 2-4-13 所示，文本字段的默认属性如图 2-4-14 所示，添加文本字段的代码如图 2-4-15 所示。

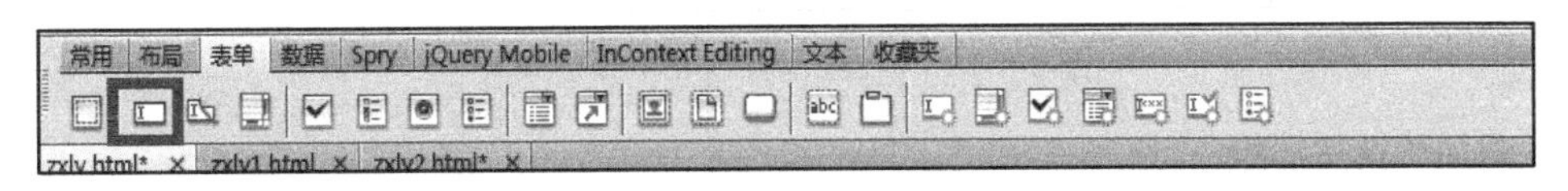

图 2-4-12　单击“文本字段”按钮

标 题：

图 2-4-13　添加文本字段后的预览效果

属性
文本域　字符宽度(W)　类型 ◉单行(S) ○多行(M) ○密码(P)　类(C) ss
textfield　最多字符数　初始值(I)
☐禁用(D)
☐只读(R)

图 2-4-14　文本字段的默认属性

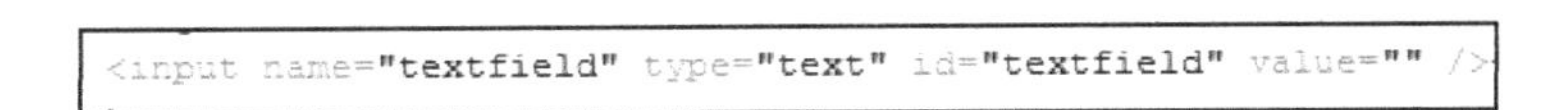

```
<input name="textfield" type="text" id="textfield" value="" />
```

图 2-4-15　添加文本字段的代码

添加文本域的方法和添加文本字段的方法基本相同，不同之处在于，在“属性”面板中，选中“多行”单选按钮，并设置“字符宽度”，“属性”面板的设置如图 2-4-16 所示，代码如图 2-4-17 所示。当前的“在线留言”表单预览效果如图 2-4-18 所示。

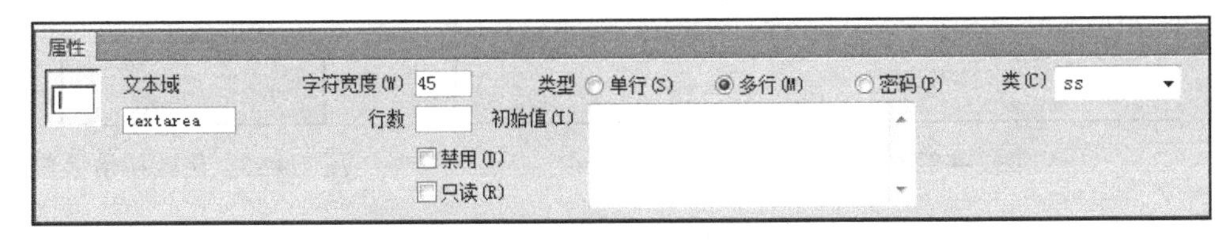

图 2-4-16　“属性”面板的设置（添加文本域）

```
<textarea name="textarea" cols="45" id="textarea"></textarea>
```

图 2-4-17　添加文本域的代码

注意： 如果输入的字符为密码，则在“属性”面板中选中“密码”单选按钮。

标 题:	
留言内容:	
留言人:	
性 别:	
联系电话:	
联系地址:	
您的邮箱:	

图 2-4-18 “在线留言”表单预览效果

5. 添加单选按钮组

在“表单”工具栏中，单击“单选按钮组”按钮，如图 2-4-19 所示，弹出“单选按钮组”对话框，如图 2-4-20 所示，将标签设置为“男”和“女”，如图 2-4-21 所示。

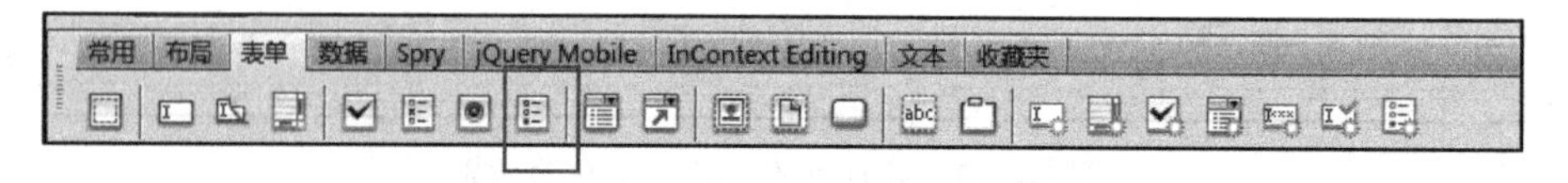

图 2-4-19 单击“单选按钮组”按钮

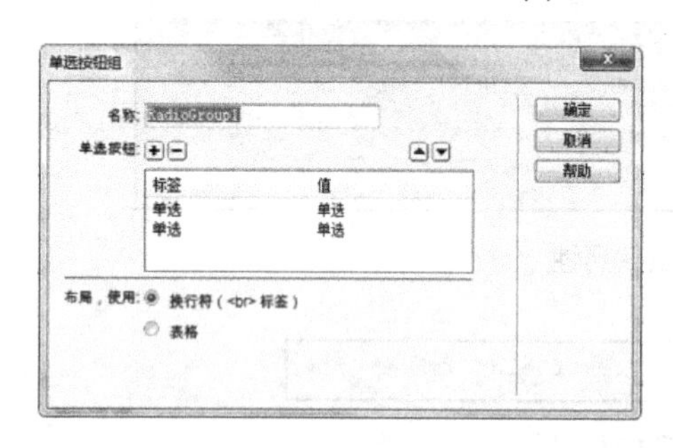

图 2-4-20 “单选按钮组”对话框

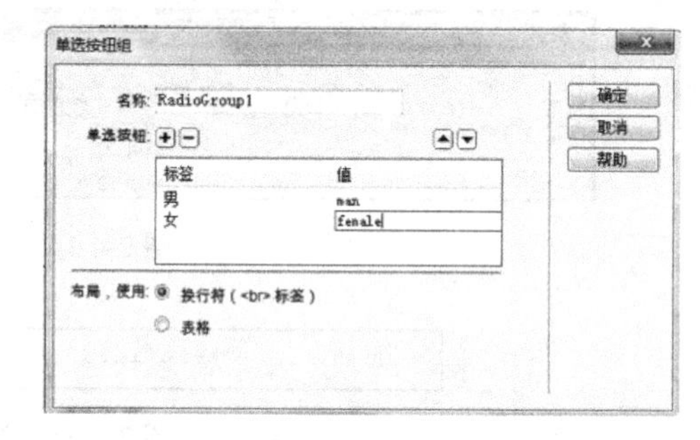

图 2-4-21 将标签设置为“男”和“女”

添加单选按钮组后的效果如图 2-4-22 所示，在“属性”面板中更改初始状态，即选中“未选中”单选按钮，如图 2-4-23 所示。

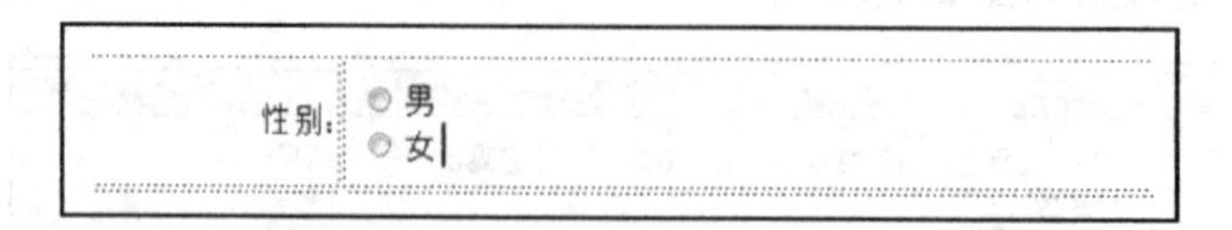

图 2-4-22 添加单选按钮组后的效果

图 2-4-23 更改初始状态

添加单选按钮组的代码如图 2-4-24 所示。

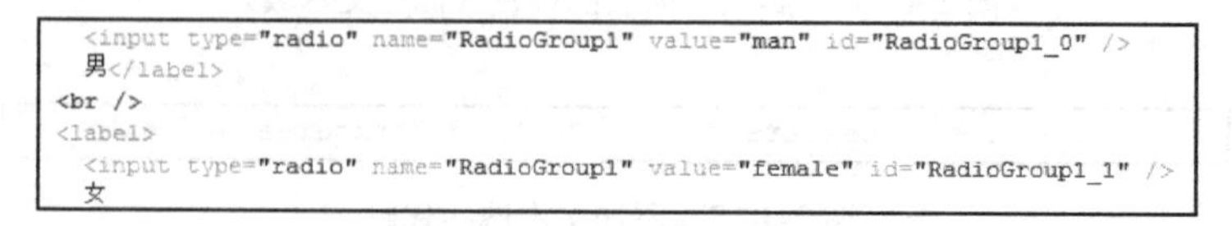

```
  <input type="radio" name="RadioGroup1" value="man" id="RadioGroup1_0" />
  男</label>
<br />
<label>
  <input type="radio" name="RadioGroup1" value="female" id="RadioGroup1_1" />
  女
```

图 2-4-24 添加单选按钮组的代码

6. 添加按钮

在“表单”工具栏中，单击“按钮”按钮，如图 2-4-25 所示，添加按钮后，按钮的默认值为“提交”，在“属性”面板中，将值设置为“发表留言”，在“动作”选区中选中“提交表单”单选按钮，如图 2-4-26 所示，使用相同的方法添加“查看留言”按钮，在“动作”选区中选中“无”单选按钮。

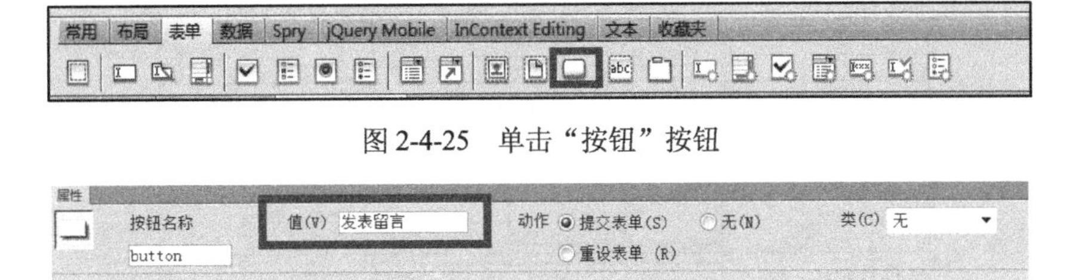

图 2-4-25　单击“按钮”按钮

图 2-4-26　在“属性”面板中设置“按钮”的相关属性

至此，“在线留言”表单网页制作完成，效果如图 2-4-27 所示。

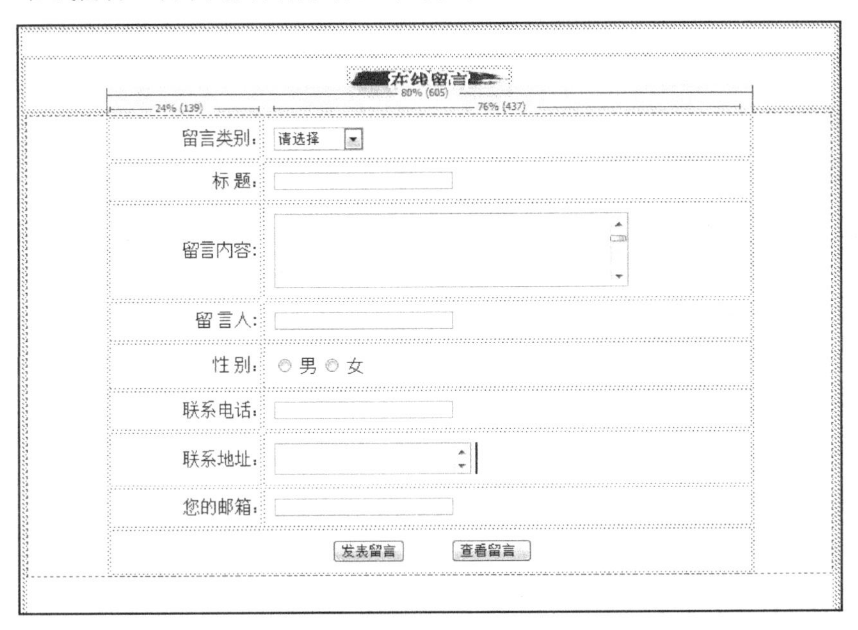

图 2-4-27　“在线留言”表单网页效果

实训任务 2.4　用户注册页面的制作

用户注册页面的制作

参照任务 2.4 的任务实施的操作步骤，制作一个用户注册页面，如图 2-4-28 所示。

注册会员

用户名：	<拼音字母开始的字符>
输入密码：	
密码确认：	
性别：	⊙ 男 ○ 女
出生年月：	1980 年 1 月 1 日
喜爱景点：	□ 窑湾古街 □ 望衡亭 □ 潭宝路车站 □ 其他
联系地址：	
手机号码：	
验证码：	输入下面图中字符
提交 重置	

图 2-4-28　用户注册页面

【考核评价】

任务名称	用户注册页面的制作				
任务完成情况评价					
自我评价		小组评价		教师评价	
问题与反思					

【问题探究】

1. 什么是表单标签？

表单主要负责数据采集。表单标签是<form>…</form>，用于声明表单，定义采集数据的范围。表单相当于一个容器，用来容纳所有的表单元素和提示信息，包含了处理表单数据用到的 CGI 程序的 url，以及数据提交到服务器的方法，<form>…</form>标签用于定义表单域，即创建一个表单，以实现用户信息的收集和传递，其中包含的数据将被提交到服务器或电子邮箱。语法：

```
<form action="url" method="get/post" name="value"...>  </form>
```

（1）action 属性。

action 属性用于定义提交表单时执行的动作，可以指定接收并处理表单数据的服务器程序的 url，也可以为接收数据指定 E-mail。

例如：

```
<form action="action_page.php">
```

上述代码表示当提交表单时，表单数据会传送到名为“action_page.php”的页面进行处理。

例如：

```
<form action=mailto:hnect@qq.com>
```

上述代码表示当提交表单时，表单数据会提交到指定的电子邮箱。

（2）method 属性。

method 属性用于定义提交表单时所用的 HTTP 方法（get 方法或 post 方法）。

采用 get 方法提交的数据将显示在浏览器的地址栏中，保密性差，且有数据量的限制。如果表单提交是被动的（如搜索引擎查询），并且没有敏感信息，那么可用 get 方法。

post 方法的保密性好，因为提交的数据在浏览器的地址栏中是不可见的，且无数据量的限制。

（3）name 属性。

name 属性用于指定表单的名称，以区分同一个网页中的多个表单。

为了正确提交数据，每个输入字段必须设置一个 name 属性。

例如：

```
<form action="action_page.php">
First name:<br>
<input type="text" value="Mickey">
<br>
Last name:<br>
<input type="text" name="lastname" value="Mouse">
<br><br>
<input type="submit" value="Submit">
</form>
```

上述代码表示，只提交“Last name”输入字段。

2. 什么是表单控件？

表单控件也被称为表单元素，指各种类型的 input 控件、复选框、单选按钮、提交按钮等。

（1）input 控件。

input 控件是最重要的表单控件。根据 type 属性，input 控件可以变换为多种形态。

浏览网页时，我们经常会看到单行文本框、单选按钮、复选框、提交按钮、重置按钮等，要想定义这些元素就需要使用 input 控件，其中 type 属性用于定义控件的类型，name 属性用于定义控件的名称，value 属性用于定义控件的默认值。语法：

```
<input type="控件类型"  name="控件名"  value="默认值".../>
```

表单常用控件类型如表 2-4-1 所示。

表 2-4-1　表单常用控件类型

属　性	说　明
input type="text"	单行文本框
input type="password"	密码框（输入的字符用*表示）
input type="radio"	单选按钮

（续表）

属　性	说　明
input type="checkbox"	复选框
input type="hidden"	隐藏域
input type="file"	文字域
input type="button"	普通按钮
input type="submit"	提交按钮
input type="reset"	重置按钮

表单控件常用属性如表 2-4-2 所示。

表 2-4-2　表单控件常用属性

属　性	说　明
name	控件名称
type	控件的类型，如 radio、text、password、file 等
size	设定输入字段的尺寸（以字符计算）
value	设定输入的默认值
maxlength	允许输入的单行文本的最大字符数
src	插入图片的地址

（2）select 控件。

select 控件用于创建下拉列表，并通过 option 元素创建列表中的选项，供用户选择。

例如：

```
<select name="select" id="select2">
    <option selected="selected">请选择......</option>
    <option>旅游咨询</option>
    <option >窑湾文化</option>
  </select>
```

以上代码在浏览器中的显示效果如图 2-4-29 所示。

图 2-4-29　下拉列表显示效果

在上面的代码中，<select>…</select>标签用于在表单中添加一个下拉列表，<option>…</option>标签嵌套在<select>…</select>标签中，用于定义下拉列表中的选项，每对<select>…</select>标签中应至少包含一对<option>…</option>标签。

定义 select 控件时，在 select 元素中设置 name 和 id 属性，并在每个 option 元素中，通过 value 属性定义每个选项的值，通过 selected 属性指定该选项被默认选中。提交表单时，select 控件的 name 和 id 属性，以及所有被选中的 option 元素的 value 属性，都会被提交到服务器端。如果没有规定 value 属性，选项的值将被设置为<option>…</option>标签中的内容。

（3）textarea 控件。

textarea 控件用于定义多行文本（文本域）。当定义 input 控件的 type 属性值为 text 时，可以创建一个单行文本框。但是，如果输入大量的信息，单行文本框就不再适用，为此 HTML 提供了

<textarea>…</textarea>标签。通过 textarea 控件可以轻松地创建多行文本框，语法：

```
<textarea name="message" rows="10" cols="30">
千里湘江一路滔滔，出广西，汇潇水，经永州、衡阳、株洲，浩浩汤汤，奔涌向北而去。
</textarea>
```

以上代码在浏览器中的显示效果如图 2-4-30 所示。

（4）label 控件。

label 控件为 input 控件定义标注（标记）。label 控件不会向用户呈现任何效果。不过，它为鼠标操作提供了便利。如果在 label 控件内单击文本，就会触发此控件。

例如：

```
<label for="男">男</label>
    <input name="sex" type="radio" id="男" checked="checked" />
<label for="女">女</label>
    <input name="sex" type="radio" id="女" />
```

以上代码在浏览器中的显示效果如图 2-4-31 所示。

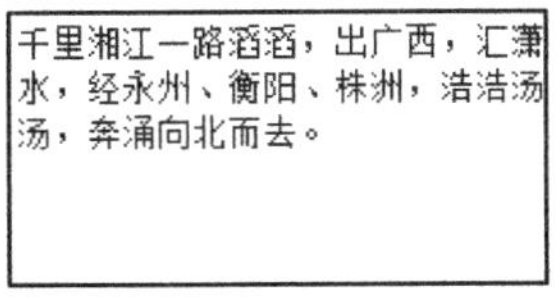

千里湘江一路滔滔，出广西，汇潇水，经永州、衡阳、株洲，浩浩汤汤，奔涌向北而去。

图 2-4-30　多行文本显示效果

性别：◉ 男 ○ 女

图 2-4-31　性别选择显示效果

在上述代码中，label 控件的 for 属性与相关元素的 id 属性相同，单击“男”或“女”，就可以选中相应的单选按钮。

同 步 测 试

1. 选择题

（1）下列选项中，（　　）不是单元格的水平对齐方式。

A. 两端对齐　　B. 默认　　C. 居中对齐　　D. 右对齐

（2）下列 HTML 标签中，（　　）可以实现换行。

A. <p>　　B. <lb>　　C.
　　D. <break>

（3）表格的行标记是（　　）。

A. tr　　B. td　　C. table　　D. tl

（4）表单是网页中的一个特定的区域，在 HTML 中，定义表单的标记是（　　）。

A. table　　B. frame　　C. frameset　　D. form

（5）表格的单元格标记是（　　）。

A. tr　　B. td　　C. table　　D. th

（6）下列关于设置表格颜色的说法中，正确的是（　　）。

A. 只能给表格设置背景颜色，不能给表格设置背景图片

B. 不能对某一行设置背景颜色或背景图片

C．不能对某个单元格设置背景颜色或背景图片

D．可以对表格、行、单元格分别设置背景颜色或背景图片

（7）下列选项中，（　　）不是表格的基本组成部分。

A．行　　B．图片　　C．单元格　　D．列

（8）在“水平线”的“属性”面板中，不能设置水平线的（　　）。

A．宽度　　B．高度　　C．颜色　　D．阴影

（9）在“表格”的“属性”面板中，不能设置表格的（　　）。

A．边框颜色　　B．文本的颜色　　C．背景图片　　D．背景颜色

（10）（　　）因其具有易用性，以及获得几乎所有浏览器的支持，是其他网页布局方法取代不了的。

A．表格　　B．框架　　C．层　　D．表单

（11）如果在表单中包含性别单选按钮，且默认状态为“男”的单选按钮被选中，那么下列选项中，正确的代码是（　　）。

A．<input type=radio name=sex checked>男

B．<input type=radio name=sex enabled>男

C．<input type=checkbox name=sex checked>男

D．<input type=checkbox name=sex enabled>男

（12）如果将一个单元格的背景颜色设置为蓝色，然后将整个表格的背景颜色设置为黄色，则单元格的背景颜色为（　　）。

A．红色　　B．黄色　　C．绿色　　D．蓝色

（13）为了标识一个 HTML 文件，应该使用的 HTML 标签是（　　）。

A．<p>…</p>　　B．<boby>…</body>

C．<html>…</html>　　D．<table>…</table>

（14）如果在不改变网页地址的情况下，仍然能在浏览器中浏览到该图片，那么下列选项中，正确的地址设置是（　　）。

A．"C:\my document\ 123\hgj.gif"　　B．"\my document\123\hgj.gif"

C．"\123\hgj.gif"　　D．"hgj.gif"

（15）如果在网页中既使用了背景颜色，又使用了非透明的背景图片，那么下列选项中，描述正确的是（　　）。

A．先设置的会盖住后设置的　　B．后设置的会盖住先设置的

C．背景颜色会盖住图片　　D．图片会盖住背景颜色

（16）标签<img src="pic1.gif" align="center">的作用是（　　）。

A．插入图片 pic1.gif，图片水平对齐方式为“居中”

B．插入图片 pic1.gif，图片垂直对齐方式为“居中”

C．插入图片 pic1.gif，图片右侧文字的水平对齐方式为“居中”

D．插入图片 pic1.gif，图片右侧文字的垂直位置相对图片“居中”

（17）在 HTML 中，合并两个单元格应该使用的属性是（　　）

A．colspan　　B．nowrap　　C．colwrap　　D．nospan

（18）（　　）的作用是收集用户的信息，将其提交到服务器，从而实现与客户的交互。

A．表格　　B．文本框　　C．表单　　D．导航

（19）在表单标记中，使用（　　）属性提交填写的信息，调用表单处理程序。

A．method　　B．name　　C．style　　D．action

（20）在 HTML 中，有些符号由于被标记或标记的属性被占用，而在 HTML 中使用特殊符号“ ”这种符号代表（　　）。

A．<　　B．>　　C．&　　D．不换行空格

2．多选题

（1）下列关于 HTML 的说法中，正确的是（　　）。

A．HTML 是（Hyper Text Markup Language）的首字母缩写，中文意思为“超文本标记语言”

B．在 HTML 文件中，可以插入图形、声音、视频等多媒体信息

C．在 HTML 文件中，用户可以建立与其他超文本的链接

D．HTML 是纯文本类型的语言，可以使用任何文本编辑器打开、查看、编辑

（2）下列选项中，（　　）是 HTML 文件的头部内容所包含的。

A．网页标题、关键字　　B．作者信息、网页描述

C．自动刷新、CSS 样式　　D．注释、表单域

（3）下列关于“鼠标经过图像”的说法中，正确的是（　　）。

A．“鼠标经过图像”的效果是通过 HTML 实现的

B．设置“鼠标经过图像”时，需要设置一张图片为“原始图像”，设置另一张图片为“鼠标经过图像”

C．可以设置“鼠标经过图像”的提示文字与链接

D．设置“鼠标经过图像”，必须准备两张图片

（4）下列关于相对路径的说法中，正确的是（　　）。

A．相对路径表述的是源端点同目标端点之间的相对位置

B．如果链接中的源端点和目标端点位于一个目录下，则在链接路径中只需指明目标端点的文档名称

C．如果链接中的源端点和目标端点不在同一个目录下，就无法使用相对路径

D．如果链接中的源端点和目标端点不在同一个目录下，就要将目录的相对关系也表示出来

（5）插入栏 Head 的“对象”面板包含下列哪些对象？（　　）

A．Meta（MIME 字符集）　　B．Keywords（网页的关键字）

C．Description（网页或网站的描述信息）　　D．Refresh（刷新）

（6）下列选项中，属于绝对路径的是（　　）。

A．D:\xtyw\map.html　　B．../img/bg_line.png

C．css/main.css　　D．http://www.xtyw.com.cn

（7）HTML 头部标签包括（　　）。

A．<title>标签　　B．<style>标签　　C．<meta>标签　　D．<p>标签

（8）下列选项中，（　　）是表单中的控件。

A．input　　B．select　　C．label　　D．textarea

（9）下列选项中，（　　）是每个表格都包含的标签。

A．<tr>　　B．<td>　　C．<caption>　　D．<table>

（10）HTML 文档的基本结构主要包括（　　）。

A．<!DOCTYPE>文档类型声明　　B．<html>标签

C．<head>标签　　D．<body>标签

3．判断题

（1）所有 HTML 标签均包括开始标签和结束标签。（　　）

（2）在 HTML 表单中，文本框、口令框和复选框都是用<input>控件生成的。（　　）

（3）绝大多数标签都是成对出现的双标签，只有少数标签是单标签。（　　）

（4）在 Dreamweaver 中插入一个表单后，会出现一个红色虚线框，它表示表单对象，但该虚线框不会出现在浏览器中。（　　）

（5）<td>标签的作用是定义单元格。（　　）

（6）段落标签<p>用于定义一个段落，并且使段落前、后多一个空行，包括开始标签<p>和结束标签</p>。（　　）

（7）标签
用于在文档中强制换行，是一个单标签。使用
标签后，行与行之间会产生空行。（　　）

（8）所有属性都被放在开始标签的尖括号内，属性的值被放在相应的属性之后，不同的属性之间用空格分隔。（　　）

（9）注释标签 <!--注释内容-->是一种特殊的标签，用于在 HTML 文档中插入注释，不会显示在页面中。（　　）

（10）在 HTML 文档中，所有标签都用尖括号< >括起来。（　　）

项 目 小 结

本项目首先通过制作名为“窑湾简介”的网页，让读者熟悉网页基本属性的设置及文本的编辑。“窑湾简介”网页是读者在本课程中制作的第一个网页，网页的排版形式比较简单，制作难度较小。然后，引导读者使用表格布局的方式制作名为“窑湾印象”的网页，该网页所包含的图片比较丰富，能较好地表现出视觉效果。最后，通过制作“用户注册”页面，帮助读者了解表单的应用。

本项目是进行网页制作的基础，需要读者勤于练习，以便掌握相关技能。在制作网页的过程中，要理解并熟练运用标签的使用方法，同时要掌握表格布局的知识要点，以及在网页中添加图片等多媒体元素和表单元素的方法。

思 政 乐 园

思政乐园

走进千年古镇，探寻湖湘文化中的红色基因。

请扫码阅读。

项目3

DIV+CSS布局的网页制作及上传

【学习目标】

素质目标

- 踏实严谨、精益求精的学习态度
- 审美意识、创新意识和前瞻意识
- 良好的心理素质和克服困难的精神
- 热爱劳动、勤于劳动和善于劳动的素质
- 设计思维的素养
- 交流合作能力与组织管理能力

知识目标

- 理解CSS样式的相关概念
- 掌握无序列表和定义列表的应用方法
- 掌握DIV+CSS布局的方法
- 掌握使用Dreamweaver在网页（使用DIV+CSS布局）中添加各种元素的方法
- 使用Dreamweaver创建各种超链接的方法
- 了解上传网站的方法

能力目标

- 能使用DIV+CSS进行网页框架的布局
- 能在使用DIV+CSS布局的网页中添加各种元素
- 能在网页中熟练应用不同的列表
- 能制作具有多种视听效果的网页
- 能创建各种超链接
- 能进行域名注册和绑定，并将网站上传到服务器空间

【项目3简介】

在项目2中，我们学习了易于掌握的表格布局方式，但层层嵌套的表格会使网页结构混乱，影响网页的打开速度。DIV＋CSS布局可以弥补表格布局的不足，实现网页内容与表现形式的分离，使网页代码更精简，从而提高网页的访问速度，提升用户体验。同时，DIV+CSS布局能使网页结构更清晰，方便搜索引擎的搜索。

本项目采用DIV+CSS布局制作名为“窑湾地理”的网页，主要过程包括：使用DIV对网页进行分块，每个分块通过不同的 ID 或 class 样式进行标记和区分；设置 CSS，完成 DIV 定位，搭建网页的基本框架；添加各种网页元素。另外，在同样使用 DIV+CSS 布局的“窑湾首页”网页中添加多种视听效果和超链接。最后，将本地网站上传到服务器空间。

【操作准备】

1. 创建站点文件夹并复制站点素材

在本地磁盘（如 D 盘）中新建一个名为 yaowan 的文件夹，用于存放站点内的所有文件。在此文件夹中，新建 css 和 img 等子文件夹，并将站点素材复制到 img 文件夹中。

2. 新建站点

启动 Dreamweaver，在菜单栏中选择“站点”→“新建站点”选项，如图 3-1 所示，打开“站点设置对象”对话框，如图 3-2 所示，设置站点名称和本地站点文件夹。

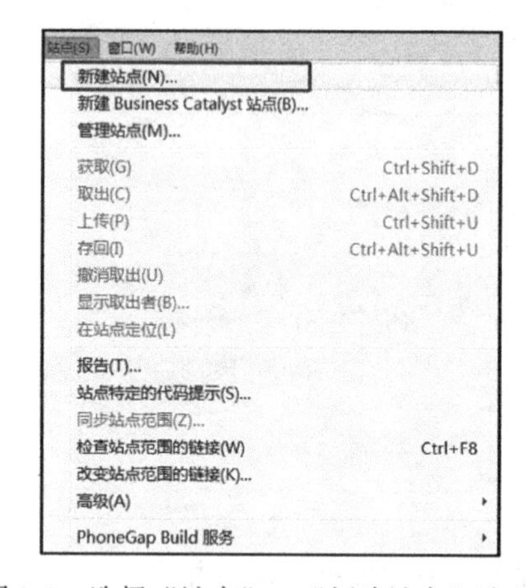

图 3-1 选择“站点”→“新建站点”选项

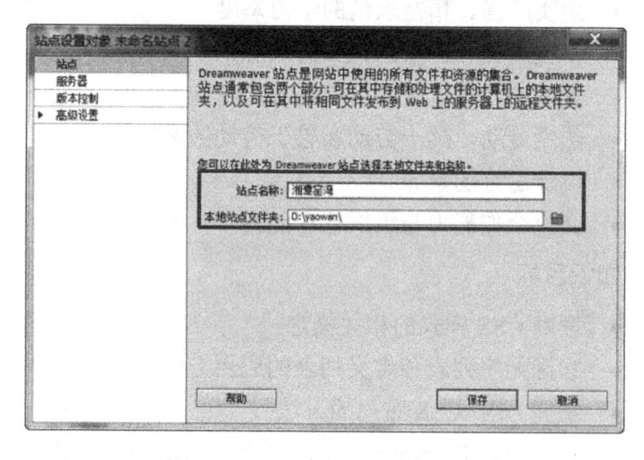

图 3-2 “站点设置对象”对话框

3. 新建网页

新建 HTML 文档，如图 3-3 所示。将网页命名为 map.html，并将其保存在 yaowan 文件夹中，如图 3-4 所示。

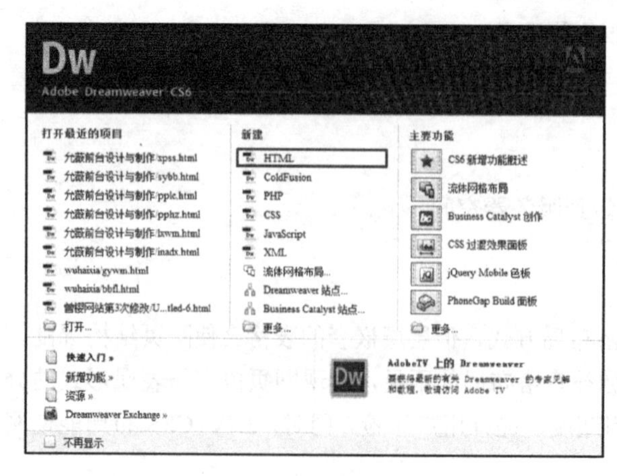

图 3-3 新建 HTML 文档

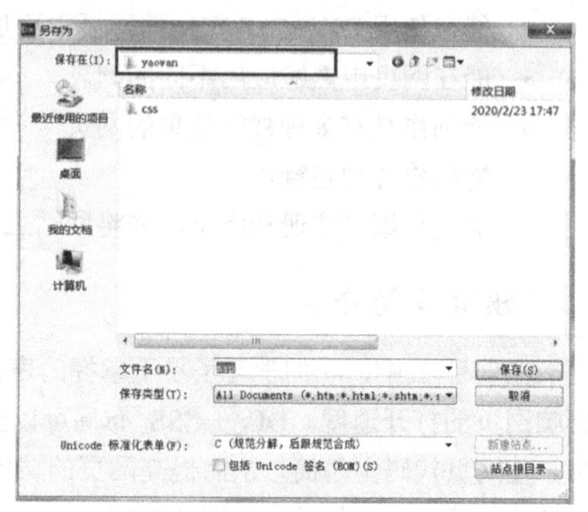

图 3-4 命名网页并保存

4. 获取“窑湾地理”效果图和 DIV+CSS 布局框架图

打开本书配套的教学资源包，了解窑湾地理的相关内容，获取“窑湾地理”效果图和 DIV+CSS 布局框架图。

任务 3.1　DIV+CSS 网页框架的制作

【学习导图】

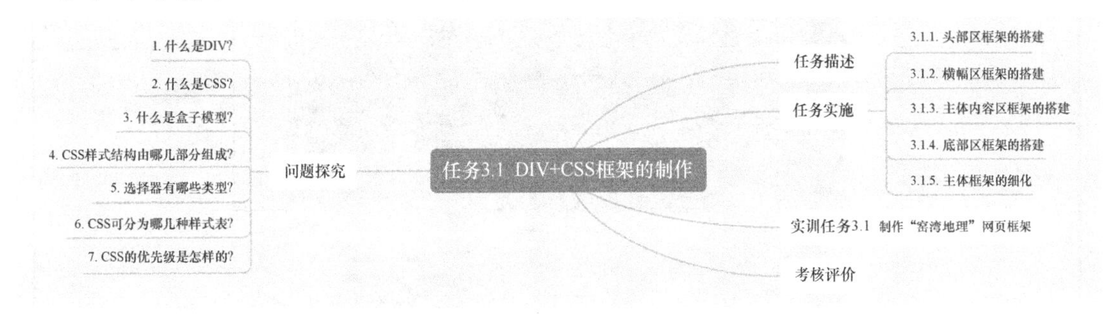

【任务描述】

在本任务中，使用 DIV＋CSS 布局为“窑湾地理”网页搭建网页框架。使用 DIV+CSS 布局时，首先应对网页布局进行分析。将“窑湾地理”网页分成 4 个大的区域，如图 3-1-1 所示。

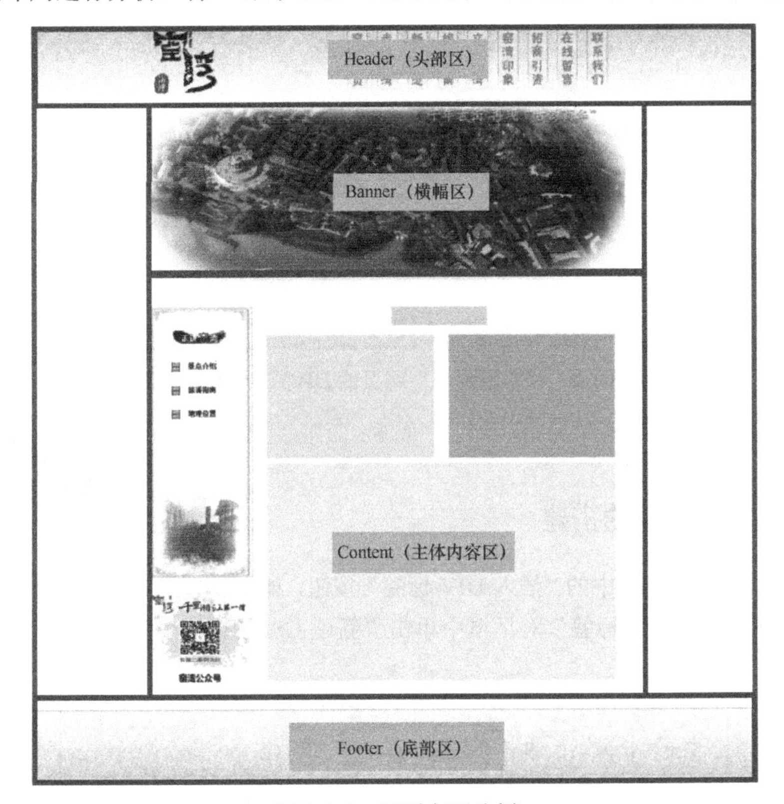

图 3-1-1　网页布局分析

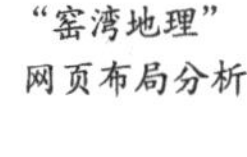

“窑湾地理”网页布局分析

接下来，根据布局的需要，在划分出来的大区域中进一步划分出小区域。针对每个区域，使用相应的 DIV 层实现。当层的数量较多时，要注意合理规划层与层之间的嵌套关系。在 DIV 层中，使用 ID 或 class 样式进行标记和区分时，要注意规范命名每个 DIV 层对应的样式，如头部区 DIV 层的样式名为 Header，横幅区 DIV 层的样式名为 Banner，主体内容区 DIV 层的样式名为 Content，底部区 DIV 层的样式名为 Footer 等。“窑湾地理”网页的 DIV+CSS 布局框架如图 3-1-2 所示。

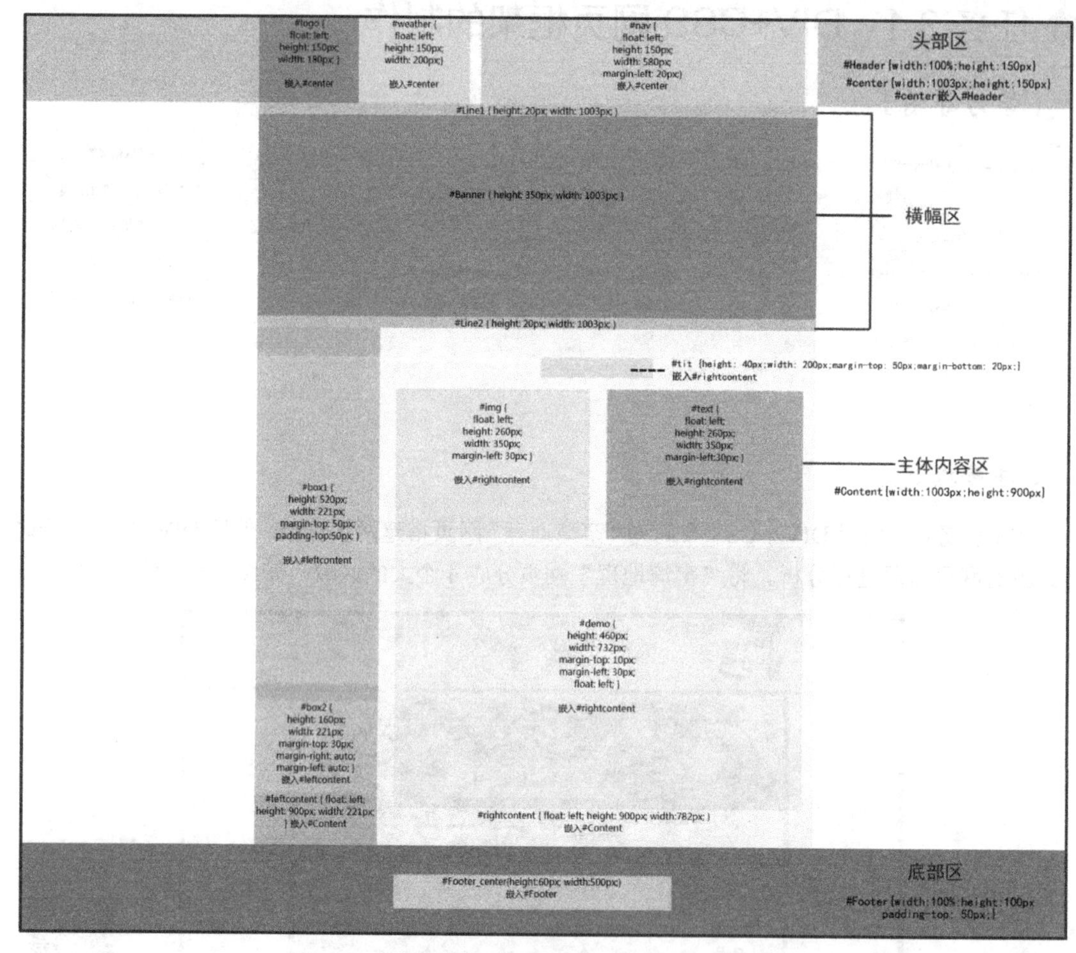

图 3-1-2 “窑湾地理”网页的 DIV+CSS 布局框架

【任务实施】

“窑湾地理”DIV+CSS 布局框架

头部区框架的搭建

3.1.1 头部区框架的搭建

（1）单击“布局”工具栏中的“插入 DIV 标签”按钮，如图 3-1-3 所示。在弹出的“插入 DIV 标签”对话框中单击“新建 CSS 规则”按钮。

图 3-1-3 在“布局”工具栏中单击“插入 DIV 标签”按钮

（2）在“新建 CSS 规则”对话框中，设置“选择器类型”为“ID（仅应用于一个 HTML 元素）”，设置“选择器名称”为“#Header”，设置“规则定义”为“（新建样式表文件）”，如图 3-1-4 所示。将样式表文件命名为 main.css，保存在 css 文件夹中，如图 3-1-5 所示。

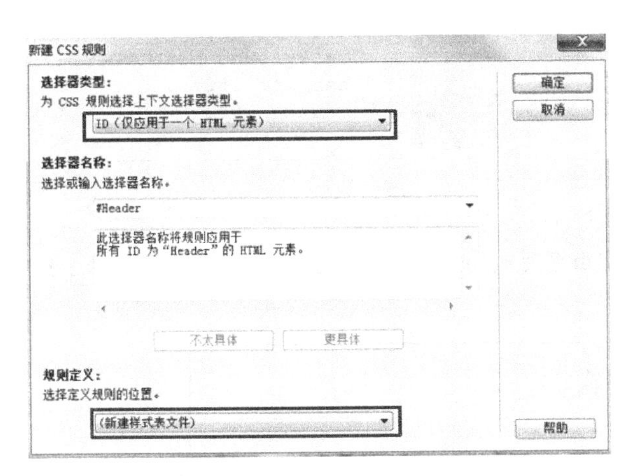

图 3-1-4　“新建 CSS 规则”对话框（一）

图 3-1-5　保存 main.css

（3）为看清楚框架的每个部分，设置#Header 的背景颜色，如图 3-1-6 所示。设置方框的宽度为 100%，高度为 150px，如图 3-1-7 所示。

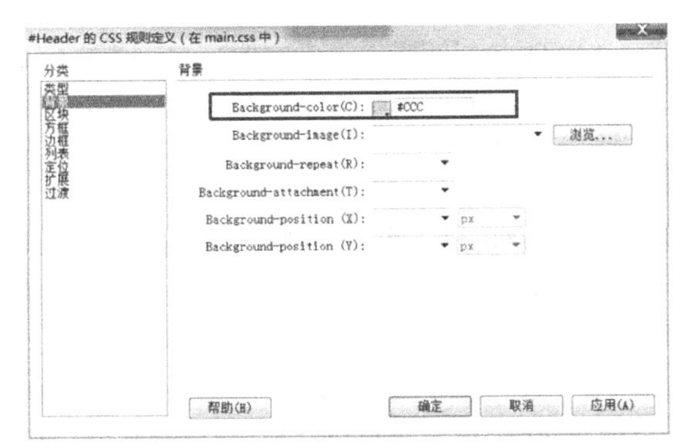

图 3-1-6　设置#Header 的背景颜色

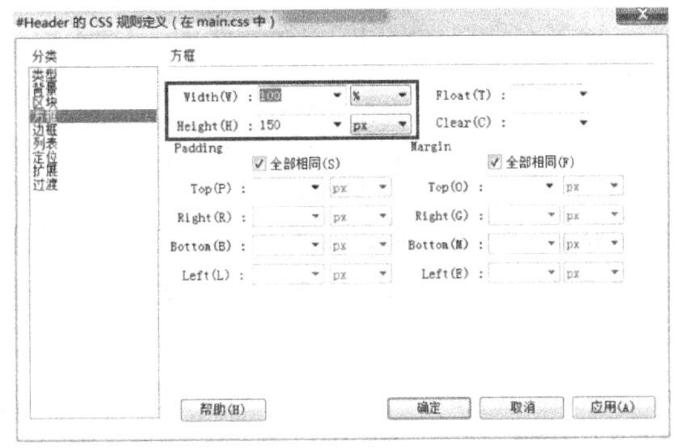

图 3-1-7　设置#Header 的方框宽度与方框高度

（4）在设计窗口中，显示效果如图 3-1-8 所示，因为后面的操作需要嵌套 DIV，所以将其中的提示文字删除。map.html 中的代码和 main.css 中的代码分别如图 3-1-9 和图 3-1-10 所示。

图 3-1-8　设置#Header 的属性后头部区的显示效果

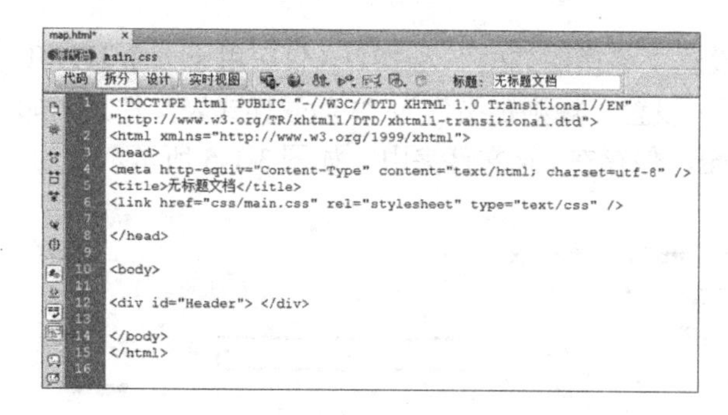

图 3-1-9 map.html 中的代码

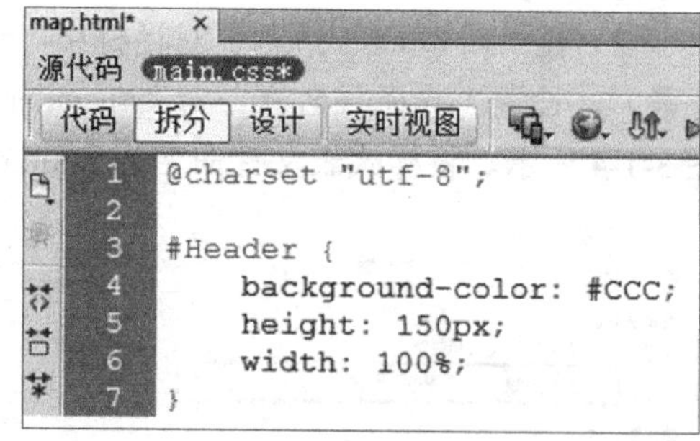

图 3-1-10 main.css 中的代码

温馨提示： map.html 中的代码是在新建空白网页时由 Dreamweaver 自动生成的，如图 3-1-11 所示。

```
1  <!DOCTYPE html PUBLIC "-//W3C//DTD XHTML 1.0 Transitional//EN"
   "http://www.w3.org/TR/xhtml1/DTD/xhtml1-transitional.dtd">
2  <html xmlns="http://www.w3.org/1999/xhtml">
3  <head>
4  <meta http-equiv="Content-Type" content="text/html; charset=utf-8" />
5  <title>无标题文档</title>
6  </head>
7
8  <body>
9  </body>
10 </html>
```

图 3-1-11 新建空白网页时 Dreamweaver 自动生成的代码

分析图 3-1-11 中的以下代码：

```
<!DOCTYPE html PUBLIC "-//W3C//DTD XHTML 1.0 Transitional//EN" "http://www.w3.org/TR/xhtml1/DTD/xhtml1-transitional.dtd">
```

其中，<!DOCTYPE>文档类型声明位于文档的前面，处于<html>标签之前，用于告知浏览器文档使用哪种 HTML 规范或 XHTML 规范。

以上代码表明该文档属于过渡型（除过渡型外，还有框架型和严格型，目前通常采用过渡型）。因为浏览器对 XHTML 的解析比较宽松，允许使用 HTML 4.01 中的标签，但必须符合 XHTML 的语法，所以建议保留这段代码，删除它可能引起某些样式表失效，或产生其他意想不到的问题。

在<html>标签之后，有一行代码 xmlns=http://www.w3.org/1999/xhtml，用于声明 XHTML 的默认命名空间。xmlns 是 xml.namespace 的缩写，也就是 XML 命名空间，xmlns 属性可以在文档中定义一个或多个可供选择的命名空间。该属性可以放置在文档内任何元素的开始标签中。xmlns 属性的值类似 URL，可以定义一个命名空间，浏览器会将此命名空间用于该属性所在元素内的所有内容。

分析图 3-1-11 中的以下代码：

```
<meta http-equiv="Content-Type" content="text/html; charset=gb2312" />
```

上述代码用于指定文档的编码方式，“gb2312”用于告知浏览器本文档采用简体中文编码；还有一种常用的编码方式是 UTF- 8 编码，它是国际通用的编码方式。不管采用哪种编码方式，本文档包含的 css 样式表或其他文件中的代码必须和本文档代码的编码方式一致，否则会出现乱码。

（5）将光标置于#Header 对应的 DIV 层中，单击“布局”工具栏中的“插入 DIV 标签”按钮，打开“新建 CSS 规则”对话框，设置选择器类型为“复合内容”，设置选择器名称为“#Header #center”（选择器名称之间用空格隔开），设置规则定义为“main.css”，如图 3-1-12 所示。单击“确定”按钮，打开如图 3-1-13 所示的对话框，在“分类”列表框中选择“背景”选项，设置背景颜色（自定义），在“分类”列表框中选择“方框”选项，设置方框宽度为 1003px，高度为 150px。

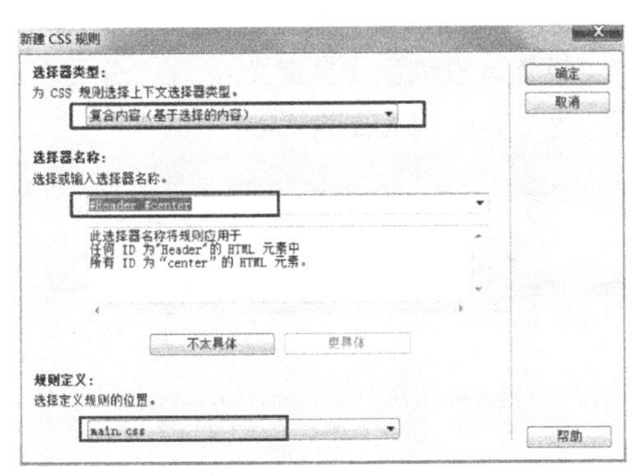

图 3-1-12　“新建 CSS 规则”对话框（二）

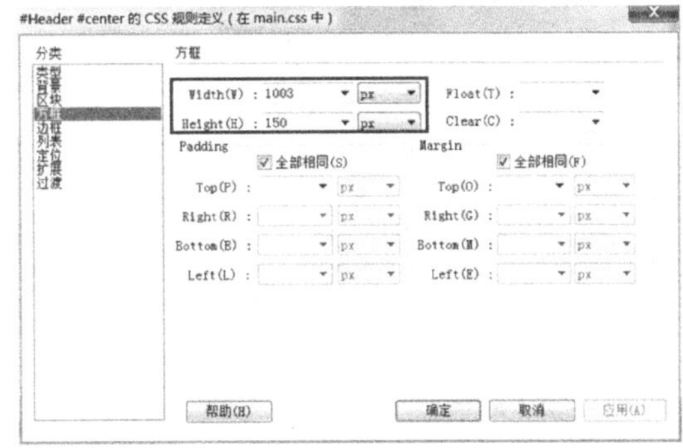

图 3-1-13　设置#Header #center 的属性

（6）在设计窗口中，显示效果如图 3-1-14 所示。将其中的提示文字删除。在 map.html 和 main.css 中分别新增代码，如图 3-1-15 和图 3-1-16 所示。

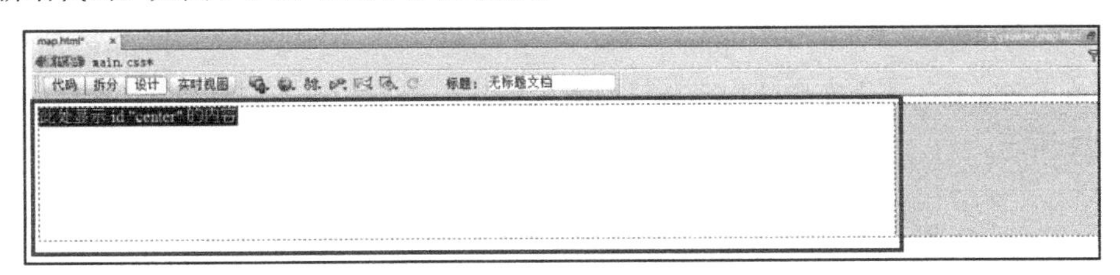

图 3-1-14　设置#Header #center 属性后头部区的显示效果

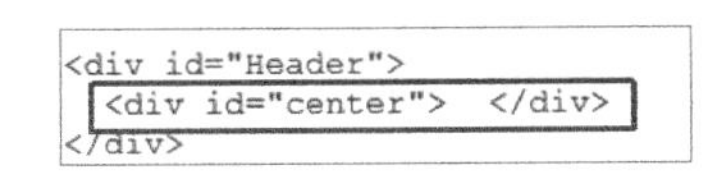

图 3-1-15　map.html 中新增的代码（一）

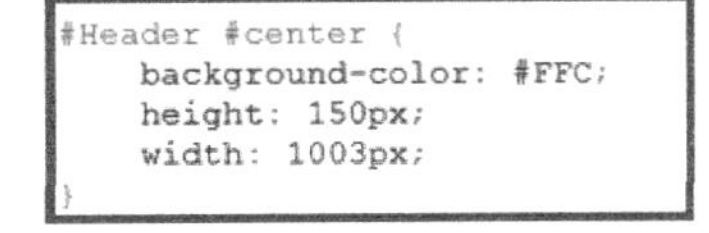

图 3-1-16　main.css 中新增的代码（一）

（7）为了让框架横向居中，并重置浏览器默认样式，在 main.css 中添加代码：*{padding:0; margin:0 auto;}。其中，“*”用来匹配网页中的所有元素，“padding:0”表示上、下、左、右内边距都为 0，“margin:0 auto”表示上、下外边距为 0，左、右外边距自动调整，可以起到水平居中的作用，如图 3-1-17 所示。

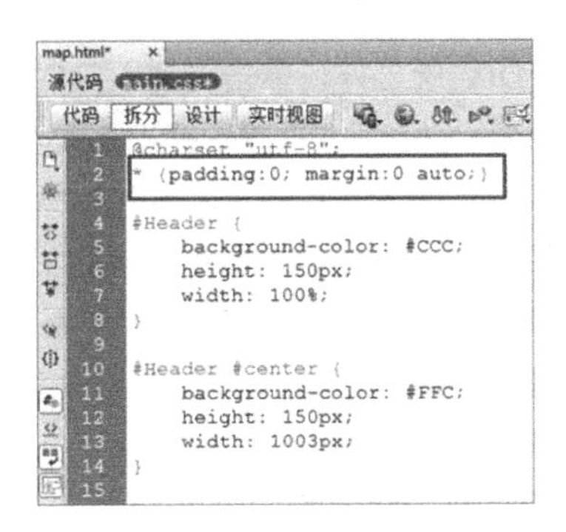

图 3-1-17　添加让框架横向居中的代码

（8）将光标置于#center 对应的 DIV 层中，单击“布局”工具栏中的“插入 DIV 标签”按钮，打开“新建 CSS 规则”对话框，设置选择器类型为“复合内容”，设置选择器名称为“Header #center #logo”，设置规则定义为“main.css”，如图 3-1-18 所示。单击“确定”按钮，打开如图 3-1-19 所示的对话框，在“分类”列表框中选择“背景”选项，设置背景颜色（自定义），在“分类”列表框中选择“方框”选项，设置方框宽度为 180px，高度为 150px，Float 为“left”。

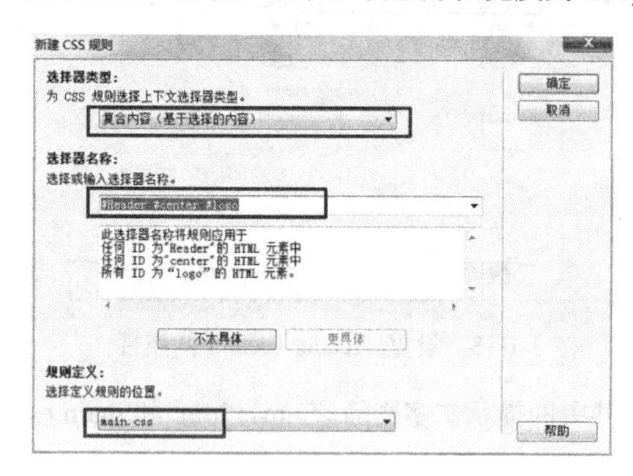

图 3-1-18 “新建 CSS 规则”对话框（三）

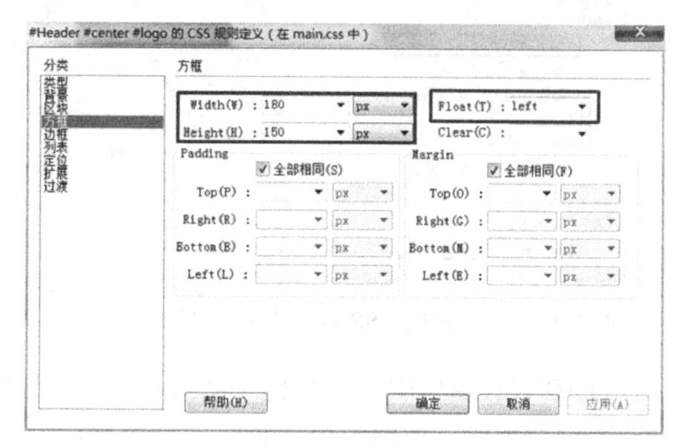

图 3-1-19 设置#Header #center #logo 的属性

map.html 和 main.css 中新增的代码分别如图 3-1-20 和图 3-1-21 所示。在设计窗口中，显示效果图 3-1-22 所示。

```
<div id="Header">
  <div id="center">
    <div id="logo">此处显示  id "logo" 的内容</div>
  </div>
</div>
```

图 3-1-20 map.html 中新增的代码（二）

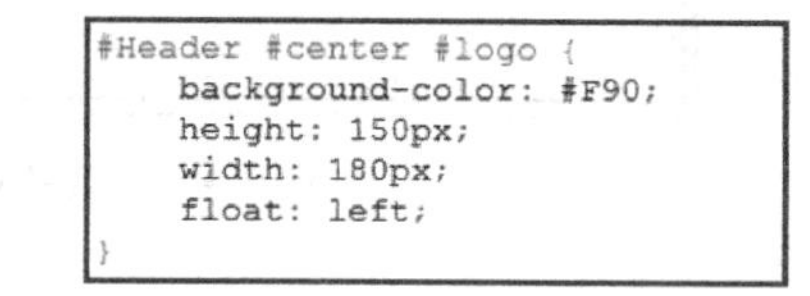

```
#Header #center #logo {
    background-color: #F90;
    height: 150px;
    width: 180px;
    float: left;
}
```

图 3-1-21 main.css 中新增的代码（二）

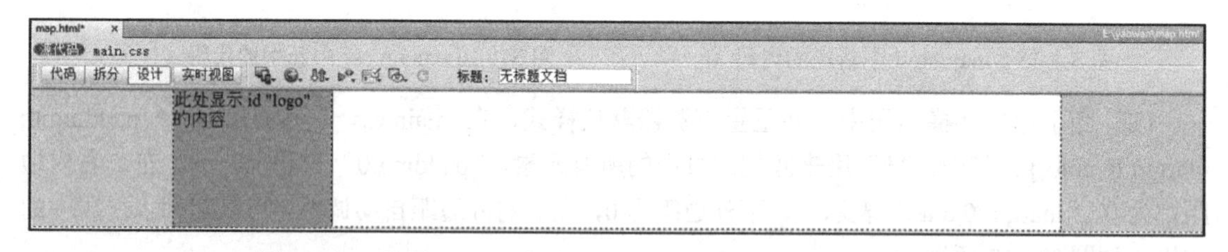

图 3-1-22 设置#Header #center #logo 的属性后头部区的显示效果

（9）将光标置于#logo 对应的 DIV 层之外，单击“插入 DIV 标签”按钮，打开“新建 CSS 规则”对话框，设置选择器类型为“复合内容”，设置选择器名称为“#Header #center #weather”，设置规则定义为“main.css”，如图 3-1-23 所示。单击“确定”按钮，打开如图 3-1-24 所示的对话框，在“分类”列表框中选择“背景”选项，设置背景颜色（自定义），在“分类”列表框中选择“方框”选项，设置方框宽度为 200px，高度为 150px，Float 为“left”。

温馨提示： Float 属性定义元素在哪个方向浮动。如果不定义浮动属性，那么各 DIV 标签的内容在网页上默认由上向下排列。

map.html 和 main.css 中新增的代码分别如图 3-1-25 和图 3-1-26 所示。在设计窗口中，显示效果如图 3-1-27 所示。

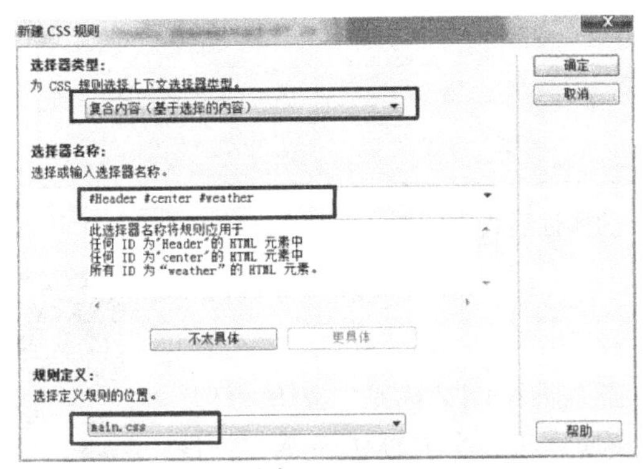

图 3-1-23　“新建 CSS 规则”对话框（四）

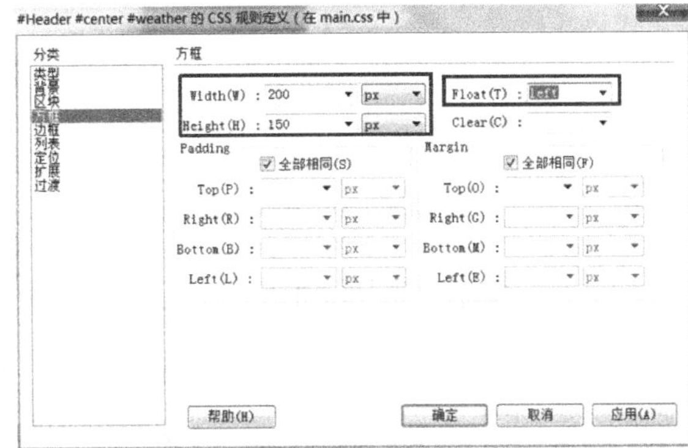

图 3-1-24　设置#Header #center #weather 的属性

```
<div id="Header">
  <div id="center">
    <div id="logo">此处显示  id "logo" 的内容</div>
    <div id="weather">此处显示  id "weather" 的内容</div>
  </div>
</div>
```

图 3-1-25　map.html 中新增的代码（三）

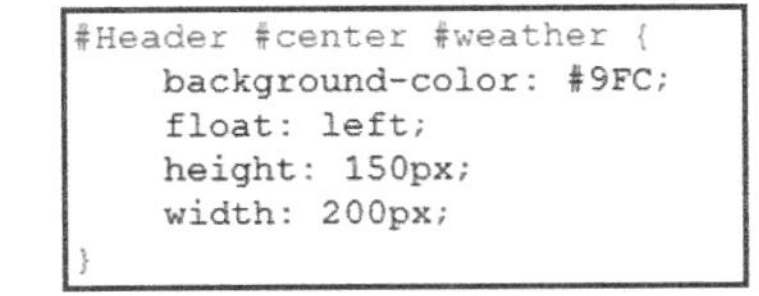

```
#Header #center #weather {
    background-color: #9FC;
    float: left;
    height: 150px;
    width: 200px;
}
```

图 3-1-26　main.css 中新增的代码（三）

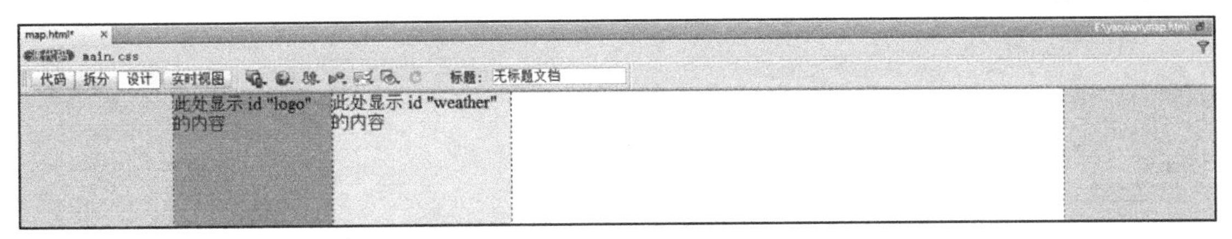

图 3-1-27　设置#Header #center #weather 的属性后头部区的显示效果

（10）将光标置于#weather 对应的 DIV 层之外，单击“插入 DIV 标签”按钮，打开“新建 CSS 规则”对话框，设置选择器类型为“复合内容”，设置选择器名称为“#Header #center #nav”，设置规则定义为“main.css”，如图 3-1-28 所示。单击“确定”按钮，打开如图 3-1-29 所示的对话框，在“分类”列表框中选择“背景”选项，设置背景颜色（自定义），在“分类”列表框中选择“方框”选项，设置方框宽度为 580px，高度为 150px，Float 为“left”，Margin-Left 为 20px。此时，设计窗口中的显示效果如图 3-1-30 所示。

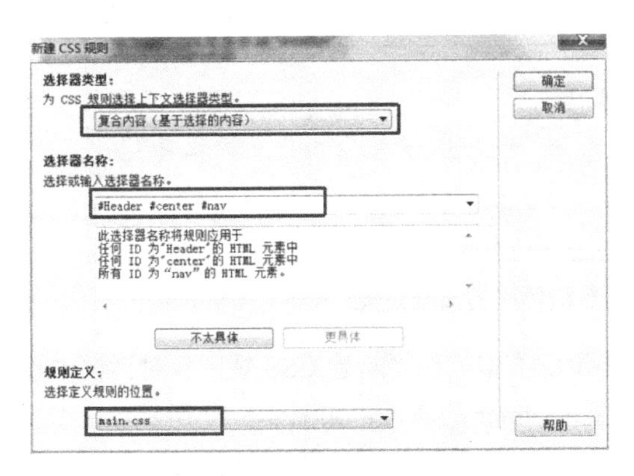

图 3-1-28　“新建 CSS 规则”对话框（五）

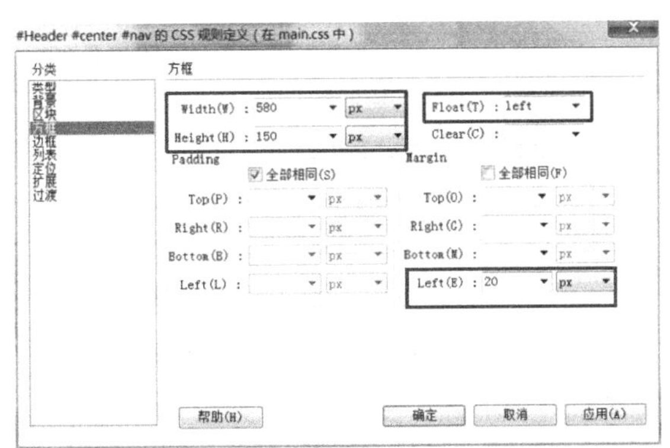

图 3-1-29　设置#Header #center #nav 的属性

图 3-1-30 设置#Header #center #nav 的属性后头部区的显示效果

3.1.2 横幅区框架的搭建

横幅区、主体内容区、底部区框架的搭建

（1）将光标置于#Header 对应的 DIV 层之外，单击“插入 DIV 标签”按钮，打开“新建 CSS 规则”对话框，设置选择器类型为“ID（仅应用于一个 HTML 元素）”，设置选择器名称为“#Line1”，设置规则定义为“main.css”，如图 3-1-31 所示。单击“确定”按钮，打开如图 3-1-32 所示的对话框，在“分类”列表框中选择“背景”选项，设置背景颜色（自定义），在“分类”列表框中选择“方框”选项，设置方框宽度为 1003px，高度为 20px。

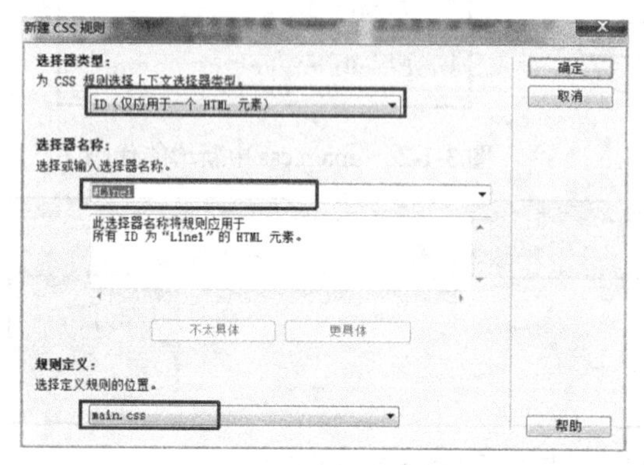

图 3-1-31 “新建 CSS 规则”对话框（六）

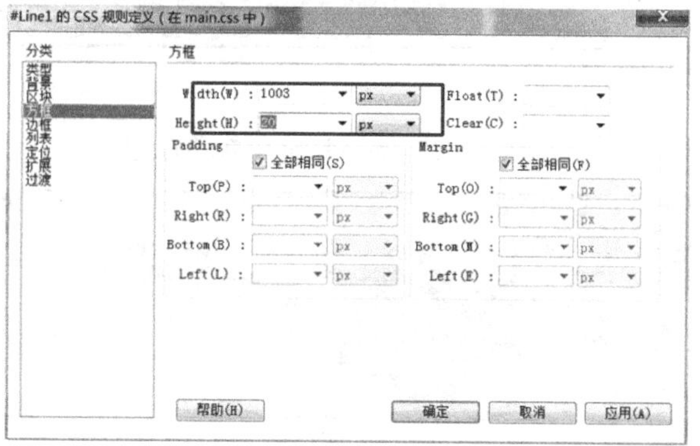

图 3-1-32 设置#Line1 的属性

map.html 和 main.css 中新增的代码分别如图 3-1-33 和图 3-1-34 所示。在设计窗口中，显示效果图 3-1-35 所示。

```
<div id="Line1">此处显示  id "Line1" 的内容</div>
```

图 3-1-33 map.html 中新增的代码（四）

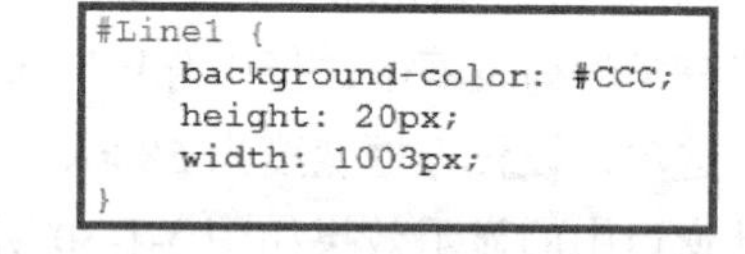

```
#Line1 {
    background-color: #CCC;
    height: 20px;
    width: 1003px;
}
```

图 3-1-34 main.css 中新增的代码（四）

图 3-1-35 设置#Line1 的属性后横幅区的显示效果

（2）插入两个 DIV 标签，操作步骤与前面的操作步骤类似。在“新建 CSS 规则”对话框中设置#Banner 选择器的相关参数，如图 3-1-36 所示，设置#Banner 的属性，如图 3-1-37 所示。在“新建 CSS 规则”对话框中设置#Line2 选择器的相关参数，如图 3-1-38 所示，设置#Line2 的属性，如图 3-1-39 所示。

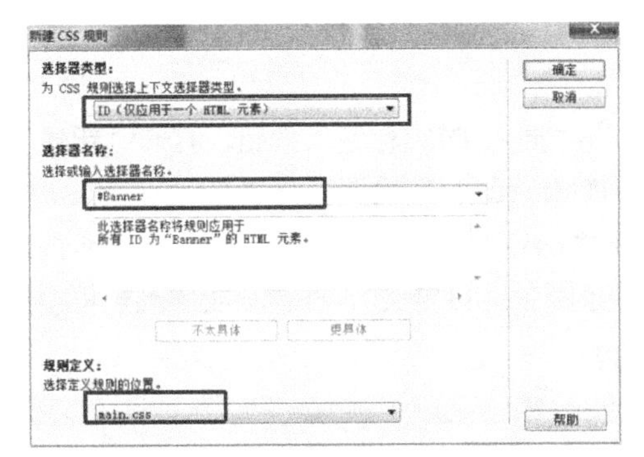

图 3-1-36　“新建 CSS 规则”对话框（七）

图 3-1-37　设置#Banner 的属性

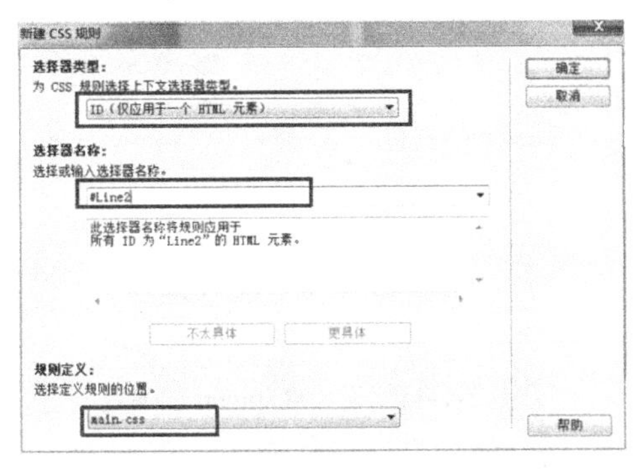

图 3-1-38　“新建 CSS 规则”对话框（八）

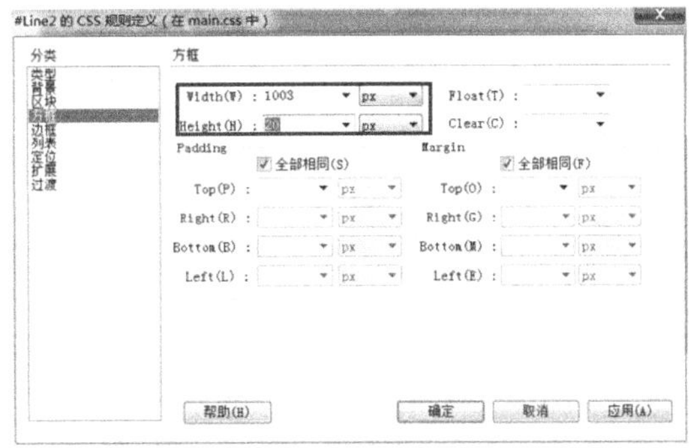

图 3-1-39　设置#Line2 的属性

map.html 和 main.css 中新增的代码分别如图 3-1-40 和图 3-1-41 所示。在设计窗口中，显示效果图 3-1-42 所示。

```
<div id="Header">
  <div id="center">
    <div id="logo">此处显示  id "logo" 的内容</div>
    <div id="weather">此处显示  id "weather" 的内容</div>
    <div id="nav">此处显示  id "nav" 的内容</div>
  </div>
</div>
<div id="Line1">此处显示  id "Line1" 的内容</div>
<div id="Banner">此处显示  id "Banner" 的内容</div>
<div id="Line2">此处显示  id "Line2" 的内容</div>
```

图 3-1-40　map.html 中新增的代码（五）

```
#Line1 {
    background-color: #CCC;
    height: 20px;
    width: 1003px;
}
#Banner {
    background-color: #6C9;
    height: 350px;
    width: 1003px;
}
#Line2 {
    background-color: #CCC;
    height: 20px;
    width: 1003px;
}
```

图 3-1-41　main.css 中新增的代码（五）

图 3-1-42　设置#Banner 和#Line2 的属性后横幅区的显示效果

3.1.3 主体内容区框架的搭建

（1）将光标置于#Line2 对应的 DIV 层之外，单击“插入 DIV 标签”按钮，打开“新建 CSS 规则”对话框，设置选择器类型为“ID(仅应用于一个 HTML 元素)”，设置选择器名称为“#Content”，设置规则定义为“main.css”，如图 3-1-43 所示。单击“确定”按钮，打开如图 3-1-44 所示的对话框，在“分类”列表框中选择“背景”选项，设置背景颜色（自定义），在“分类”列表框中选择“方框”选项，设置方框宽度为 1003px，高度为 900px。

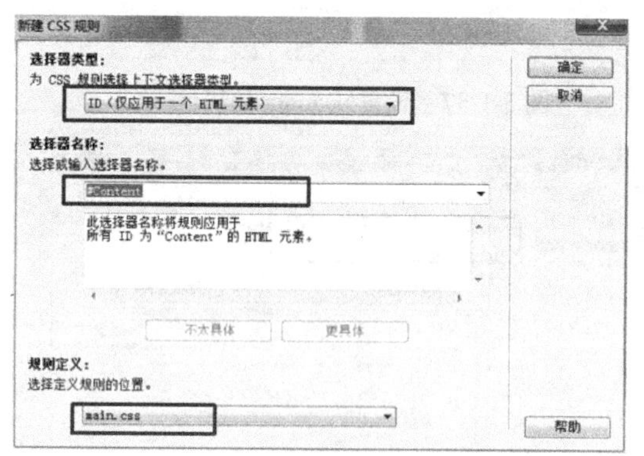

图 3-1-43 “新建 CSS 规则”对话框（九）

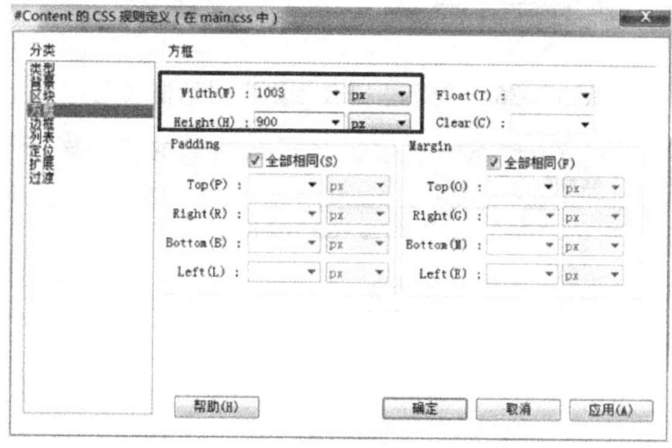

图 3-1-44 设置#Content 的属性

（2）在设计窗口中，删除 Content 对应的 DIV 层中的提示文字，显示效果如图 3-1-45 所示。map.html 和 main.css 中新增的代码分别如图 3-1-46 和图 3-1-47 所示。

图 3-1-45 设置#Content 的属性后主体内容区的显示效果

```
<div id="Line1">此处显示  id "Line1" 的内容</div>
<div id="Banner">此处显示  id "Banner" 的内容</div>
<div id="Line2">此处显示  id "Line2" 的内容</div>

<div id="Content">  </div>
```

图 3-1-46　map.html 中新增的代码（六）

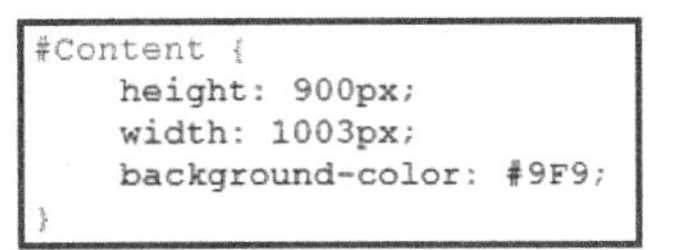

```
#Content {
    height: 900px;
    width: 1003px;
    background-color: #9F9;
}
```

图 3-1-47　main.css 中新增的代码（六）

（3）将光标置于#Content 对应的 DIV 层之中，单击“插入 DIV 标签”按钮，打开“新建 CSS 规则”对话框，设置选择器类型为“复合内容”，设置选择器名称为“#Content #leftcontent”，设置规则定义为“main.css”，如图 3-1-48 所示。单击“确定”按钮，打开如图 3-1-49 所示的对话框，在“分类”列表框中选择“背景”选项，设置背景颜色（自定义），在“分类”列表框中选择“方框”选项，设置方框宽度为 221px，高度为 900px，Float 为“left”。

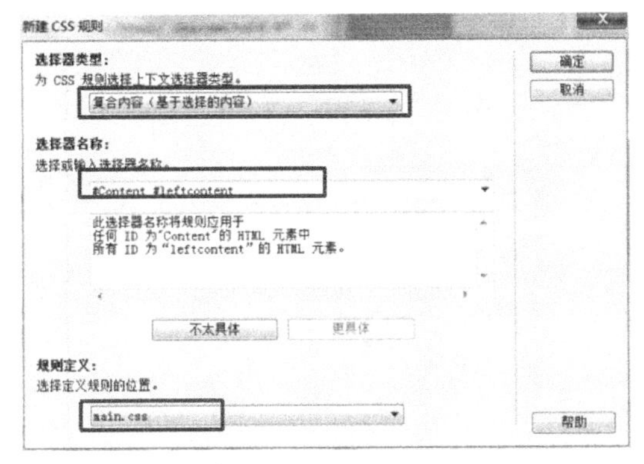

图 3-1-48　“新建 CSS 规则”对话框（十）

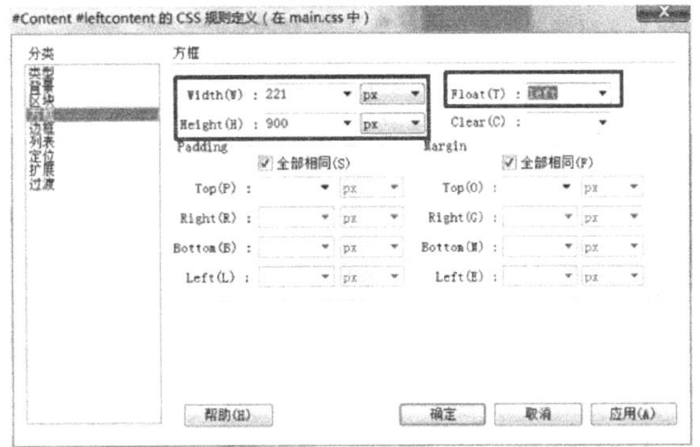

图 3-1-49　设置#Content #leftcontent 的属性

map.html 和 main.css 中新增的代码分别如图 3-1-50 和图 3-1-51 所示。在设计窗口中，显示效果如图 3-1-52 所示。

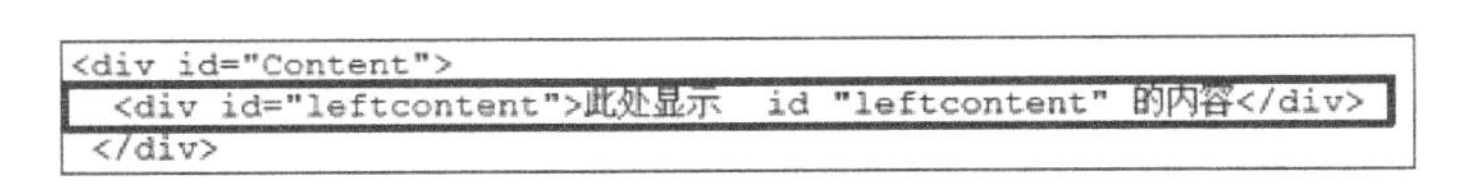

```
<div id="Content">
  <div id="leftcontent">此处显示  id "leftcontent" 的内容</div>
 </div>
```

图 3-1-50　map.html 中新增的代码（七）

```
#Content #leftcontent {
    background-color: #9CF;
    height: 900px;
    width: 221px;
    float: left;
}
```

图 3-1-51　main.css 中新增的代码（七）

（4）将光标置于#leftcontent 对应的 DIV 层之外，单击“插入 DIV 标签”按钮，打开“新建 CSS 规则”对话框，设置选择器类型为“复合内容”，设置选择器名称为“#Content #rightcontent”，设置规则定义为“main.css”，如图 3-1-53 所示。单击“确定”按钮，打开如图 3-1-54 所示的对话框，在“分类”列表框中选择“背景”选项，设置背景颜色（自定义），在“分类”列表框中选择“方框”选项，设置方框宽度为 782px，高度为 900px，Float 为“left”。

（5）map.html 和 main.css 中新增的代码分别如图 3-1-55 和图 3-1-56 所示。在设计窗口中，显示效果如图 3-1-57 所示。

图 3-1-52　设置#Content #leftcontent 的属性后主体内容区的显示效果

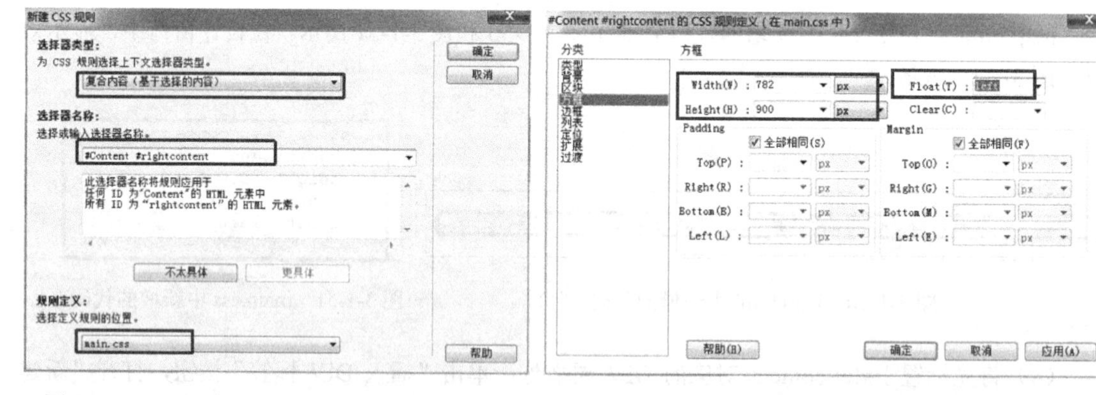

图 3-1-53　“新建 CSS 规则”对话框（十一）　　图 3-1-54　设置#Content #rightcontent 的属性

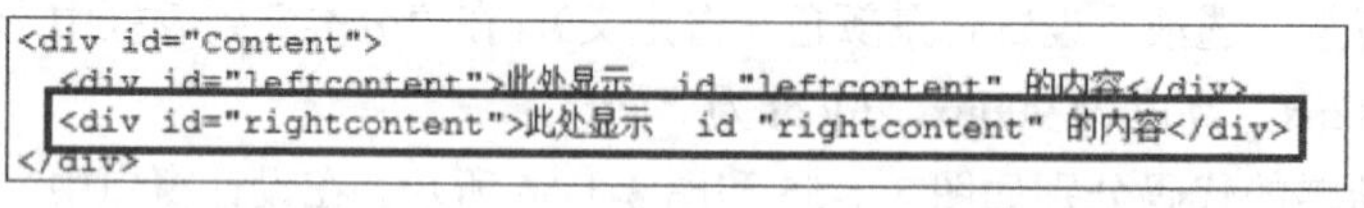

```
<div id="Content">
  <div id="leftcontent">此处显示  id "leftcontent" 的内容</div>
  <div id="rightcontent">此处显示  id "rightcontent" 的内容</div>
</div>
```

图 3-1-55　map.html 中新增的代码（八）

```
#Content #rightcontent {
    background-color: #FF9;
    height: 900px;
    width: 782px;
    float: left;
}
```

图 3-1-56　main.css 中新增的代码（八）

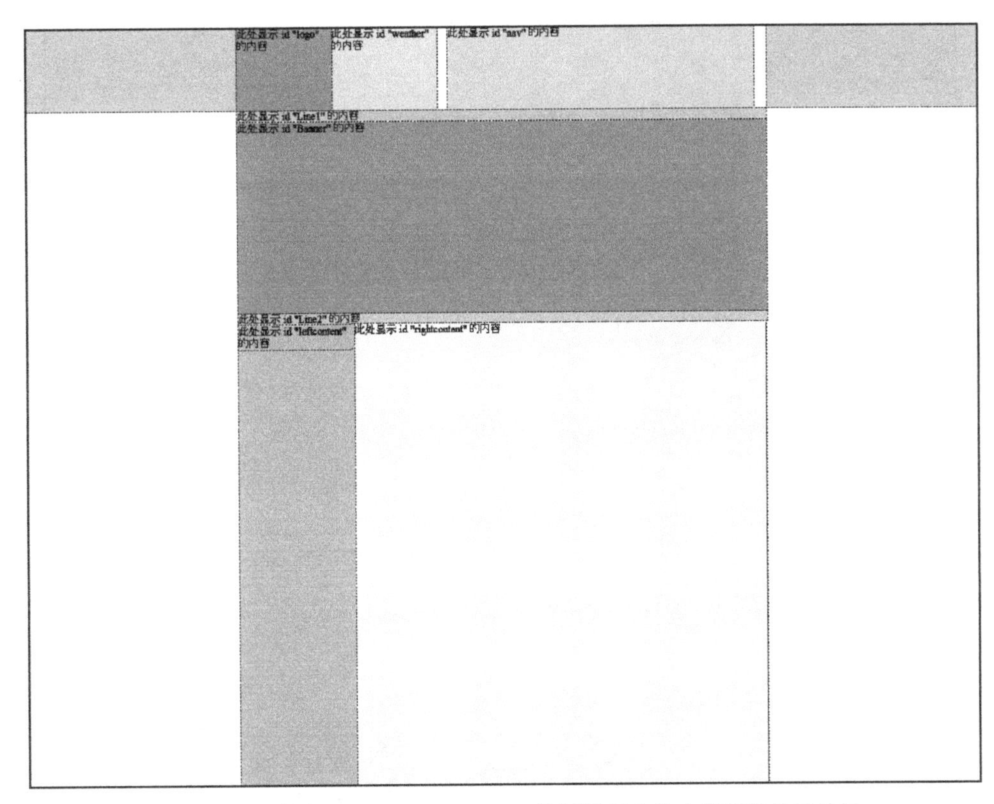

图 3-1-57　设置#Content #rightcontent 的属性后主体内容区的显示效果

3.1.4　底部区框架的搭建

将光标置于#Content 对应的 DIV 层之外，单击“插入 DIV 标签”按钮，打开“新建 CSS 规则”对话框，设置选择器类型为“ID（仅应用于一个 HTML 元素）”，设置选择器名称为“#Footer”，设置规则定义为“main.css”，如图 3-1-58 所示。单击“确定”按钮，打开如图 3-1-59 所示的对话框，在“分类”列表框中选择“背景”选项，设置背景颜色（自定义），在“分类”列表框中选择“方框”选项，设置方框宽度为 100%，高度为 100px，上填充为 50px，显示效果如图 3-1-60 所示。

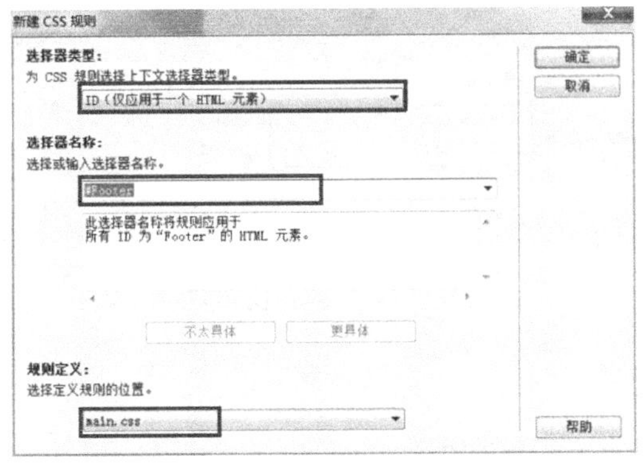

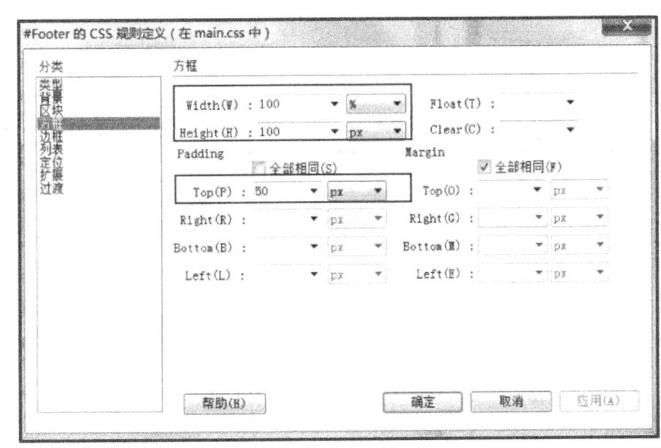

图 3-1-58　“新建 CSS 规则”对话框（十二）　　　　图 3-1-59　设置#Footer 的属性

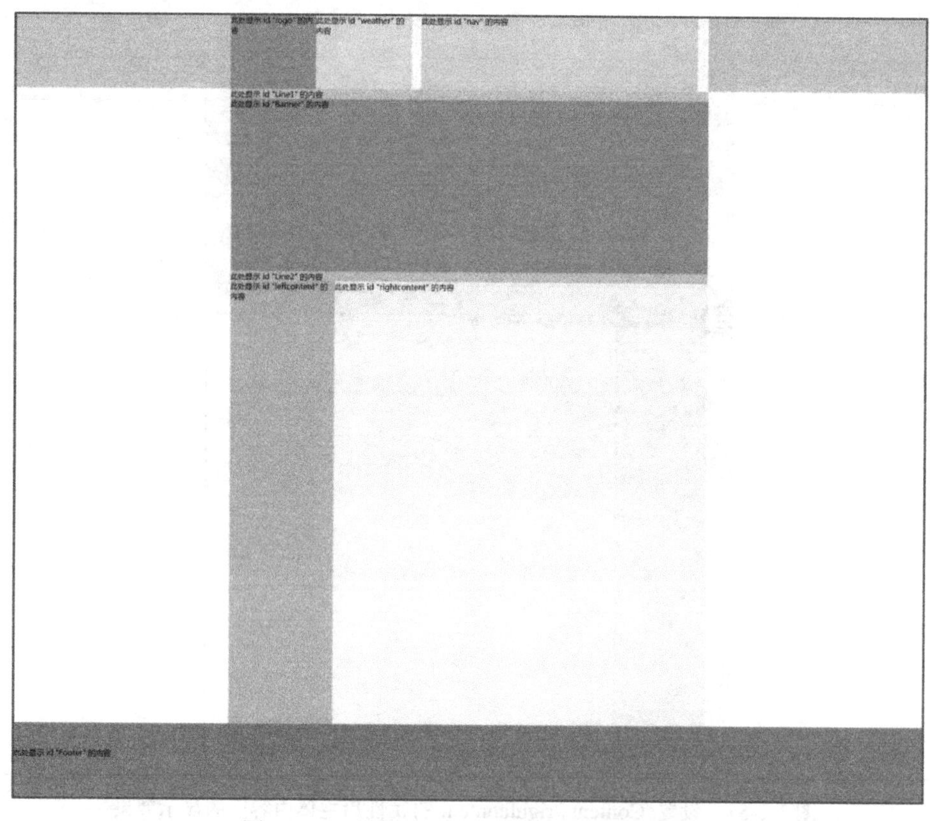

图 3-1-60　设置#Footer 的属性后的显示效果

3.1.5　主体框架的细化

（1）将光标置于#leftcontent 对应的 DIV 层之中，单击“插入 DIV 标签”按钮，打开“新建 CSS 规则”对话框，设置选择器类型为“复合内容”，设置选择器名称为“#Content #leftcontent #box1”，设置规则定义为“main.css”，如图 3-1-61 所示。单击“确定”按钮，打开如图 3-1-62 所示的对话框，在“分类”列表框中选择“背景”选项，设置背景颜色（自定义），在“分类”列表框中选择“方框”选项，设置方框宽度为 221px，高度为 520px，Margin-Top 为 50px，Padding-Top 为 50px。

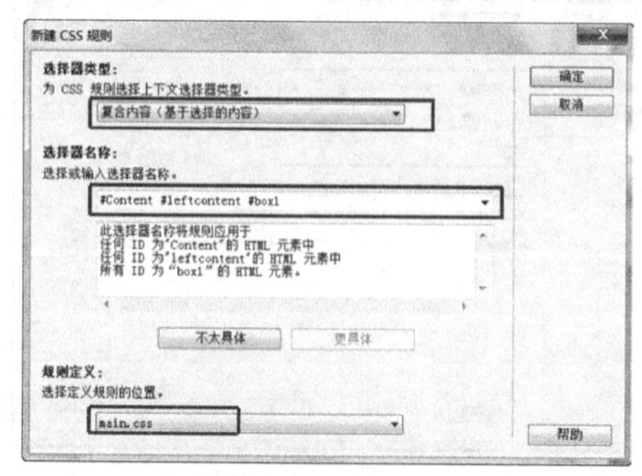

图 3-1-61　“新建 CSS 规则”对话框（十三）

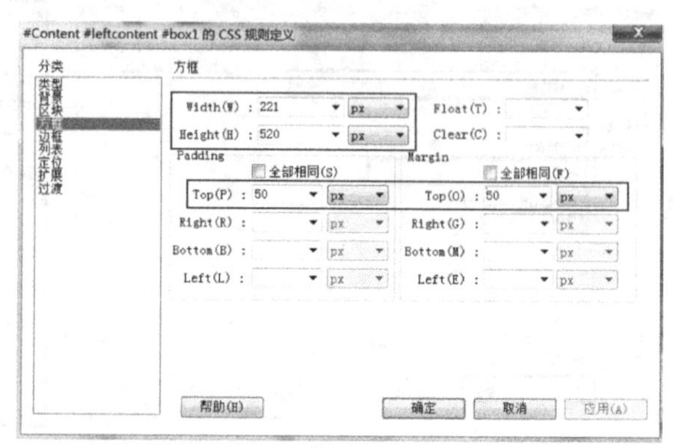

图 3-1-62　设置#Content #leftcontent #box1 的属性

（2）将光标置于#box1 对应的 DIV 层之外，单击“插入 DIV 标签”按钮，打开“新建 CSS 规则”对话框，设置选择器类型为“复合内容”，设置选择器名称为“#Content #leftcontent #box2”，设置规则定义为“main.css”，如图 3-1-63 所示。单击“确定”按钮，打开如图 3-1-64 所示的对话框，在“分类”列表框中选择“背景”选项，设置背景颜色（自定义），在“分类”列表框中选择“方框”选项，设置方框宽度为 221px，高度为 160px，上外边距为 30px，左、右外边距均为“auto”。

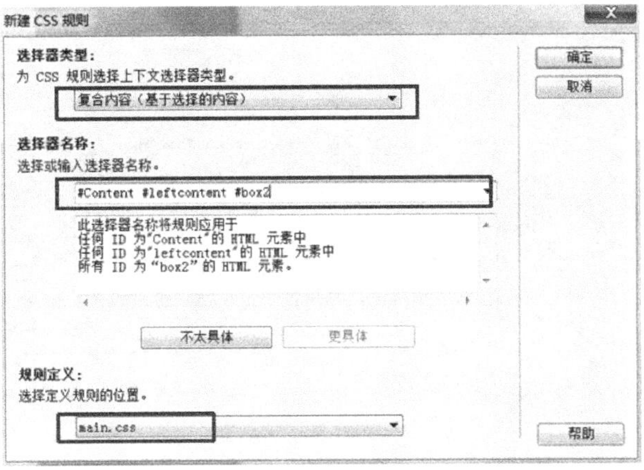

图 3-1-63　“新建 CSS 规则”对话框（十四）

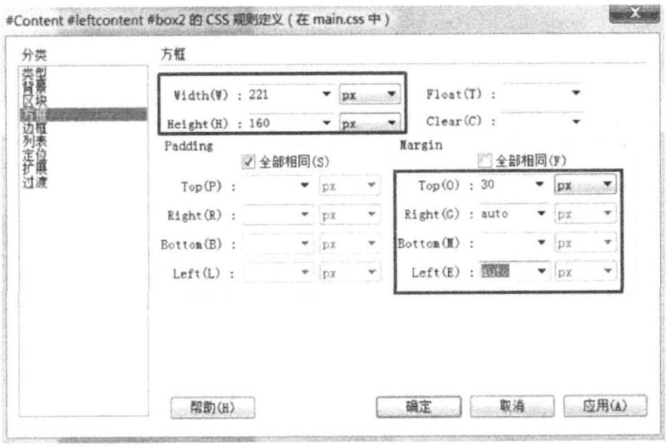

图 3-1-64　设置#Content #leftcontent #box2 的属性

map.html 和 main.css 中新增的代码分别如图 3-1-65 和图 3-1-66 所示。主体框架左侧细化后的显示效果如图 3-1-67 所示。

```
<div id="Content">
  <div id="leftcontent">
    <div id="box1">此处显示新 Div 标签的内容</div>
    <div id="box2">此处显示  id "box2" 的内容</div>
  </div>
  <div id="rightcontent">此处显示 id "rightcontent" 的内容</div>
</div>
```

图 3-1-65　map.html 中新增的代码（九）

```
#Content #leftcontent #box1 {
    background-color: #CCC;
    height: 520px;
    width: 221px;
    margin-top: 50px;
    padding-top: 50px;
}
#Content #leftcontent #box2 {
    background-color: #CCC;
    height: 160px;
    width: 221px;
    margin-top: 30px;
}
```

图 3-1-66　main.css 中新增的代码（九）

"窑湾地理"主体框架左侧细化后的效果图

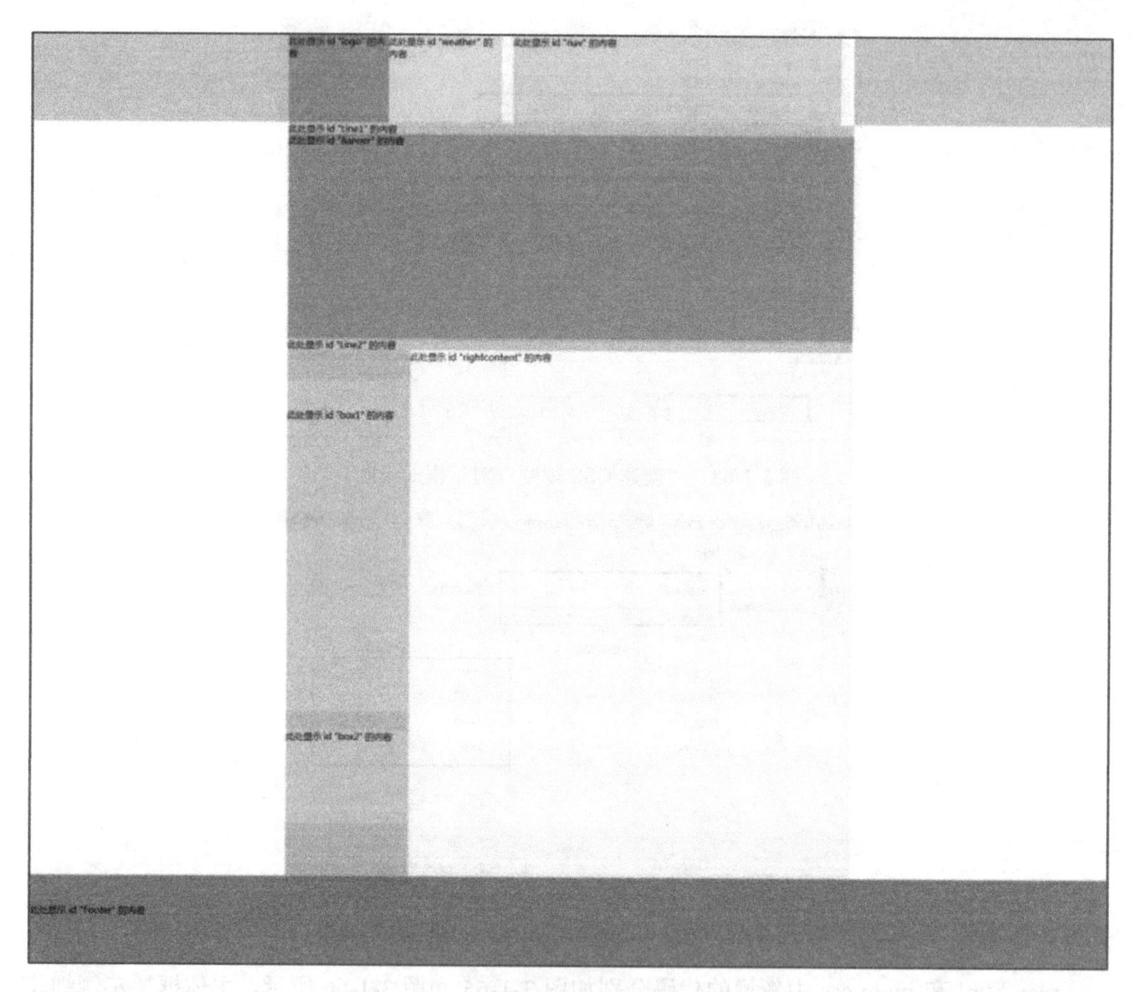

图 3-1-67　主体框架左侧细化后的显示效果

接下来，细化主体框架右侧，并逐步添加各种网页元素。因为细化主体框架时会增加大量代码，所以为便于阅读和编辑代码，应当对源代码进行注释。

注释标签 <!-- --> 用于插入注释。浏览器不会显示注释，但我们可以利用注释标签在 HTML 页面中放置通知和提醒信息。

框架搭建完成后，map.html 和 main.css 中的代码分别如图 3-1-68 和图 3-1-69 所示。

```
<!DOCTYPE html PUBLIC "-//W3C//DTD XHTML 1.0 Transitional//EN"
"http://www.w3.org/TR/xhtml1/DTD/xhtml1-transitional.dtd">
<html xmlns="http://www.w3.org/1999/xhtml">
<head>
<meta http-equiv="Content-Type" content="text/html; charset=utf-8" />
<title>无标题文档</title>
<link href="css/main.css" rel="stylesheet" type="text/css" />
</head>

<body>
<!--Header begin-->
<div id="Header">
  <div id="center">
    <div id="logo">此处显示  id "logo" 的内容</div>
    <div id="weather">此处显示  id "weather" 的内容</div>
    <div id="nav">此处显示  id "nav" 的内容</div>
  </div>
</div>
<!--Header end-->

<div id="Line1">此处显示  id "Line1" 的内容</div>
<div id="Banner">此处显示  id "Banner" 的内容</div>
<div id="Line2">此处显示  id "Line2" 的内容</div>

<!--Content begin-->
<div id="Content">
  <div id="leftcontent">
    <div id="box1">此处显示新 Div 标签的内容</div>
    <div id="box2">此处显示  id "box2" 的内容</div>
  </div>
  <div id="rightcontent">此处显示  id "rightcontent" 的内容</div>
</div>
<!--Content end-->

<!--Footer begin-->
  <div id="Footer">此处显示  id "Footer" 的内容</div>
  <!--Footer end-->

</body>
</html>
```

框架基本搭建完成后的 map.html 代码

图 3-1-68　框架基本搭建完成后的 map.html 代码

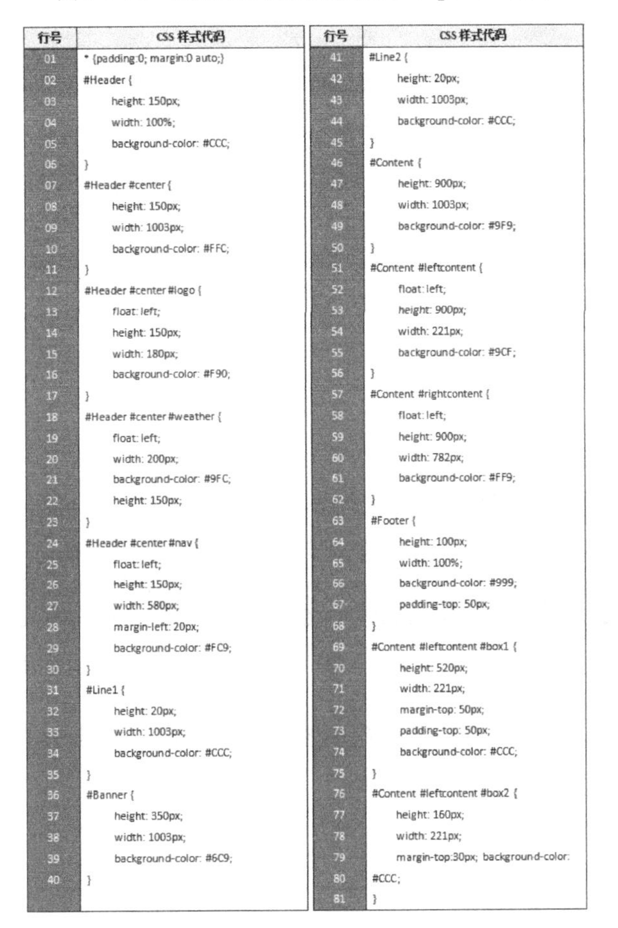

行号	CSS 样式代码
01	* {padding:0; margin:0 auto;}
02	#Header {
03	height: 150px;
04	width: 100%;
05	background-color: #CCC;
06	}
07	#Header #center {
08	height: 150px;
09	width: 1003px;
10	background-color: #FFC;
11	}
12	#Header #center #logo {
13	float: left;
14	height: 150px;
15	width: 180px;
16	background-color: #F90;
17	}
18	#Header #center #weather {
19	float: left;
20	width: 200px;
21	background-color: #9FC;
22	height: 150px;
23	}
24	#Header #center #nav {
25	float: left;
26	height: 150px;
27	width: 580px;
28	margin-left: 20px;
29	background-color: #FC9;
30	}
31	#Line1 {
32	height: 20px;
33	width: 1003px;
34	background-color: #CCC;
35	}
36	#Banner {
37	height: 350px;
38	width: 1003px;
39	background-color: #6C9;
40	}

行号	CSS 样式代码
41	#Line2 {
42	height: 20px;
43	width: 1003px;
44	background-color: #CCC;
45	}
46	#Content {
47	height: 900px;
48	width: 1003px;
49	background-color: #9F9;
50	}
51	#Content #leftcontent {
52	float: left;
53	height: 900px;
54	width: 221px;
55	background-color: #9CF;
56	}
57	#Content #rightcontent {
58	float: left;
59	height: 900px;
60	width: 782px;
61	background-color: #FF9;
62	}
63	#Footer {
64	height: 100px;
65	width: 100%;
66	background-color: #999;
67	padding-top: 50px;
68	}
69	#Content #leftcontent #box1 {
70	height: 520px;
71	width: 221px;
72	margin-top: 50px;
73	padding-top: 50px;
74	background-color: #CCC;
75	}
76	#Content #leftcontent #box2 {
77	height: 160px;
78	width: 221px;
79	margin-top:30px; background-color:
80	#CCC;
81	}

框架基本完成后的 main.css 代码

图 3-1-69　“窑湾地理”网页框架基本完成后的 main.css 代码

实训任务 3.1　制作“窑湾地理”网页框架

制作“窑湾地理”
网页框架

1．模仿练习

参照任务 3.1 中任务实施的操作步骤，根据如图 3-1-2 所示的“窑湾地理”网页的 DIV+CSS 布局框架，完成以下操作。

（1）新建一个文件夹，文件夹名称为制作者的姓名全拼，用于存放 html 文件和 css 文件。

（2）新建 map.html 网页文件，添加 DIV 标签后的代码如图 3-1-68 所示。

（3）新建 main.css 样式文件，设置样式后的 CSS 代码如图 3-1-69 所示（背景颜色自定义），并将该文件保存到 css 文件夹中。

2．自主练习

在 map.html 网页的主体内容区的右侧和底部区，参照如图 3-1-70 所示的数据，完成网页的布局。

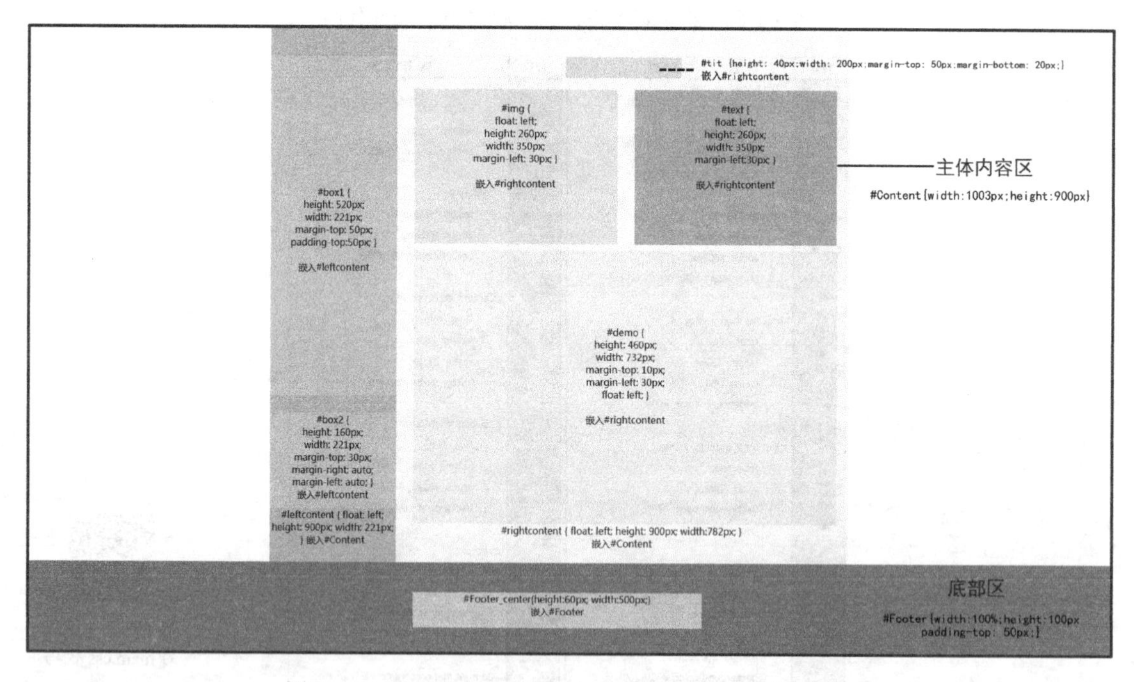

图 3-1-70　“窑湾地理”网页主体内容区及底部区的布局

网页框架制作完成后，map.html 的代码如图 3-1-71 所示，框架细化后 main.css 中新增的代码如图 3-1-72 所示。

```
1  <!DOCTYPE html PUBLIC "-//W3C//DTD XHTML 1.0 Transitional//EN"
   "http://www.w3.org/TR/xhtml1/DTD/xhtml1-transitional.dtd">
2  <html xmlns="http://www.w3.org/1999/xhtml">
3  <head>
4  <meta http-equiv="Content-Type" content="text/html; charset=utf-8" />
5  <title>无标题文档</title>
6  <link href="css/main.css" rel="stylesheet" type="text/css" />
7  </head>
8
9  <body>
10 <!--Header begin-->
11 <div id="Header">
12   <div id="center">
13     <div id="logo"></div>
14     <div id="weather"></div>
15     <div id="nav"></div>
16   </div>
17 </div>
18 <!--Header end-->
19 <div id="Line1"></div>
20 <div id="Banner"></div>
21 <div id="Line2"></div>
22 <!--Content begin-->
23 <div id="Content">
24   <div id="leftcontent">
25     <div id="box1"></div>
26     <div id="box2"></div>
27   </div>
28   <div id="rightcontent">
29     <div id="tit"></div>
30     <div id="img"></div>
31     <div id="text"></div>
32     <div id="demo"></div>
33   </div>
34 </div>
35 <!--Content end-->
36 <!--Footer begin-->
37   <div id="Footer">
38     <div id="Footer_center"></div>
39   </div>
40   <!--Footer end-->
41 </body>
42 </html>
```

“窑湾地理”网页框架的 html 代码

图 3-1-71　“窑湾地理”网页框架 map.html 的代码

行号	CSS 样式代码	行号	CSS 样式代码
82	#Content #rightcontent #tit {	99	width: 350px;
83	height: 40px;	100	margin-left: 30px;
84	width: 200px;	101	background-color: #9CC;
85	margin-top: 50px;	102	}
86	margin-bottom: 20px;	103	#Content #rightcontent #demo {
87	background-color: #AFEEF3;	104	height: 460px;
88	}	105	width: 732px;
89	#Content #rightcontent #img {	106	margin-top: 10px;
90	float: left;	107	background-color: #DCEDED;
91	height: 260px;	108	margin-left: 30px;
92	width: 350px;	109	float: left;
93	margin-left: 30px;	110	}
94	background-color: #E3E3C8;	111	#Footer_center {
95	}	112	height: 60px;
96	#Content #rightcontent #text {	113	width: 500px;
97	float: left;	114	background-color: #D0D0D0;
98	height: 260px;	115	}

“窑湾地理”网页框架的 css 代码

图 3-1-72　框架细化后 main.css 中新增的代码

操作提示：

1. 在主体内容区的右侧插入 4 个<div>块元素，每个块元素的宽、高、外边距及背景颜色（自定义）可以通过新建复合样式的方式进行设置。

2. 由于块元素会与同级元素垂直排列，所以排版时应根据需要将其设置为左浮动（Float:left）。

【考核评价】

任务名称	制作“窑湾地理”网页框架				
任务完成情况评价					
自我评价		小组评价		教师评价	
问题与反思					

【问题探究】

CSS 基础

1. 什么是 DIV？

DIV 是 HTML 的一种标签，被称为块元素（或层元素）。DIV 标签是一种用于为 HTML 文档内的大块内容提供结构和背景的元素，类似表格中的<table>标签。DIV 的起始标签和结束标签之间的所有内容用于构成区块。区块的大小和位置由 DIV 标签的属性控制，或者由层叠样式表（CSS）中的样式控制。DIV 区块可以嵌套，也可以重叠，通过控制各区块的大小和位置，可以实现网页内容的灵活布局。

2. 什么是 CSS？

CSS（Cascading Style Sheet，层叠样式表）是一种格式化网页的标准方式，它扩展了 HTML 的功能，使网页设计者能够以更有效的方式设置网页格式。CSS 不仅可以有效地对网页效果实现更加精确的控制，而且可以让网页的更新变得更容易。

在 DIV＋CSS 布局中，DIV 标签主要用于容纳网页中的内容，其外观与形式完全由 CSS 控制，这样，就实现了网页内容与形式的分离，使网页代码更加规范、有序，减少了网页加载的冗余度，加快了网页的下载速度。

3. 什么是盒子模型？

在 CSS 中，网页中的所有文档元素都可以被理解为盒子模型。一个独立的盒子模型由 content（内容）、border（边框）、padding（内边距或填充）和 margin（外边距或边界）4 部分组成，如图 3-1-73 所示。一个盒子的实际宽度（或高度）是由 content+padding+border+margin 得到的。

在 CSS 中，可以通过设置 width 和 height 的值控制 content 的大小，并且对于任意一个盒子模型，都可以分别设置 4 条边的 border、padding 和 margin。因此，只要利用好盒子模型的这些属性，就能够实现各种各样的排版效果。

内边距（padding）属性用于控制盒子模型中内容与边框之间的距离。

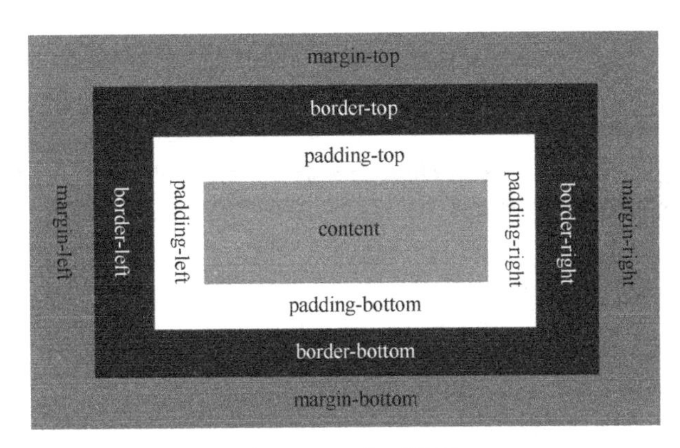

图 3-1-73　盒子模型

边框（border）属性包括边框样式属性（border-style）、边框宽度属性（border-width）和边框颜色属性（border-color）。

在 CSS 中，外边距（margin）属性用于控制盒子模型与盒子模型之间的距离，它定义了每个盒子模型边框之外的区域。

注意：auto 值的应用。

margin 属性的水平方向的 auto 值和垂直方向的 auto 值的分配规则是不同的。就垂直方向的 auto 值而言，一般默认为 0，即垂直方向没有边界；而就水平方向的 auto 值而言，其作用是填补父元素宽度与水平方向上非浮动元素各部分宽度之和的差。一般来说，要求水平方向上各非浮动元素的整体宽度之和等于父元素的宽度，若两者有差距，就使用 auto 值来填补。

这一特性的重要应用是在 CSS 布局中，利用 auto 值的这种分配方式使宽度一定的盒子模型在网页中水平居中。

4. CSS 样式结构由哪几部分组成？

CSS 样式结构主要由选择器和样式声明两部分组成，如图 3-1-74 所示。

选择器是标识格式元素的术语（如 P、H1、类名或 ID），样式声明用于定义元素的样式。声明由两部分组成：属性和属性值。

图 3-1-74　CSS 样式结构

5. 选择器有哪些类型？

（1）class 选择器。class 选择器也被称为类别选择器。

class 选择器的语法如下：

```
.class 选择器名{ 属性 1:属性值 1;属性 2:属性值 2;…}
```

例如：

```
.mystyle{
        font-family:宋体;
```

```
        color:blue;
        font-size:16px;
}
```

定义 class 选择器后，在网页中使用 class 选择器时，通过 class 属性进行引用。语法如下：

```
<标签 class="已定义的类别选择器名">
```

例如：

```
<p class="mystyle">CSS 语法规则</p>
```

class 选择器的优点：定义 class 选择器后，class 选择器可以被多次引用。

例如：

```
<h3 class="mystyle">class 选择器</h3>
```

（2）id 选择器。

id 选择器的语法如下：

```
#id 选择器名{ 属性 1:属性值 1;属性 2:属性值 2;…}
```

例如：

```
#myid{
        font-family:楷体_gb2312;
        font-size:14px;
        color:red;
}
```

定义 id 选择器后，通过 id 属性进行引用。语法如下：

```
<标签 id="已定义的 id 选择器名">
```

例如：

```
<p id="myid">id 选择器的定义和引用</p>
```

id 选择器和 class 选择器比较相似，都针对特定属性的属性值进行匹配。两者的区别如下：

- id 选择器前面需要加前缀符号“#”，而 class 选择器前面需要加前缀符号“.”。
- id 选择器定义的是某个特定的 HTML 元素，一个网页文件只能有一个元素使用某一 id 属性值。
- id 选择器作为元素的标签，用于区分不同的结构和内容，而 class 选择器作为一种样式，它可以应用于任意结构和内容。
- 在布局思路上，一般原则如下：对于 id 选择器，先确定页面的结构和内容，再定义样式；而 class 选择器相反，先定义好一类样式，再回到页面中，根据需要把这类样式应用于不同的元素和内容。
- 目前，浏览器都允许在同一个页面内出现多个相同属性值的 id 选择器，一般情况下也能正常显示，不过，当使用 JavaScript 通过 id 选择器来控制元素时，则会出现错误。

（3）标签选择器。

标签选择器是针对 HTML 标签的选择器，如图 3-1-75 所示。

图 3-1-75　标签选择器

（4）通配符选择器。

通配符选择器使用“*”号表示，它是所有选择器中作用范围最广的，能匹配页面中所有的元素。其基本语法格式如下：

```
*{属性 1:属性值 1; 属性 2:属性值 2; 属性 3:属性值 3; }
```

6. CSS 可分为哪几种样式表？

CSS 按其位置可分为内部样式表和外部样式表。

内部样式表又可分为内联式样式表和内嵌式样式表。

（1）内联式样式表。

使用 style 属性将样式插入 HMTL 标签中，只对所在的标签起作用。例如：

```
<p style="color: red; font-size: 14px">
This is a paragraph
</p>
```

（2）内嵌式样式表。

将 CSS 样式代码添加到<head>…</head>标签内，并且使用<style>…</style>标签进行声明。在<style>…</style>标签内一次可以指定任意数量的样式元素。内嵌式样式表只应用于单个网页。在<head>…</head>标签内通过<style>…</style>标签定义内部样式表。例如：

```
<head>
body {background-color: red}
<style type="text/css">
p {font-size: 14px}</style>
</head>
```

（3）外部样式表。

通过更改一个 css 文件来改变多个网页的外观。把所有样式存放在一个以“.css”为扩展名的文件里，然后将这个 css 文件链接到各网页中。例如：

```
<head>
<link rel="stylesheet" type="text/css" href="mystyle.css">
</head>
```

7. CSS 的优先级是怎样的？

定义 CSS 样式时，经常会出现多个规则应用于同一个元素的情况，这时就会出现优先级的问题。当行内样式（内联样式）、内部样式（内嵌样式）和链接样式（外部样式）同时应用于同一个元素时，将依据它们的权重进行判断。如果权重相同，则 CSS 遵循就近原则，即最靠近元素的样式具有最大的优先级。优先级的顺序如下：链接样式＜内部样式＜行内样式，如图 3-1-76 所示。

- 继承样式的权重=0分
- 标签选择器=1分
- 伪元素或伪对象选择器=1分
- class选择器=10分
- 属性选择器=10分
- id选择器=100分
- 行内样式的权值最高 1000分
- !important 的权值无穷大

图 3-1-76　不同样式的权重

为体验 CSS 的优先级，下面来看一个具体的示例，CSS 样式代码如下：

```
p{ color:red;}                    /*标签样式*/
*/.blue{ color:green;}            /*class 样式*/
*/#header{ color:blue;}           /*id 样式*/
```

CSS 的继承性

CSS 的层叠性

对应的 HTML 结构如下：

```
<p id="header" class="blue">
    帮帮我，我到底显示什么颜色？
</p>
```

标签选择器的权重为 1，class 选择器的权重为 10，id 选择器的权重为 100，因此文本为蓝色。

任务 3.2　在 DIV+CSS 框架中添加网页元素

【学习导图】

【任务描述】

DIV+CSS 框架的表现形式与结构彼此分离。因此，与表格布局相比，在 DIV+CSS 框架中添加网页元素的方法有所不同。在本任务中，我们基于“窑湾地理”网页框架，添加图片、天气预报、导航、文字等主要的网页元素，页面效果如图 3-2-1 所示。

“窑湾地理”添加网页基本元素后的页面效果

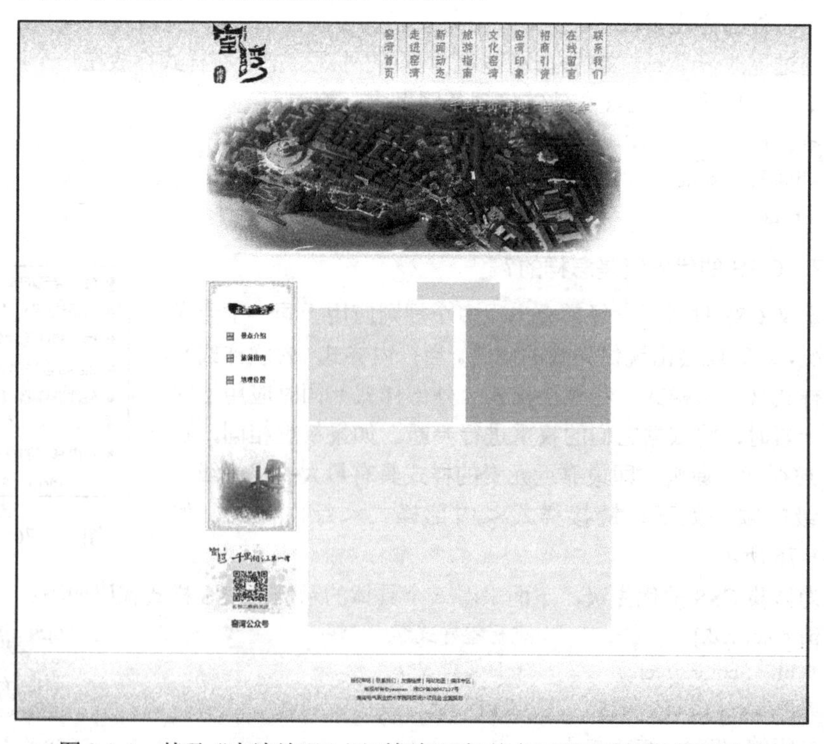

图 3-2-1　基于“窑湾地理”网页框架添加基本网页元素后的页面效果

【任务实施】

头部区背景图片的添加

3.2.1　添加背景图片

1．添加网页头部区的背景图片

（1）打开 map.html 文件，在菜单栏中选择“窗口”→“CSS 样式”选项，打开“CSS 样式”面板，如图 3-2-2 所示，双击“#Header”样式；或者选择该样式后，单击右下角的“编辑”按钮，在打开的“CSS 规则定义”对话框中设置背景图片，如图 3-2-3 所示。

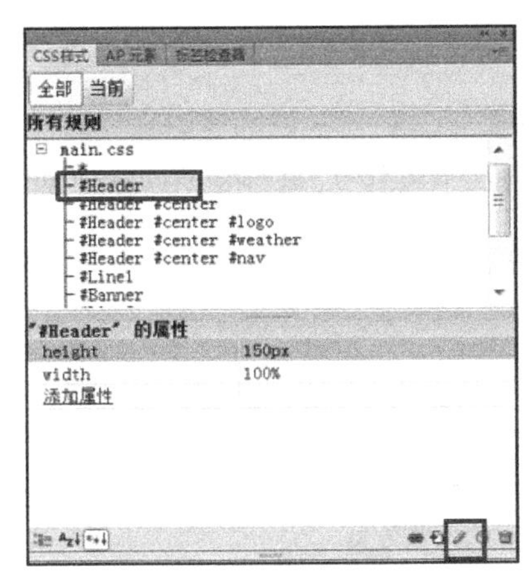

图 3-2-2　单击“编辑”按钮

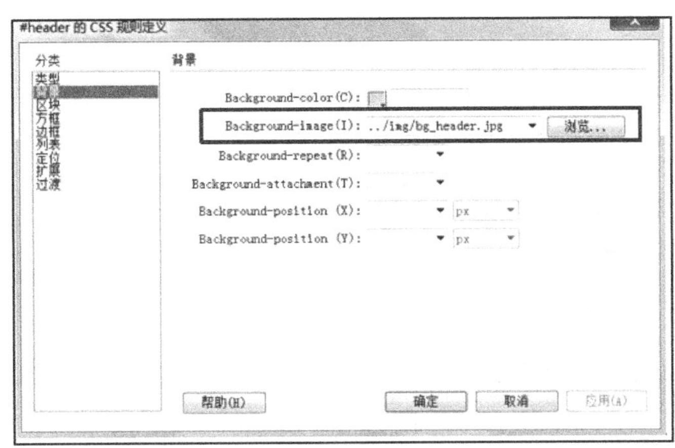

图 3-2-3　设置#Header 的背景图片

（2）添加网页头部区的背景图片，CSS 代码如图 3-2-4 所示，预览效果如图 3-2-5 所示。

```
#header {
    height: 150px;
    width: 100%;
    background-image: url(../img/bg_header.jpg);
}
```

图 3-2-4　CSS 代码（添加网页头部区的背景图片）

图 3-2-5　网页头部区的背景图片的预览效果

2．添加 logo 图片

在“CSS 样式”面板中，双击“#Header #center #logo”样式，打开“CSS 规则定义”对话框，设置 logo 图片及填充方式，如图 3-2-6 所示。

其中，将 Background-repeat 设置为 no-repeat，表示填充 1 次；将 Background-positiont(X)设置为 center，表示水平方向居中对齐；将 Background-positiont(Y)设置为 bottom，表示垂直方向底对齐，CSS 代码如图 3-2-7 所示，预览效果如图 3-2-8 所示。

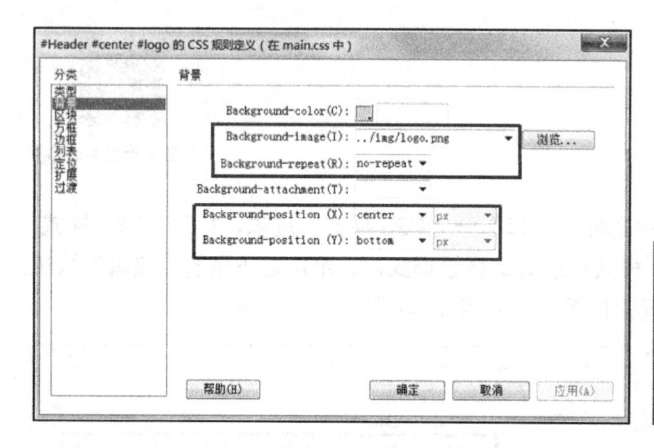

图 3-2-6 设置#Header #center #logo 的 logo 图片及填充方式

```
#Header #center #logo {
    height: 150px;
    width: 180px;
    float: left;
    background-image: url(../img/logo.png);
    background-repeat: no-repeat;
    background-position: center bottom;
}
```

图 3-2-7 CSS 代码（#Header #center #logo）

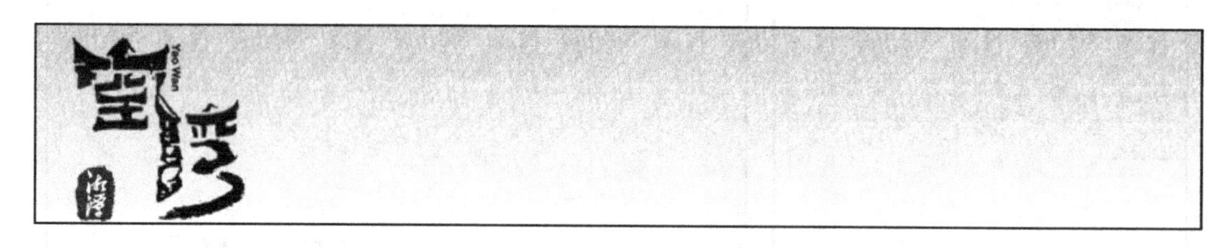

图 3-2-8 #Header #center #logo 的 logo 图片的预览效果

3.2.2 插入图片

使用 DIV+CSS 布局网页时，也可以在 html 文件中直接插入图片。我们仍以 logo 图片为例，介绍插入图片的方法。

在实际操作过程中，logo 图片要以背景图片的方式添加。一般情况下，诸如新闻节目、电子相册这类经常更新内容的载体才使用这种插入图片的方式。

（1）打开 html 源代码窗口，在代码区中将光标置于起始标签<div id="logo">和结束标签</div>之间，如图 3-2-9 所示。在设计窗口中，单击“常用”工具栏中的“图片”按钮，选择 logo 图片，插入 logo 图片后的 html 代码如图 3-2-10 所示。

```
<!--Header begin-->
<div id="Header">
  <div id="center">
    <div id="logo"></div>
    <div id="weather"></div>
    <div id="nav"></div>
  </div>
</div>
<!--Header end-->
```

图 3-2-9 将光标置于<div id="logo">…</div>标签之间

```
<!--Header begin-->
<div id="Header">
  <div id="center">
    <div id="logo"><img src="img/logo.png" 
width="134" height="139" /></div>
    <div id="weather"></div>
    <div id="nav"></div>
  </div>
</div>
<!--Header end-->
```

图 3-2-10 插入 logo 图片后的 html 代码

（2）在“CSS 样式”面板中，双击“#Header #center #logo”样式，打开“CSS 规则定义”对话框，设置方框的大小和填充方式，如图 3-2-11 所示，CSS 代码如图 3-2-12 所示。

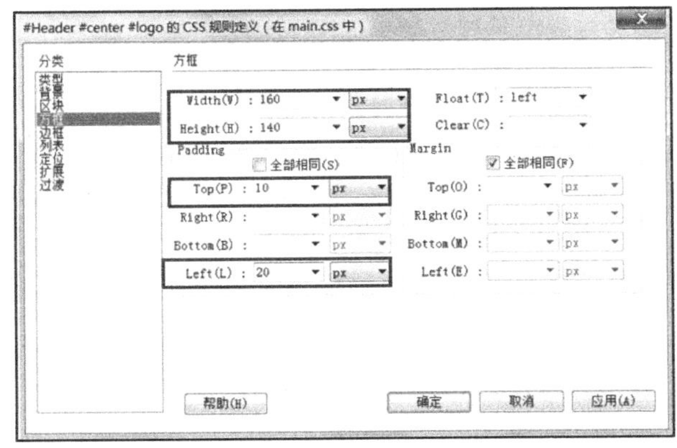

图 3-2-11　设置#Header #center #logo 方框的属性

```
#Header #center #logo {
    height: 140px;
    width: 160px;
    float: left;
    padding-top: 10px;
    padding-left: 20px;
}
```

图 3-2-12　CSS 代码（#Header #center #logo）

温馨提示：因为#logo 对应的 DIV 宽度为 180 px，而左填充为 20px，所以方框的宽度要设置为 160px；#logo 对应的 DIV 高度为 150px，而上填充为 10px，所以方框的高度要设置为 140px，这样才能确保方框的宽度、高度符合版面的大小。

3.2.3　天气预报代码的添加

天气预报代码的添加

在头部区中，添加天气预报代码，以便计算机连接网络后，网页能实时显示当地的天气状况，并且能查询多日的天气预报。

（1）在 map.html 的代码区中，将光标置于起始标签 <div id="weather">之后，添加一段天气预报的代码，如图 3-2-13 所示。其中 width="180"，height="36" 是该插件预设的宽度和高度，读者可以根据需要进行调整。

```
    <div id="weather"><iframe allowtransparency="true" frameborder=
"0" width="180" height="36" scrolling="no" src=
"http://tianqi.2345.com/plugin/widget/index.htm?s=3&z=3&t=1&v=0&d=3&
bd=0&k=&f=&ltf=009944&htf=cc0000&q=1&e=1&a=1&c=57773&w=180&h=36&alig
n=center"></iframe></div>
```

图 3-2-13　添加天气预报的代码

（2）在“CSS 样式”面板中，双击“#Header #center #weather”样式，打开“CSS 规则定义”对话框，设置上填充为 100px，为了确保版面不发生变化，设置方框的高度为 50px，如图 3-2-14 所示。CSS 代码如图 3-2-15 所示。

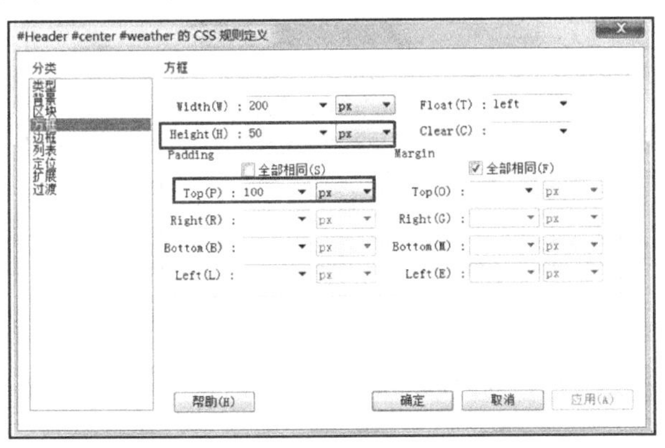

图 3-2-14　设置#Header #center #weather 方框的属性

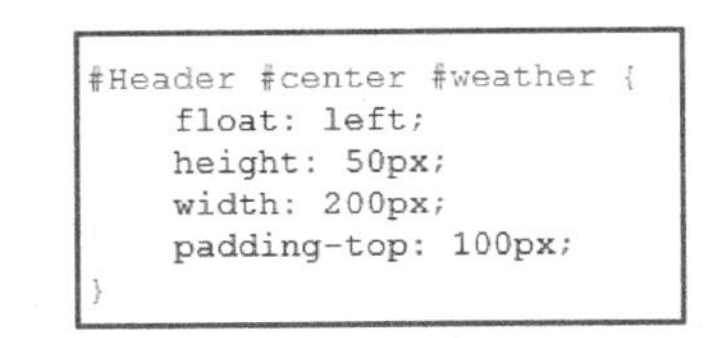

```
#Header #center #weather {
    float: left;
    height: 50px;
    width: 200px;
    padding-top: 100px;
}
```

图 3-2-15　CSS 代码（#Header #center #weather）

计算机连接网络后，网页能实时显示当地的天气状况，预览效果如图 3-2-16 所示。

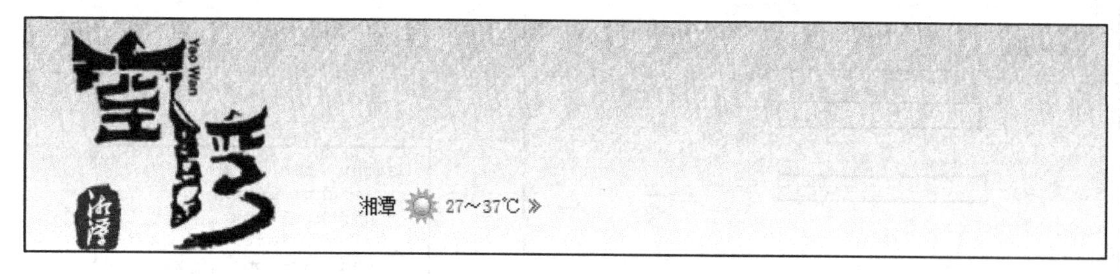

图 3-2-16　添加天气预报代码后的预览效果

3.2.4　应用无序列表添加网页头部区的导航

无序列表的应用

无序列表是网页中比较常见的元素，其本质为项目列表。之所以被称为“无序列表”，是因为其各列表项为并列关系，没有顺序或级别之分。使用 DIV+CSS 布局网页时，通常会使用无序列表搭建导航。

下面，在网页的头部区使用无序列表添加名为“窑湾”网站的导航，效果如图 3-2-17 所示。

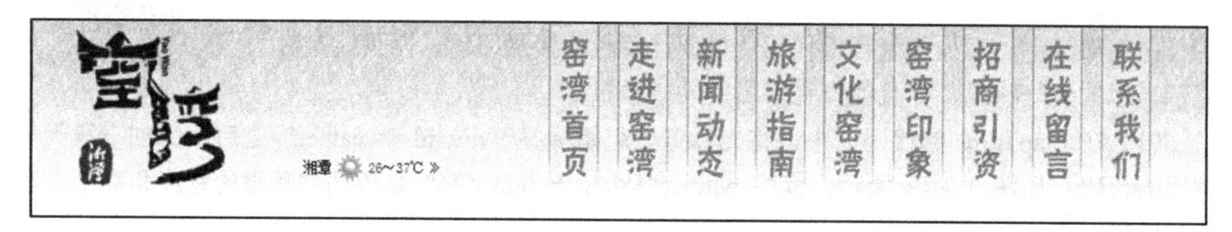

图 3-2-17　使用无序列表添加导航的效果

1. 无序列表 html 标签的插入

（1）在 map.html 的代码区中，将光标置于起始标签 <div id="nav"> 之后，添加一对<ul>…</ul>标签，在<ul>…</ul>标签之间添加一对<li>…</li>标签，如图 3-2-18 所示。

（2）将光标置于起始标签<li>之后，单击“常用”工具栏中的“图片”按钮，插入导航图片，CSS 代码如图 3-2-19 所示。

```
<!--Header begin-->
<div id="Header">
  <div id="center">
    <div id="logo"></div>
    <div id="weather"></div>
    <div id="nav">
    <ul>
      <li></li>
    </ul>
    </div>
  </div>
</div>
<!--Header end-->
```

图 3-2-18　添加标签

```
<!--Header begin-->
<div id="Header">
  <div id="center">
    <div id="logo"></div>
    <div id="weather"></div>
    <div id="nav">
    <ul>
      <li><img src="img/menu_1.png" width="43" height="134"/></li>
    </ul>
    </div>
  </div>
</div>
<!--Header end-->
```

图 3-2-19　插入导航图片后的 CSS 代码

因为有 9 个导航图片，所以复制 8 对<li>…</li>标签的内容，并修改图片的名称，完成设置后的代码如图 3-2-20 所示。

```
<!--Header begin-->
<div id="Header">
  <div id="center">
    <div id="logo"></div>
    <div id="weather"></div>
    <div id="nav">
    <ul>
      <li><img src="img/menu_1.png" width="43" height="134" /></li>
      <li><img src="img/menu_2.png" width="43" height="134" /></li>
      <li><img src="img/menu_3.png" width="43" height="134" /></li>
      <li><img src="img/menu_4.png" width="43" height="134" /></li>
      <li><img src="img/menu_5.png" width="43" height="134" /></li>
      <li><img src="img/menu_6.png" width="43" height="134" /></li>
      <li><img src="img/menu_7.png" width="43" height="134" /></li>
      <li><img src="img/menu_8.png" width="43" height="134" /></li>
      <li><img src="img/menu_9.png" width="43" height="134" /></li>
    </ul>
    </div>
  </div>
</div>
<!--Header end-->
```

图 3-2-20　完成设置后的代码（复制标签并修改图片的名称）

另外，Dreamweaver 作为优秀的可视化网页编辑工具，利用“标签选择器”可以帮助不喜欢写代码的用户轻松有效地完成代码的输入工作。列表代码的插入也可以通过以下方式完成。

在 map.html 的代码区中，将光标置于起始标签<div id="nav">之后，如图 3-2-21 所示。在菜单栏中选择“插入”→“标签”选项，在弹出的“标签选择器”对话框中选择“HTML 标签”→“列表”→“常规”→“ul”选项，如图 3-2-22 所示。

```
<!--Header begin-->
<div id="Header">
  <div id="center">
    <div id="logo"></div>
    <div id="weather"></div>
    <div id="nav">| </div>
  </div>
</div>
<!--Header end-->
```

图 3-2-21　插入标签时光标的位置

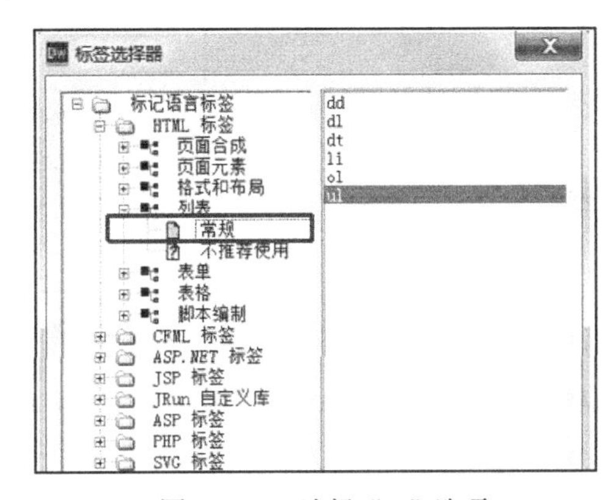

图 3-2-22　选择“ul”选项

在弹出的“标签编辑器”对话框中，保持 ul 的类型为“默认”，单击“确定”按钮，如图 3-2-23 所示。插入<ul>…</ul>标签，如图 3-2-24 所示。

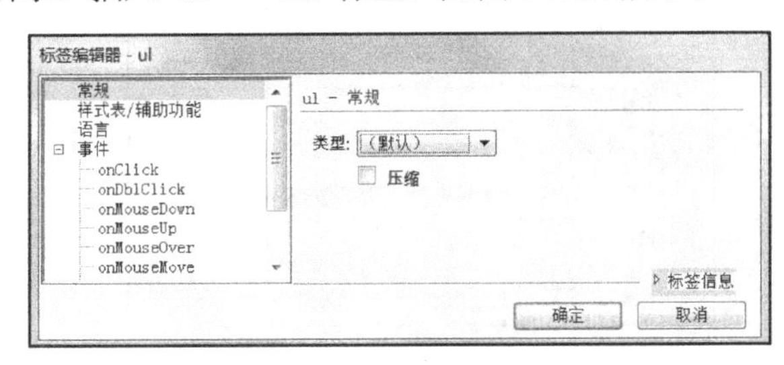

图 3-2-23　“标签编辑器”对话框

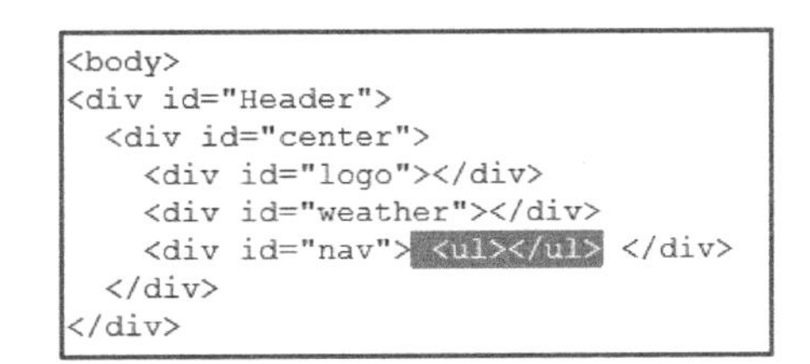

```
<body>
<div id="Header">
  <div id="center">
    <div id="logo"></div>
    <div id="weather"></div>
    <div id="nav"><ul></ul> </div>
  </div>
</div>
```

图 3-2-24　插入<ul>…</ul>标签

将光标置于起始标签<ul>之后。在菜单栏中选择“插入”→“标签”选项，在弹出的“标签选择器”对话框中，选择“HTML”→“列表”→“常规”→“li”选项，如图 3-2-25 所示，在弹出的“标签编辑器”对话框中保持默认设置，单击“确定”按钮，插入<li>…</li>标签，如图 3-2-26 所示。

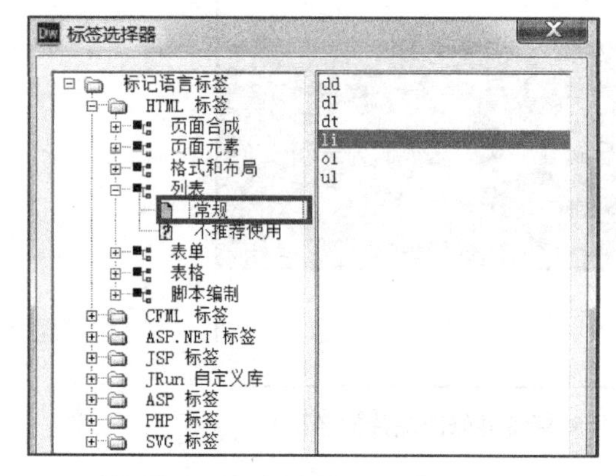

图 3-2-25 选择“li”选项

```
<!--Header begin-->
<div id="Header">
  <div id="center">
    <div id="logo"></div>
    <div id="weather"></div>
    <div id="nav"><ul><li></li></ul> </div>
  </div>
</div>
<!--Header end-->
```

图 3-2-26 插入<li>…</li>标签

为了让 HTML 代码更清晰，将其调整为有一定层次结构的形式，如图 3-2-27 所示。后续插入图片的方法与当前的操作方法类似，不再赘述。

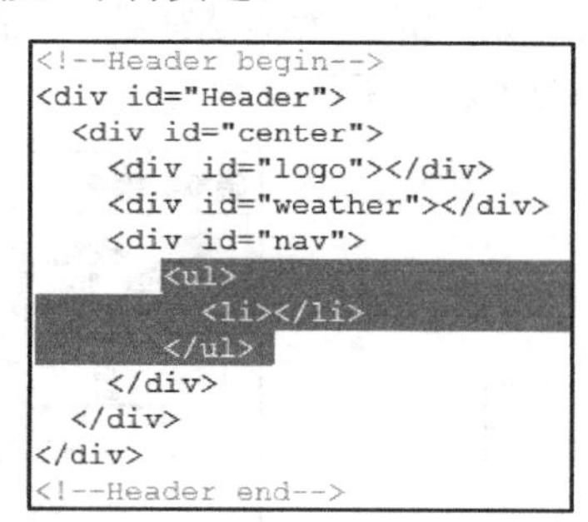

```
<!--Header begin-->
<div id="Header">
  <div id="center">
    <div id="logo"></div>
    <div id="weather"></div>
    <div id="nav">
      <ul>
        <li></li>
      </ul>
    </div>
  </div>
</div>
<!--Header end-->
```

图 3-2-27 调整 CSS 代码的层次结构

温馨提示：Dreamweaver 提供了一个强大的标签参数设置功能——“标签检查器”对话框。在菜单栏中选择“窗口”→“标签检查器”选项，如图 3-2-28 所示。在“标签检查器”对话框中，可以设置所选标签的属性，如图 3-2-29 所示。

图 3-2-28 选择“标签检查器”选项

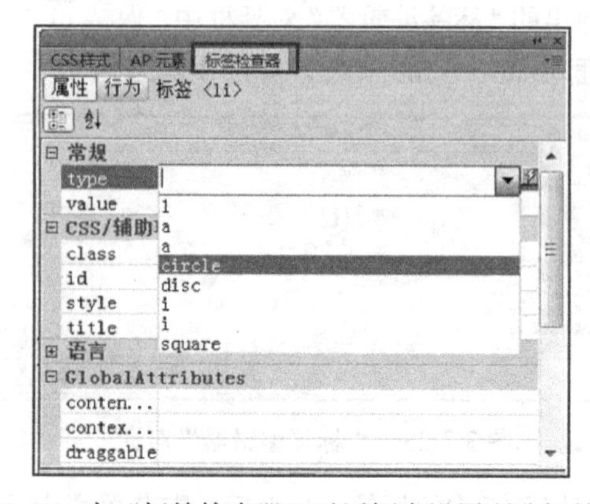

图 3-2-29 在“标签检查器”对话框中设置所选标签的属性

2. 无序列表 CSS 的设置

（1）将光标置于代码区的<li>标签处。

（2）打开“CSS 样式”面板，单击右下角的“添加样式”按钮，如图 3-2-30 所示。

（3）打开“新建 CSS 规则”，设置选择器类型为“复合内容”，如图 3-2-31 所示。

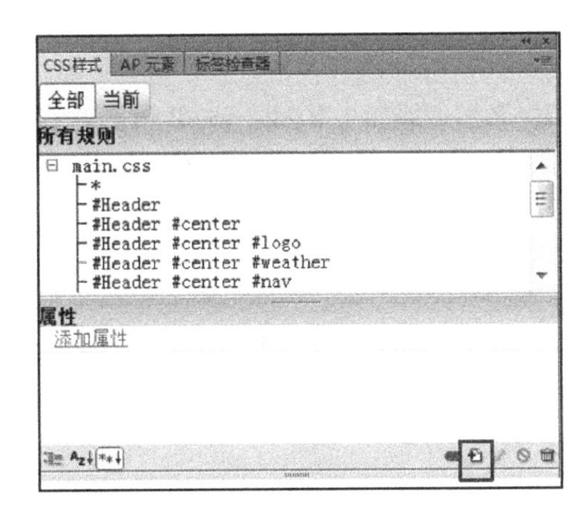

图 3-2-30　单击“添加样式”按钮

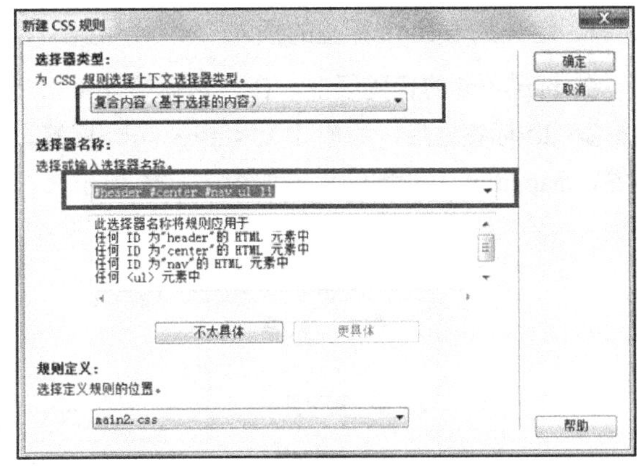

图 3-2-31　设置选择器类型为“复合内容”

（4）打开“CSS 规则定义”对话框，在左侧“分类”列表中选择“方框”选项，设置方框的宽度为 43px，高度为 134px，左填充为 20px，如图 3-2-32 所示。在左侧“分类”列表中选择“列表”选项，设置 List-style-type 为“none”，如图 3-2-33 所示。

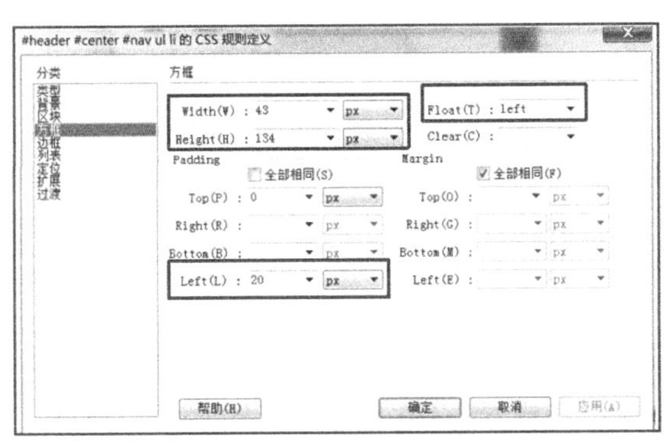

图 3-2-32　设置方框的属性

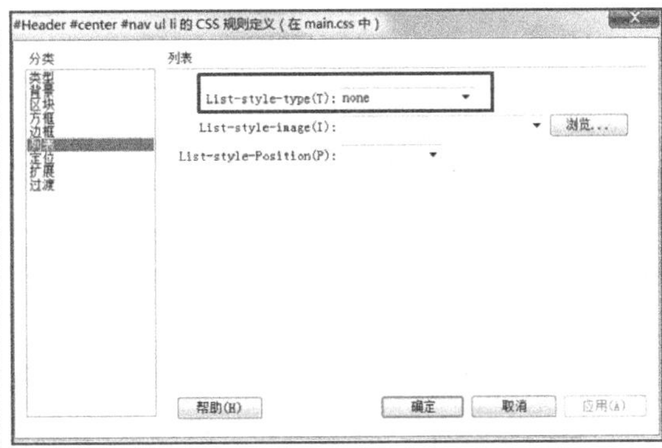

图 3-2-33　设置列表的属性

设置完成后，main.css 文件中导航的 CSS 代码如图 3-2-34 所示。

```
#header #center #nav ul li {
    float: left;
    height: 134px;
    width: 43px;
    padding-top: 0px;
    padding-left: 20px;
    list-style-type: none;
}
```

图 3-2-34　导航的 CSS 代码

3.2.5 应用定义列表添加主体内容区的二级导航

定义列表不仅是一列项目，而且是项目及其注释的组合。与无序列表及有序列表不同，定义列表的列表项前没有任何项目符号。

下面使用定义列表添加 map.html 网页主体内容区左侧的二级导航，效果如图 3-2-35 所示。

1. 定义列表 html 标签的插入

在 map.html 的代码区中，在开始标签<div id="box1">之后，添加 1 对<dl>…</dl>标签，在开始标签<dl>标签之后，添加 1 对<dt>…</dt>标签。在结束标签</dt>之后，添加 3 对<dd>…</dd>标签，map.html 中新增的代码如图 3-2-36 所示。

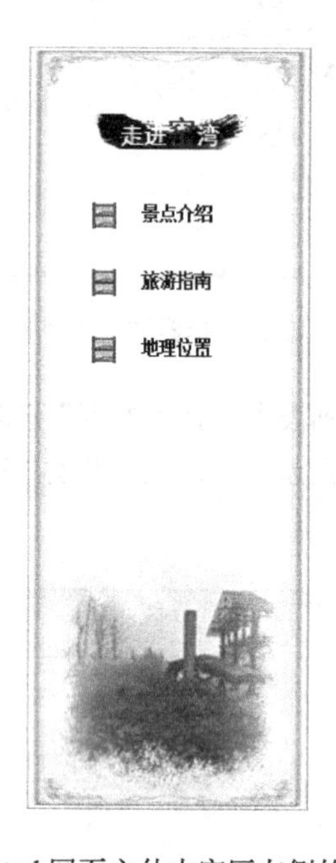

图 3-2-35 map.html 网页主体内容区左侧的二级导航的效果

```
<!--Content begin-->
<div id="Content">
  <div id="leftcontent">
    <div id="box1">
     <dl>
       <dt></dt>
       <dd></dd>
       <dd></dd>
       <dd></dd>
      </dl>
     </div>
    <div id="box2"></div>
  </div>
```

图 3-2-36 map.html 中新增的代码

2. 定义列表 CSS 的设置和文字的添加

（1）#Content #leftcontent #box1 dl dt 的 CSS 设置。操作方法不再赘述，下面列举相关参数。

- 设置类型，Color（文本颜色）：#FFF。Font-weight（文本粗细）：bolder（加粗）。
- 设置类型，Font-size（字号）：18px。Font-family（字体）：黑体。
- 设置背景，Background-image（背景图片）：../img/bg_mb1.png。
- 设置背景，Background-repeat（背景重复）：no-repeat（不重复）。
- 设置背景，Background-position(X)（水平方向背景位置）：center（居中）。
- 设置区块，Display（显示类型）：block（块级元素）。
- 设置方框，Width：150px。Height：26px。Margin-Bottom（下边距）：40px。

以上参数设置分别如图 3-2-37～图 3-2-40 所示。

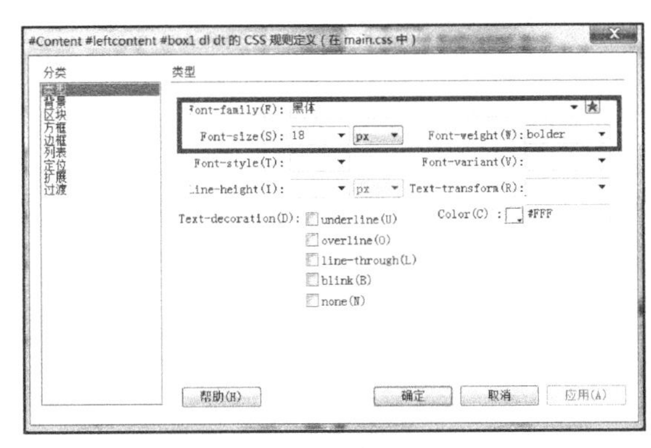

图 3-2-37　设置 dt 类型的属性

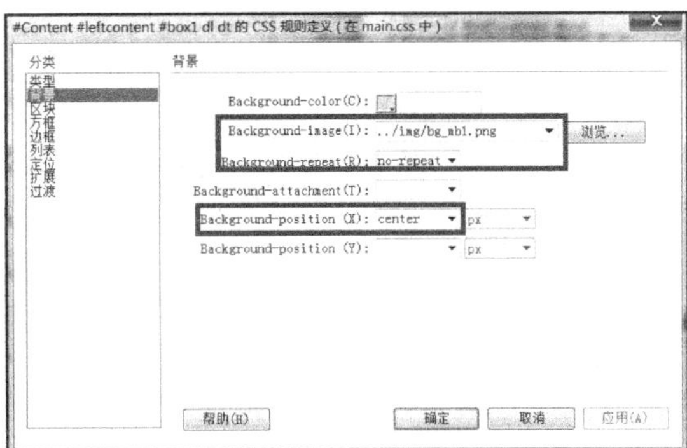

图 3-2-38　设置 dt 背景的属性

图 3-2-39　设置 dt 区块的属性

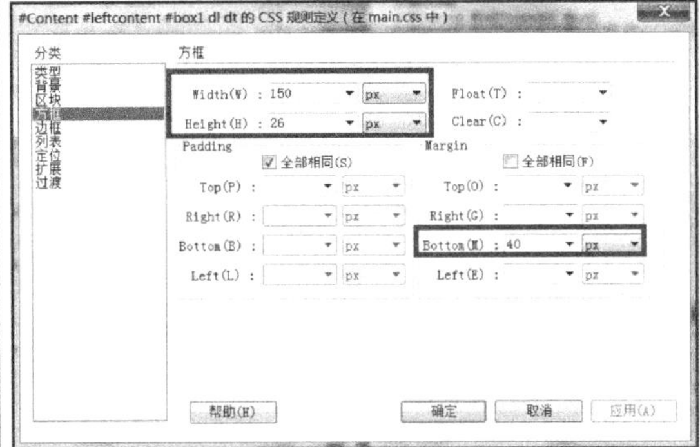

图 3-2-40　设置 dt 方框的属性

（2）#Content #leftcontent #box1 dl dd 的 CSS 设置。操作方法不再赘述，下面列举相关参数。

- 设置类型，Font-family：宋体。Font-size：14px。Font-weight：bold。
- 设置背景，Background-image：../img/left1_nav.jpg。
- 设置背景，Background-repeat：no-repeat。
- 设置背景，Background-position(X)：10px。Background-position(Y)：top。
- 设置区块，Display：block。Vertical-align：bottom。
- 设置方框，Height：30px。Width：150px。Margin-Top：20px。Margin-Right：30px。

以上参数设置分别如图 3-2-41～图 3-2-44 所示。

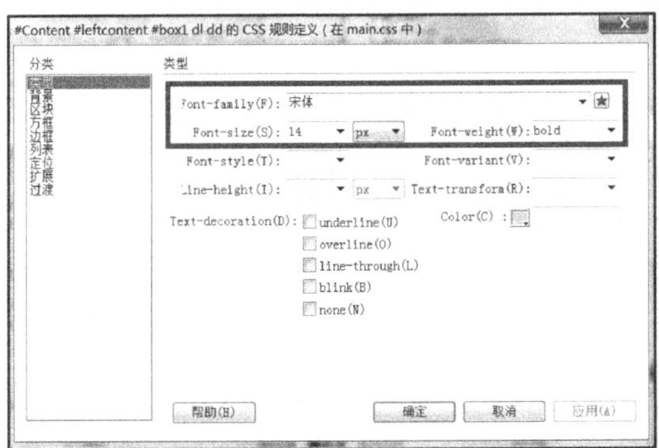

图 3-2-41　设置 dd 类型的属性

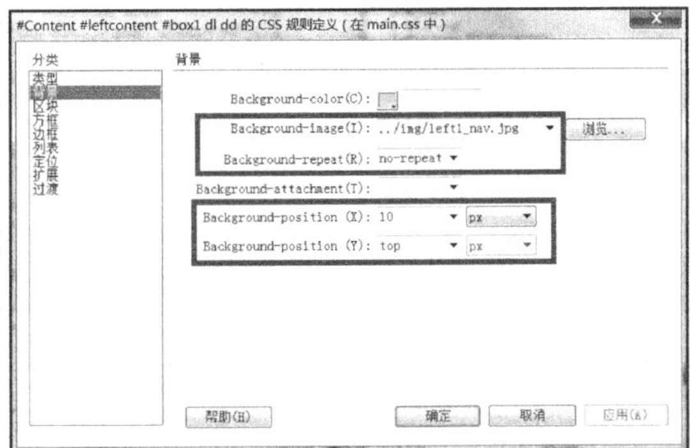

图 3-2-42　设置 dd 背景的属性

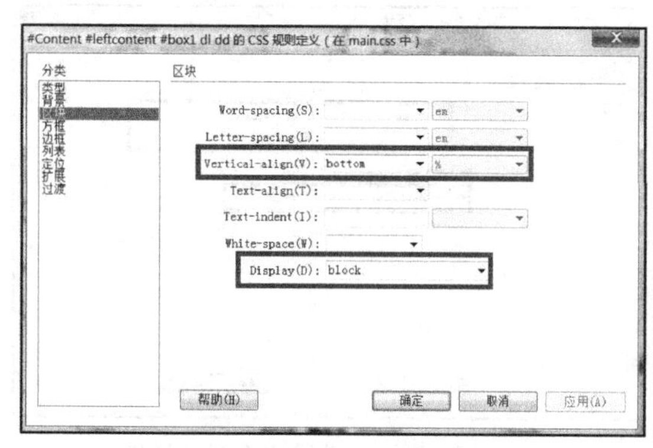

图 3-2-43　设置 dd 区块的属性

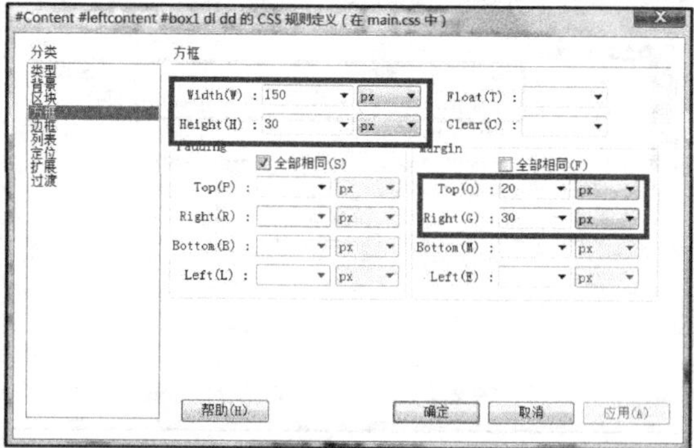

图 3-2-44　设置 dd 方框的属性

此时，main.css 中新增的代码如图 3-2-45 和图 3-2-46 所示。

```
#Content #leftcontent #box1 dl dt {
    font-family: "黑体";
    font-size: 18px;
    font-weight: bolder;
    color: #FFF;
    background-image:
url(../img/bg_mb1.png);
    background-repeat: no-repeat;
    background-position: center;
    display: block;
    height: 26px;
    width: 150px;
    margin-bottom: 40px;
}
```

图 3-2-45　设置 dt 样式后新增的 CSS 代码

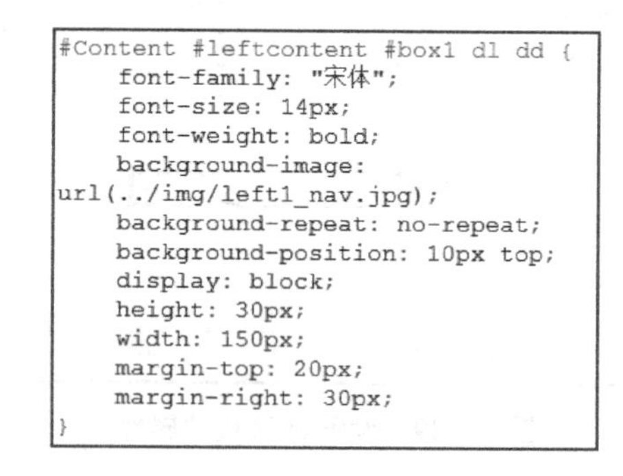

```
#Content #leftcontent #box1 dl dd {
    font-family: "宋体";
    font-size: 14px;
    font-weight: bold;
    background-image:
url(../img/left1_nav.jpg);
    background-repeat: no-repeat;
    background-position: 10px top;
    display: block;
    height: 30px;
    width: 150px;
    margin-top: 20px;
    margin-right: 30px;
}
```

图 3-2-46　设置 dd 样式后新增的 CSS 代码

（3）#Content #leftcontent #box1 的 CSS 设置。

在“CSS 样式”面板中，双击“#Content #leftcontent #box1”样式，打开“CSS 规则定义”对话框，设置背景图片为“../img/bg2.jpg”，如图 3-2-47 所示，设置背景图片后新增的 CSS 代码如图 3-2-48 所示。

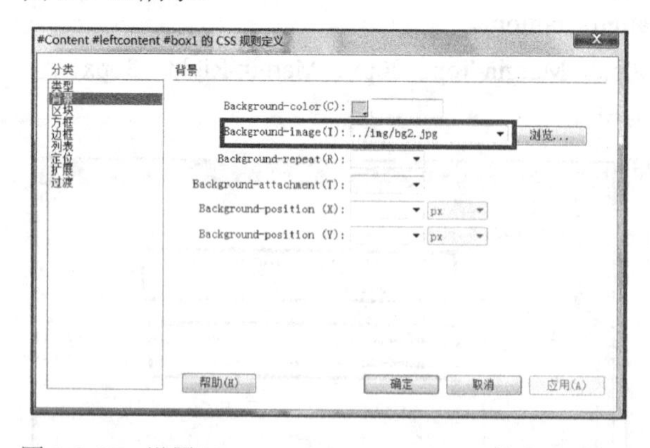

图 3-2-47　设置#Content #leftcontent #box1 的背景图片

```
#Content #leftcontent #box1 {
    background-image: url(../img/bg2.jpg);
    height: 520px;
    width: 221px;
    margin-top: 50px;
    padding-top: 50px;
}
```

图 3-2-48　设置背景图片后新增的 CSS 代码

（4）在 box1 中添加文字。

将光标置于起始标签<dt>之后，输入“走进窑湾”，由于在 dt 样式中已设置文本格式，所以文字格式为黑体、18px、加粗。现在还要将“窑”字改为红色并加大，选中“窑”字，在“属性”面板中设置文字的大小为 26px，颜色为红色，如图 3-2-49 所示。此时，要新建一个样式，打开“新建 CSS 规则”对话框，设置一个内部样式，设置选择器类型为“类”，如图 3-2-50 所示，新增的 CSS 代码如图 3-2-51 所示。

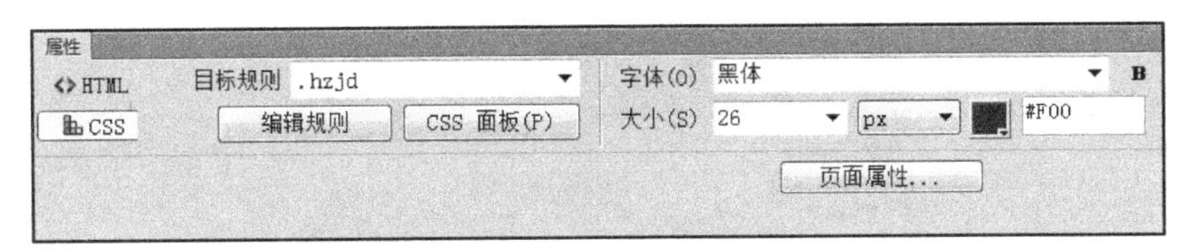

图 3-2-49　在“属性”面板中设置文字的大小和颜色

温馨提示：为了让左侧方框中的内容居中，将#Content # Leftcontent 的区块设置为 Text-align:center。另外，在实际应用中，class 选择器更多地被用于文字及页面修饰等方面，而 id 选择器更多地被用于宏观布局及包含块的样式设计等方面。

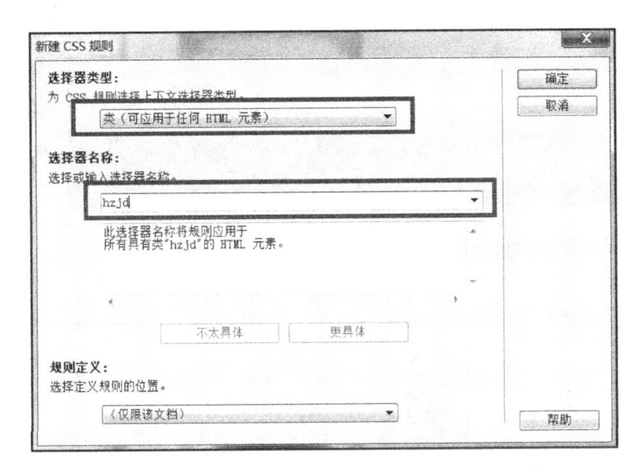

图 3-2-50　设置选择器类型为“类”

```
.hzjd {
    color: #F00;
    font-size: 24px;
}
```

图 3-2-51　新增的 CSS 代码

另外，在 3 对起始标签<dd>之后，分别添加文字“景点介绍”“旅游指南”“地理位置”。map.html 中新增的代码如图 3-2-52 所示。

```
<!--Content begin-->
<div id="Content">
  <div id="leftcontent">
    <div id="box1">
      <dl>
        <dt>走进<span class="hzjd">窑</span>湾</dt>
        <dd>景点介绍</dd>
        <dd>旅游指南</dd>
        <dd>地理位置</dd>
      </dl>
    </div>
```

图 3-2-52　map.html 中新增的代码

设置完成后，map.html 的预览效果如图 3-2-53 所示。map.html 和 main.css 的代码分别如图 3-2-54 和图 3-2-55 所示。

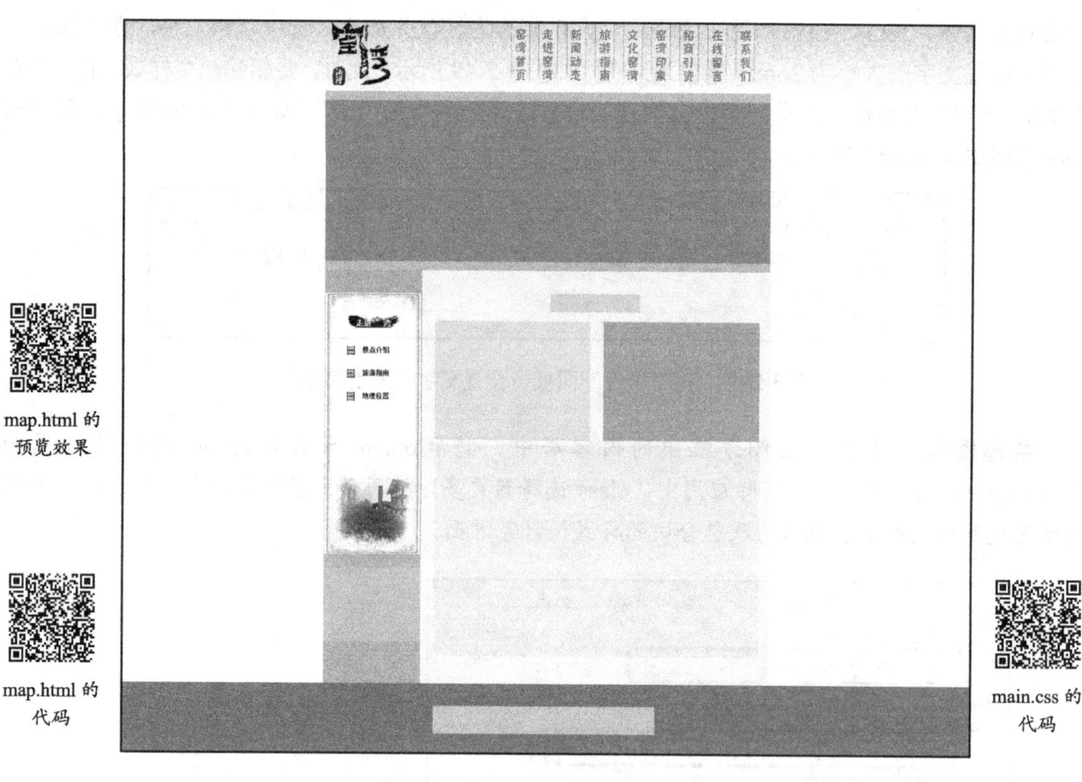

图 3-2-53　map.html 的预览效果

```
1  <!DOCTYPE html PUBLIC "-//W3C//DTD XHTML 1.0 Transitional//EN"
   "http://www.w3.org/TR/xhtml1/DTD/xhtml1-transitional.dtd">
2  <html xmlns="http://www.w3.org/1999/xhtml">
3  <head>
4  <meta http-equiv="Content-Type" content="text/html; charset=utf-8"
   />
5  <title>无标题文档</title>
6  <link href="css/main.css" rel="stylesheet" type="text/css" />
7  </head>
8  
9  <body>
10 <!--Header begin-->
11 <div id="Header">
12   <div id="center">
13     <div id="logo"></div>
14     <div id="weather"><iframe allowtransparency="true" frameborder=
   "0" width="180" height="36" scrolling="no" src=
   "http://tianqi.2345.com/plugin/widget/index.htm?s=3&z=3&t=1&v=0&d=3
   &bd=0&k=&f=&ltf=009944&htf=cc0000&q=1&e=1&a=1&c=57773&w=180&h=36&al
   ign=center"></iframe></div>
15     <div id="nav">
16     <ul>
17       <li><img src="img/menu_1.png" width="43" height="134" /></li>
18       <li><img src="img/menu_2.png" width="43" height="134" /></li>
19       <li><img src="img/menu_3.png" width="43" height="134" /></li>
20       <li><img src="img/menu_4.png" width="43" height="134" /></li>
21       <li><img src="img/menu_5.png" width="43" height="134" /></li>
22       <li><img src="img/menu_6.png" width="43" height="134" /></li>
23       <li><img src="img/menu_7.png" width="43" height="134" /></li>
24       <li><img src="img/menu_8.png" width="43" height="134" /></li>
25       <li><img src="img/menu_9.png" width="43" height="134" /></li>
26     </ul>
27     </div>
28   </div>
29 </div>
30 <!--Header end-->
31 <div id="Line1"></div>
32 <div id="Banner"></div>
33 <div id="Line2"></div>
34 <!--Content begin-->
35 <div id="Content">
36 <!--leftcontent begin-->
37   <div id="leftcontent">
38     <div id="box1">
39      <dl>
40        <dt>走进<span class="hzjd">窑</span>湾 </dt>
41        <dd>景点介绍</dd>
42        <dd>旅游指南</dd>
43        <dd>地理位置</dd>
44       </dl>
45     </div>
46     <div id="box2"></div>
47   </div>
48   <!--leftcontent end-->
49   <!--rightcontent begin-->
50    <div id="rightcontent">
51     <div id="tit"></div>
52     <div id="img"></div>
53     <div id="text"></div>
54     <div id="demo"></div>
55   </div>
56   <!--rightcontent end-->
57 </div>
58 <!--Content end-->
59 <!--Footer begin-->
60   <div id="Footer">
61     <div id="Footer_center"></div>
62   </div>
63   <!--Footer end-->
64 </body>
65 </html>
66 
```

图 3-2-54　map.html 的代码

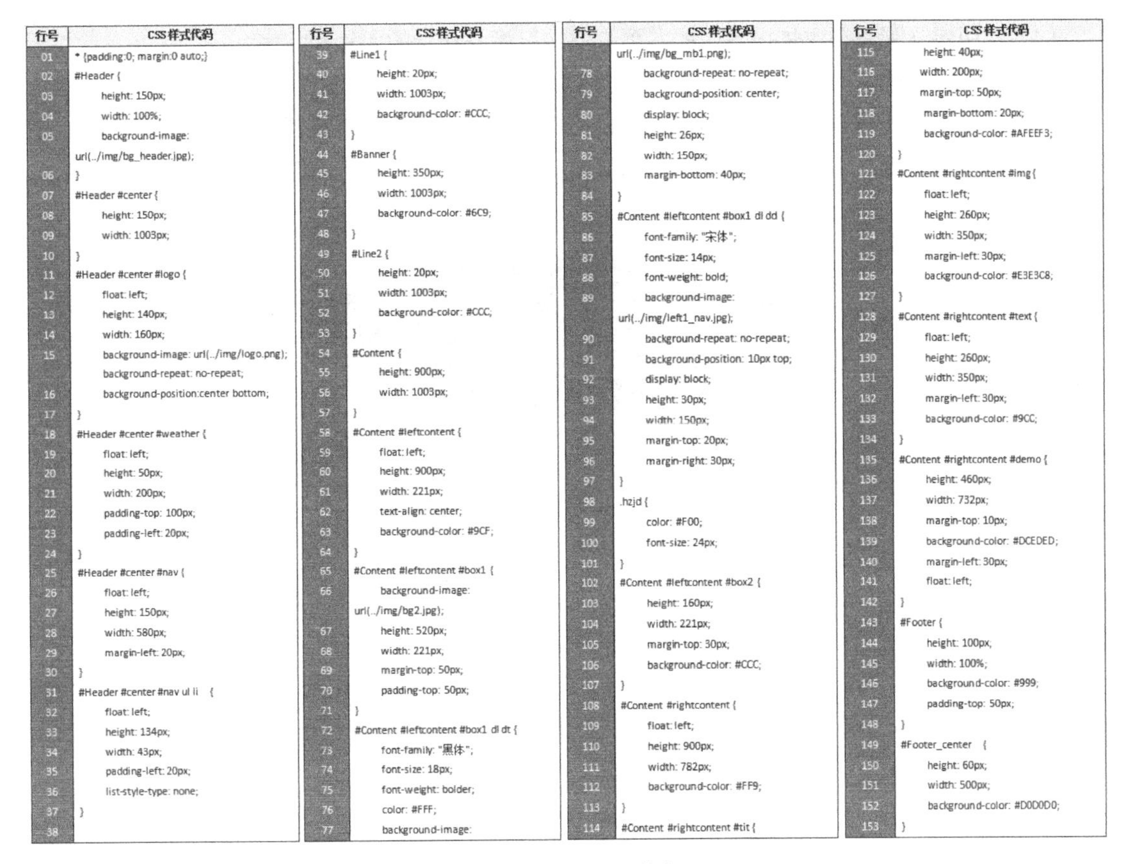

行号	CSS样式代码
01	* {padding:0; margin:0 auto;}
02	#Header {
03	height: 150px;
04	width: 100%;
05	background-image:
	url(../img/bg_header.jpg);
06	}
07	#Header #center {
08	height: 150px;
09	width: 1003px;
10	}
11	#Header #center #logo {
12	float: left;
13	height: 140px;
14	width: 160px;
15	background-image: url(../img/logo.png);
	background-repeat: no-repeat;
16	background-position:center bottom;
17	}
18	#Header #center #weather {
19	float: left;
20	height: 50px;
21	width: 200px;
22	padding-top: 100px;
23	padding-left: 20px;
24	}
25	#Header #center #nav {
26	float: left;
27	height: 150px;
28	width: 580px;
29	margin-left: 20px;
30	}
31	#Header #center #nav ul li　{
32	float: left;
33	height: 134px;
34	width: 43px;
35	padding-left: 20px;
36	list-style-type: none;
37	}
38	
39	#Line1 {
40	height: 20px;
41	width: 1003px;
42	background-color: #CCC;
43	}
44	#Banner {
45	height: 350px;
46	width: 1003px;
47	background-color: #6C9;
48	}
49	#Line2 {
50	height: 20px;
51	width: 1003px;
52	background-color: #CCC;
53	}
54	#Content {
55	height: 900px;
56	width: 1003px;
57	}
58	#Content #leftcontent {
59	float: left;
60	height: 900px;
61	width: 221px;
62	text-align: center;
63	background-color: #9CF;
64	}
65	#Content #leftcontent #box1 {
66	background-image:
	url(../img/bg2.jpg);
67	height: 520px;
68	width: 221px;
69	margin-top: 50px;
70	padding-top: 50px;
71	}
72	#Content #leftcontent #box1 dl dt {
73	font-family: "黑体";
74	font-size: 18px;
75	font-weight: bolder;
76	color: #FFF;
77	background-image:
	url(../img/bg_mb1.png);
78	background-repeat: no-repeat;
79	background-position: center;
80	display: block;
81	height: 26px;
82	width: 150px;
83	margin-bottom: 40px;
84	}
85	#Content #leftcontent #box1 dl dd {
86	font-family: "宋体";
87	font-size: 14px;
88	font-weight: bold;
89	background-image:
	url(../img/left1_nav.jpg);
90	background-repeat: no-repeat;
91	background-position: 10px top;
92	display: block;
93	height: 30px;
94	width: 150px;
95	margin-top: 20px;
96	margin-right: 30px;
97	}
98	.hzjd {
99	color: #F00;
100	font-size: 24px;
101	}
102	#Content #leftcontent #box2 {
103	height: 160px;
104	width: 221px;
105	margin-top: 30px;
106	background-color: #CCC;
107	}
108	#Content #rightcontent {
109	float: left;
110	height: 900px;
111	width: 782px;
112	background-color: #FF9;
113	}
114	#Content #rightcontent #tit {
115	height: 40px;
116	width: 200px;
117	margin-top: 50px;
118	margin-bottom: 20px;
119	background-color: #AFEEF3;
120	}
121	#Content #rightcontent #img {
122	float: left;
123	height: 260px;
124	width: 350px;
125	margin-left: 30px;
126	background-color: #E3E3C8;
127	}
128	#Content #rightcontent #text {
129	float: left;
130	height: 260px;
131	width: 350px;
132	margin-left: 30px;
133	background-color: #9CC;
134	}
135	#Content #rightcontent #demo {
136	height: 460px;
137	width: 732px;
138	margin-top: 10px;
139	background-color: #DCEDED;
140	margin-left: 30px;
141	float: left;
142	}
143	#Footer {
144	height: 100px;
145	width: 100%;
146	background-color: #999;
147	padding-top: 50px;
148	}
149	#Footer_center　{
150	height: 60px;
151	width: 500px;
152	background-color: #D0D0D0;
153	}

图 3-2-55　main.css 的代码

实训任务 3.2　在“窑湾地理”网页中添加网页元素

1．模仿练习

在“窑湾地理”网页中添加网页元素

参照任务 3.2 中任务实施的操作步骤，根据图 3-2-53～图 3-2-55，在 map.html 网页中完成以下操作。

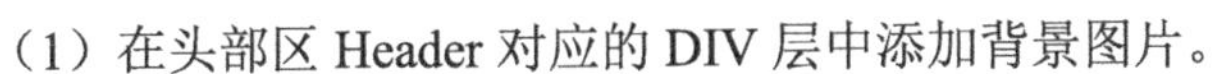

（1）在头部区 Header 对应的 DIV 层中添加背景图片。

（2）在 logo 对应的 DIV 层中插入 logo 图片，并设置边距。

（3）在头部区天气预报对应的 DIV 层中添加代码，并设置边距。

（4）使用无序列表在头部区插入导航。

（5）使用定义列表在主体内容区的左上方插入二级导航。

2．自主练习

应用所学技能，根据图 3-2-56，在 map.html 网页中完成以下操作。

（1）删除在搭建网页框架时为所有 DIV 层设置的背景颜色，并添加网页背景颜色#FAFAF8。

（2）在横幅区中，使用添加背景图片的方式添加两条分割线和 Banner 图片。

（3）在主体内容区的右侧，添加标题文字“地理位置”及背景图片。

（4）使用定义列表在主体内容区的左下方添加窑湾公众号的图片和文字。

（5）在底部区插入一条水平线。

（6）使用无序列表在底部区添加文本，包括辅助导航、版权信息及制作团队等信息。

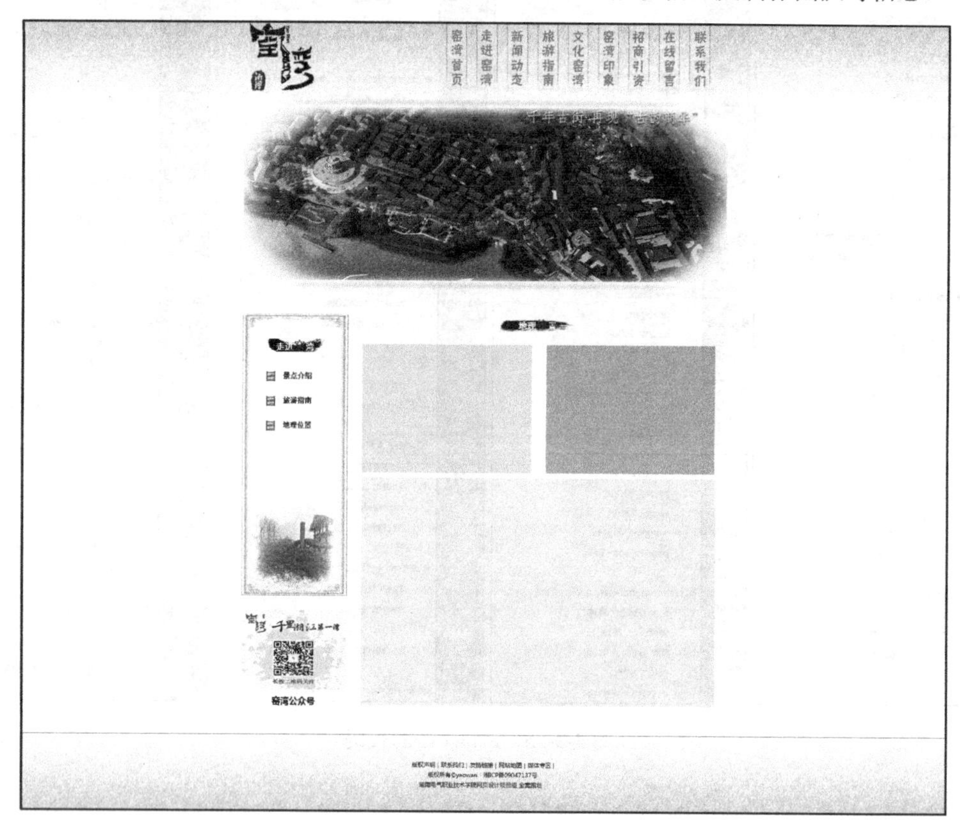

图 3-2-56　继续在 map.html 中添加网页元素后的预览效果

操作提示：

1. 将主体内容区右侧的“地理位置”标题的背景图片设置为上、下、左、右居中对齐、背景不重复，并设置文字的字体、大小和颜色，适当调整方框的高度，#tit 的背景设置如图 3-2-57 所示，#tit 的类型设置如图 3-2-58 所示，#tit 的方框设置如图 3-2-59 所示，对应的 CSS 代码如图 3-2-60 所示。

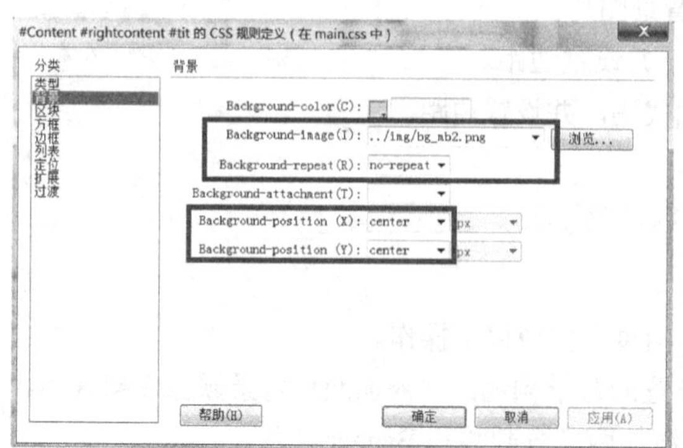

图 3-2-57　#tit 的背景设置

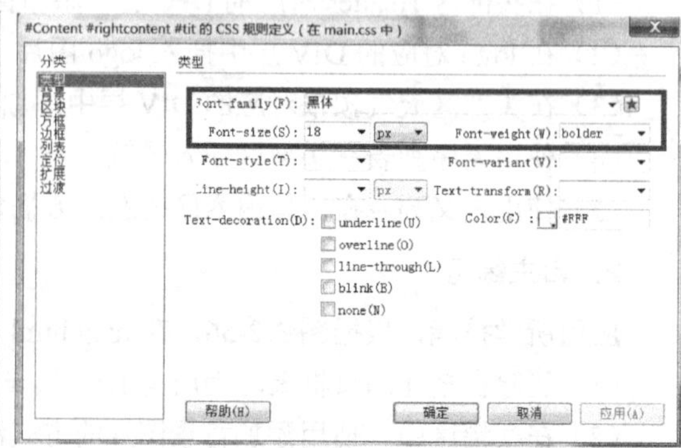

图 3-2-58　#tit 的类型设置

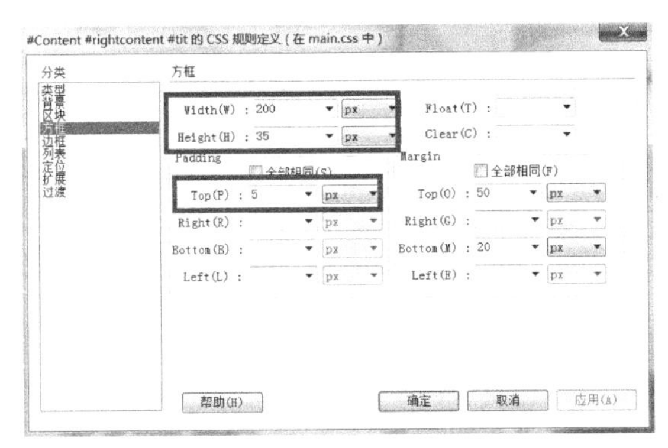

图 3-2-59　#tit 的方框设置

```
#Content #rightcontent #tit {
    height: 35px;
    width: 200px;
    margin-top: 50px;
    margin-bottom: 20px;
    background-image: url(../img/bg_mb2.png);
    background-repeat: no-repeat;
    background-position: center center;
    padding-top: 5px;
    font-family: "黑体";
    font-weight: bolder;
    color: #FFF;
    font-size: 18px;
    text-align: center;
}
```

图 3-2-60　设置#tit 后的 CSS 代码

2. 使用定义列表在主体内容区的左下方添加窑湾公众号的图片和文字，map.html 中增加的代码如图 3-2-61 所示，main.css 中增加的代码如图 3-2-62 所示。

```
    <div id="box2">
    <dl>
    <dt><img src=
"img/mmexport1559259124912.jpg" width="220"
height="160" /></dt>
    <dd>窑湾公众号</dd>
    </dl>
    </div>
```

图 3-2-61　map.html 中增加的代码

```
#Content #leftcontent #box2 dl dd {
    font-size: 18px;
    font-weight: bold;
    margin-top: 10px;
}
```

图 3-2-62　main.css 中增加的代码

3. 使用无序列表在底部区添加信息后，新增的 html 代码和 CSS 代码分别如图 3-2-63 和图 3-2-64 所示。

```
<!--Footer begin-->
<hr />
<div id="Footer">
    <div id="Footer_center">
      <ul class="text1">
        <li>版权声明</li>
        <li>联系我们</li>
        <li>友情链接</li>
        <li>网站地图</li>
        <li>媒体专区</li>
      </ul>
      <ul class="text2">
          <li>版权所有&copy;yaowan</li>
          <li>湘ICP备09047137号</li>
      </ul>
      <ul class="text3">
        <li>湖南电气职业技术学院网页设计项目组 全案策划</li>
      </ul>
    </div>
</div>
 <!--Footer end-->
```

图 3-2-63　底部区中新增的 html 代码

map.html 中新增的代码

main.css 中新增的代码

```
#Footer .text1 {
    width: 300px;
    height: 20px;
    display: block;
}
#Footer .text1 li {
    float: left;
    list-style-type: none;
    font-size: 12px;
    width: 60px;
    text-align: center;
    background-image: url(../img/icon3.jpg);
    background-repeat: no-repeat;
    background-position: right bottom;
}
#Footer .text2 {
    height: 20px;
    width: 240px;
    display: block;
    margin-right: auto;
    margin-left: auto;
```

```
#Footer .text2 li {
    float: left;
    height: 20px;
    list-style-type: none;
    font-size: 12px;
    text-align: center;
    width: 120px;
}
#Footer .text3 {
    width: 260px;
    height: 20px;
    display: block;
}
#Footer .text3 li {
    float: left;
    list-style-type: none;
    font-size: 12px;
    text-align: center;
}
```

图 3-2-64　底部区中新增的 CSS 代码

【考核评价】

任务名称	在“窑湾地理”网页中添加网页元素				
任务完成情况评价					
自我评价		小组评价		教师评价	
问题与反思					

【问题探究】

列表的相关知识

1．无序列表如何使用？

无序列表始于<ul>标签，每个列表项始于<li>标签。

定义无序列表的基本语法格式如下：

```
<ul>
        <li>列表项 1</li>
        <li>列表项 2</li>
        <li>列表项 3</li>
  ……
</ul>
```

浏览器显示如下：

- 列表项1
- 列表项2
- 列表项3

  ……

2．有序列表如何使用？

有序列表也是一种项目列表，列表中的项目使用数字进行标记。有序列表是有排列顺序的列表，各列表项会按照一定的顺序排列。有序列表始于<ol>标签。每个列表项始于<li>标签。

定义有序列表的基本语法格式如下：

```
<ol>
     <li>列表项 1</li>
     <li>列表项 2</li>
     <li>列表项 3</li>
……
</ol>
```

浏览器显示如下：

1. 列表项1
2. 列表项2
3. 列表项3

   ……

3．定义列表如何使用？

定义列表以<dl>标签开始。每个定义列表项（定义列表中的项目）以<dt>标签开始。每个定义列表项的定义（描述列表中的项目）以<dd>标签开始。

定义列表的基本语法格式如下：

```
<dl>
    <dt>名词 1</dt>
    <dd>名词 1 解释 1</dd>
    <dd>名词 1 解释 2</dd>
    ...
    <dt>名词 2</dt>
    <dd>名词 2 解释 1</dd>
    <dd>名词 2 解释 2</dd>
    ...
</dl>
```

浏览器显示如下：

```
名词1
    名词1解释1
    名词1解释2
...
名词2
    名词2解释1
    名词2解释2
...
```

4．CSS 列表属性有哪些？

CSS 列表属性允许放置、改变列表项标志，允许将图片作为列表项的标志。CSS 列表属性包括列表样式类型属性、列表样式图片属性、列表样式位置属性和复合属性。CSS 列表属性的示例代码如下：

```
li{
  list-style-type:circle;
      list-style-image:(images/01.gif0;
      list-style-position:inside;
}
```

（1）列表样式类型属性：list-style-type。语法格式如下：

```
list-style-type:<值>;
```

list-style-type 用于设置列表项的符号，具体含义如表 3-2-1 所示。

表 3-2-1　列表项符号的具体含义

属 性 值	含　义
None	不显示任何项目符号或编码
Disc	以实心圆形●作为项目符号
Circle	以圆形○作为项目符号
Square	以实心方形■作为项目符号
decimal	以普通阿拉伯数字 1、2、3…作为项目编号

（续表）

属 性 值	含 义
lower-roman	以小写罗马数字 i 、ii 、iii…作为项目编号
upper-roman	以大写罗马数字 I 、II 、III…作为项目编号
lower-alpha	以小写英文字母 a、b、c…作为项目编号
upper-alpha	以大写英文字母 A、B、C…作为项目编号

（2）列表样式图片属性：list-style-image。

list-style-image 使用图片作为列表项目符号，以美化页面。语法格式如下：

```
list-style-image: none | url（图像地址）;
```

其中，none 表示不指定图片；url 表示使用绝对地址或相对地址的图片作为符号。

如果使用“list-style-image”定义列表图片，则通常需要先设置“list-style-type”为“none”，再设置“list-style-image”的值。

（3）列表样式位置属性：list-style-position。

list-style-position 用于设置列表样式位置。语法格式如下：

```
list-style-position:outside|inside;
```

其中，outside 表示列表项目标志放置在文本以外，且环绕文本，不根据标志对齐。inside 是列表的默认属性，表示列表项目标志放置在文本以内，且环绕文本，根据标志对齐。

（4）复合属性：list-style。

list-style 是以上 3 种列表属性的组合。语法格式如下：

```
list-style：列表样式类型属性 列表样式位置属性 列表样式图片属性
```

此语法格式是设置列表样式的快捷写法。

使用该属性可以同时设置列表样式类型属性、列表样式位置属性和列表样式图片属性。

例如：

```
list-style:none outside url(img/arrow.gif);
```

任务 3.3　网页视听效果的制作

【学习导图】

【任务描述】

为了更好地吸引用户的眼球，让网页能在浩瀚的信息海洋中脱颖而出，网页中除了要包含图片、文字等元素，还需要添加各种视觉效果。在本任务中，我们将学习轮播效果的制作、“鼠标经过图像”效果的制作、滚动字幕的制作，以及图片放大效果的制作，任务完成后的 map.html 网页效果如图 3-3-1 所示。此外，我们还将在网页中添加透明 flash 效果和视频文件，任务完成后的 index.html 网页效果如图 3-3-2 所示。

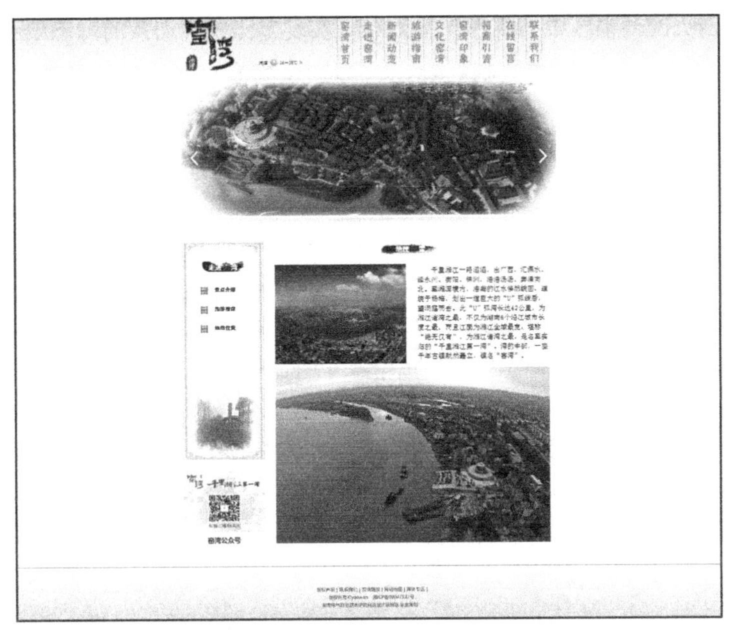

map.html
网页效果

图 3-3-1　map.html 网页效果

index.html
网页效果

图 3-3-2　index.html 网页效果

【任务实施】

3.3.1 轮播效果的制作

轮播效果的制作

在 map.html 网页的横幅区中，制作轮播效果，实现多张图片切换的动态效果。

（1）将素材 ft-carousel.css 文件复制到 css 文件夹中，将素材 js 文件夹复制到网站的根目录下。

（2）在 map.html 源代码的<head>标签中，添加轮播图外部样式代码，如图 3-3-3 所示：

```
<link  href= "css/ft-carousel.css"rel="stylesheet" type="text/css" />
```

```
<head>
<meta http-equiv="Content-Type" content="text/html; charset=utf-8" />
<title>无标题文档</title>
<link href="css/main.css" rel="stylesheet" type="text/css" />
<link href="css/ft-carousel.css" rel="stylesheet" type="text/css" />
```

图 3-3-3 添加轮播图外部样式代码

（3）在起始标签<div id="Banner">之后插入处理代码，如图 3-3-4 所示。

```
<div id="Banner">
      <div class="ft-carousel" id="carousel_1">
        <ul class="carousel-inner">
            <li class="carousel-item"><img src="img/banner1.png" /></li>
            <li class="carousel-item"><img src="img/banner2.png" /></li>
            <li class="carousel-item"><img src="img/banner3.png" /></li>
            <li class="carousel-item"><img src="img/banner4.png" /></li>
            <li class="carousel-item"><img src="img/banner5.png" /></li>
        </ul>
  </div>
</div>
<script src="js/jquery.min.js"></script>
<script src="js/ft-carousel.min.js"></script>
<script type="text/javascript">
    $("#carousel_1").FtCarousel();

    $("#carousel_2").FtCarousel({
        index: 1,
        auto: false
    });

    $("#carousel_3").FtCarousel({
        index: 0,
        auto: true,
        time: 3000,
        indicators: false,
        buttons: true
    });
</script>
```

图 3-3-4 插入处理代码

（4）保存网页并浏览网页轮播效果，如图 3-3-5 所示。

图 3-3-5　轮播效果

3.3.2 “鼠标经过图像”效果的制作

在主体内容区的右侧，为图片添加鼠标指针经过该图片时的效果，让鼠标指针经过一张图片后显示另一张图片，这样可以让网页具有较好的动态效果。这种效果通常会应用在导航图片上。

（1）将光标置于起始标签<div id="img">之后，在“常用”工具栏中单击按钮右侧的下拉按钮，在弹出的下拉菜单中选择“鼠标经过图像”选项，如图 3-3-6 所示。

（2）在弹出的“插入鼠标经过图像”对话框中设置“原始图像”和“鼠标经过图像”，如图 3-3-7 所示。

图 3-3-6　选择“鼠标经过图像”选项

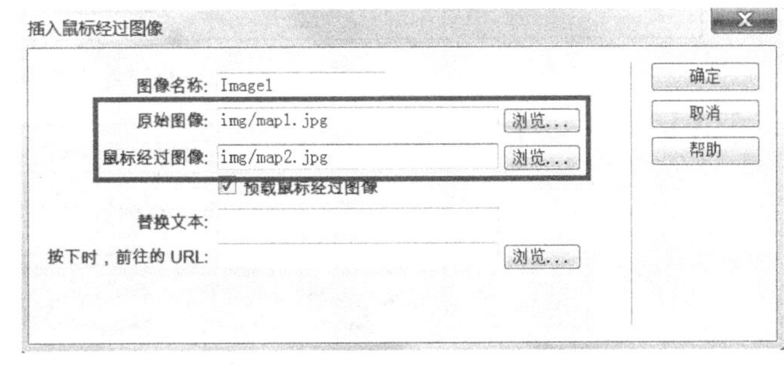

图 3-3-7　“鼠标经过图像”对话框

（3）单击“确定”按钮后，在设计窗口中能看到添加的第一张图片，如图 3-3-8 所示。我们在浏览器中可以看到，当鼠标指针经过这张图片时，会显示另一张图片。

此时，Dreamweaver 会在 map.html 源代码中自动添加 3 段代码，分别是<head>标签中添加的代码，如图 3-3-9 所示，<body>标签中添加的代码，如图 3-3-10 所示，起始标签<div id="img">后添加的代码，如图 3-3-11 所示。

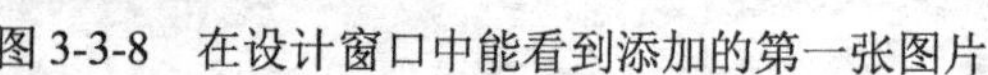

图 3-3-8　在设计窗口中能看到添加的第一张图片

```
<head>
<meta http-equiv="Content-Type" content="text/html; charset=utf-8" />
<title>无标题文档</title>
<script type="text/javascript">
function MM_swapImgRestore() { //v3.0
  var i,x,a=document.MM_sr; for(i=0;a&&i<a.length&&(x=a[i])&&x.oSrc;i++) x.src=x.oSrc;
}
function MM_preloadImages() { //v3.0
  var d=document; if(d.images){ if(!d.MM_p) d.MM_p=new Array();
    var i,j=d.MM_p.length,a=MM_preloadImages.arguments; for(i=0; i<a.length; i++)
    if (a[i].indexOf("#")!=0){ d.MM_p[j]=new Image; d.MM_p[j++].src=a[i];}}
}

function MM_findObj(n, d) { //v4.01
  var p,i,x;  if(!d) d=document; if((p=n.indexOf("?"))>0&&parent.frames.length) {
    d=parent.frames[n.substring(p+1)].document; n=n.substring(0,p);}
  if(!(x=d[n])&&d.all) x=d.all[n]; for (i=0;!x&&i<d.forms.length;i++) x=d.forms[i][n];
  for(i=0;!x&&d.layers&&i<d.layers.length;i++) x=MM_findObj(n,d.layers[i].document);
  if(!x && d.getElementById) x=d.getElementById(n); return x;
}

function MM_swapImage() { //v3.0
  var i,j=0,x,a=MM_swapImage.arguments; document.MM_sr=new Array; for(i=0;i<(a.length-2);i+=3)
   if ((x=MM_findObj(a[i]))!=null){document.MM_sr[j++]=x; if(!x.oSrc) x.oSrc=x.src; x.src=a[i+2];}
}
</script>
</head>
```

图 3-3-9　<head>标签中添加的代码

```
<body onload="MM_preloadImages('img/map2.jpg')">
```

图 3-3-10　<body>标签中添加的代码

```
    <div id="img"><a href="#" onmouseout="MM_swapImgRestore()"
onmouseover="MM_swapImage('Image1','','img/map2.jpg',1)"><img
src="img/map1.jpg" width="350" height="260" id="Image1" /></a>
</div>
```

图 3-3-11　起始标签<div id="img">后添加的代码

3.3.3　滚动字幕的制作

在主体内容区的右侧，制作滚动字幕，即一段文字从下至上滚动，这样既增加了页面的动态效果，也让有限的版面能够呈现更多的文字内容。

（1）在 map.html 中，将光标置于起始标签<div id="text">之后，添加滚动字幕的代码，如图 3-3-12 所示。参数设置：向上滚动且循环滚动，高度为 260px，单位时间内移动 5px，延迟时间为 200s，当鼠标指针经过字幕时，字幕停止滚动，当鼠标指针离开字幕时，字幕继续滚动。

```
<marquee behavior="scroll" direction="up"  height="260" loop="-1" scrollamount="5" scrolldelay="200"
onMouseOver="this.stop();" onMouseOut="this.start();">
滚动字幕内容
</marquee>
```

图 3-3-12　添加滚动字幕的代码

（2）在 map.html 中，输入滚动字幕的内容，并设置首行缩进两个字符，map.html 中新增的代码如图 3-3-13 所示。

```
    <div id="text">
    <marquee behavior="scroll" direction="up"  height="260" loop="-1"
scrollamount="5" scrolldelay="200"  onMouseOver="this.stop();" onMouseOut=
"this.start();">
          千里湘江一路滔滔，出广西，汇潇水，经永州、衡阳、株洲，浩
浩汤汤，奔涌向北。至湘潭境内，浩瀚的江水倏然蜿回，缠绕于杨梅，划出一道巨大
的"U"弧线后，望洞庭而去。此"U"弧湾长达42公里，为湘江诸湾之最，不仅为湖南6个
沿江城市长度之最，而且江面为湘江全域最宽，堪称"绝无仅有"，为湘江诸湾之最，
是名至实归的"千里湘江第一湾"。湾的中部，一座千年古镇默然矗立，镇名"窑湾"。
    </marquee>
    </div>
```

图 3-3-13　map.html 中新增的代码（输入滚动字幕的内容）

注释：

direction：滚动方向。loop：循环次数，当 loop 为“-1”时，表示循环滚动。width：宽度。height：高度。bgcolor：背景颜色。behavior：行为（滚动方式）。scrollamount：单位时间内移动的像素值。scrolldelay：延迟的时间停顿。onmouseover="this.stop()"：当鼠标指针经过字幕时，字幕停止滚动。onmouseout="this.start()"：当鼠标指针离开字幕时，字幕继续滚动。

（3）再次设置#Content #rightcontent #text 的 CSS 样式。

其中，font-size（字号）：18px。font-family（字体）：宋体。line-height（行高）：26px。text-align（文本对齐）：justify（两端对齐）。

“CSS 规则定义”对话框如图 3-3-14 所示，新增的 CSS 代码如图 3-3-15 所示。

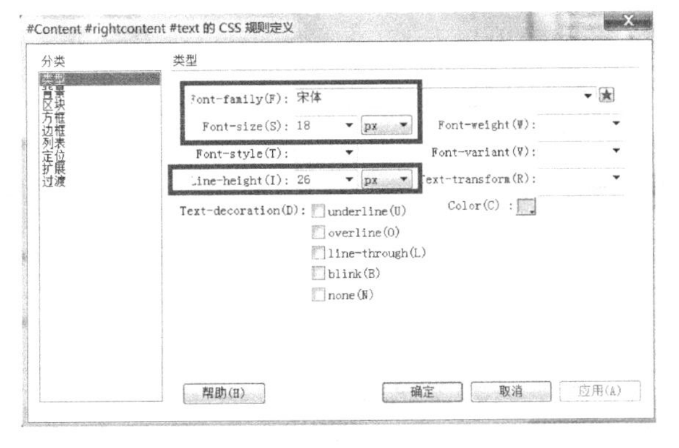

图 3-3-14　“CSS 规则定义”对话框

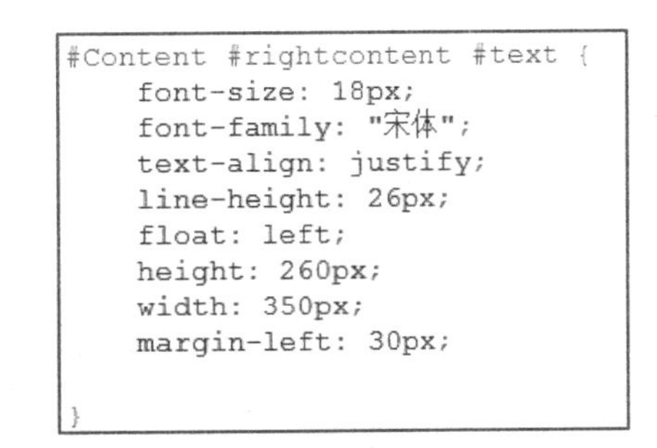

```
#Content #rightcontent #text {
    font-size: 18px;
    font-family: "宋体";
    text-align: justify;
    line-height: 26px;
    float: left;
    height: 260px;
    width: 350px;
    margin-left: 30px;
}
```

图 3-3-15　新增的 CSS 代码

（4）保存文件，浏览器中的滚动字幕预览效果如图 3-3-16 所示。

图 3-3-16　滚动字幕预览效果

3.3.4　图片放大效果的制作

图片放大效果的制作

在主体内容区的右下方，为图片添加放大效果。这种效果经常应用在版面有限，并且有很多缩略小图的网页中。

（1）在 map.html 中，将光标置于起始标签<div id="demo">之后，添加一段代码，如图 3-3-17 所示。

```
<img src="pic1.jpg" onmouseover="this.width='500';this.height=350"
        onmouseout="this.width='335';this.height=240" border="0" />
```

图 3-3-17　添加一段代码

（2）将图片的路径修改为 img/map3.jpg，即路径指向图片文件夹中这张想要放大的图片。修改当鼠标指针在图片之上和图片之外时图片的显示尺寸，代码如下：

```
onmouseover="this.width= '950';this.height=520" onmouseout="this.width='732';this.height=460"
```

修改后的代码如图 3-3-18 所示。

```
    <div id="demo">
    <img src="img/map3.jpg" onmouseover=
"this.width='950';this.height=520"
onmouseout="this.width='732';this.height=460" border="0" />
</div>
```

图 3-3-18　修改后的代码

（3）在主体内容区的右下方，即可看到图片的放大效果。如图 3-3-19 所示。

图 3-3-19　图片的放大效果

图 3-3-19　图片的放大效果（续）

3.3.5　透明 flash 效果的制作

透明 flash 效果的制作

在横幅区中，除轮播效果外，flash 的应用也比较多，但是如果浏览器没有安装 flash 插件，就看不到 flash 效果。我们可以使用透明 flash，让网页既包含动画效果，又能呈现重要的图片。

（1）将网页素材 index.html 复制到站点根目录中，将 main1.css 复制到 css 文件夹中，使用 Dreamweaver 打开 index.html。

（2）将光标置于起始标签<div id="Banner">后，在“常用”工具栏中单击按钮右侧的下拉按钮，在弹出的下拉菜单中选择“SWF”选项，如图 3-3-20 所示。在“选择 SWF”对话框中，找到 feiniao1.swf 文件，如图 3-3-21 所示。

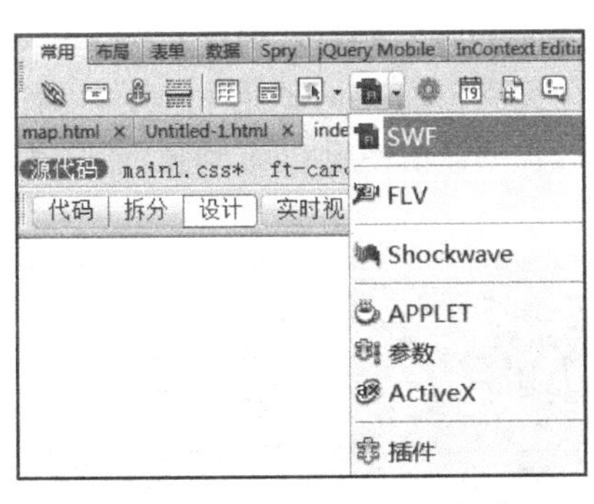

图 3-3-20 选择“SWF”选项

图 3-3-21　“选择 SWF”对话框

（3）单击“确定”按钮后，可以看到在设计窗口中插入的 swf 文件的显示尺寸不够。选中 feiniao1.swf 文件，在“属性”面板中设置宽度为 1003px，高度为 350px，Wmode 为“透明”，如图 3-3-22 所示。

（4）设置#Banner 的背景，如图 3-3-23 所示。单击“确定”按钮后会弹出“复制相关文件”对话框，单击“确定”按钮。此时，Dreamweaver 会在站点根目录下自动生成一个包含两个文件的 Scripts 文件夹，如图 3-3-24 所示。

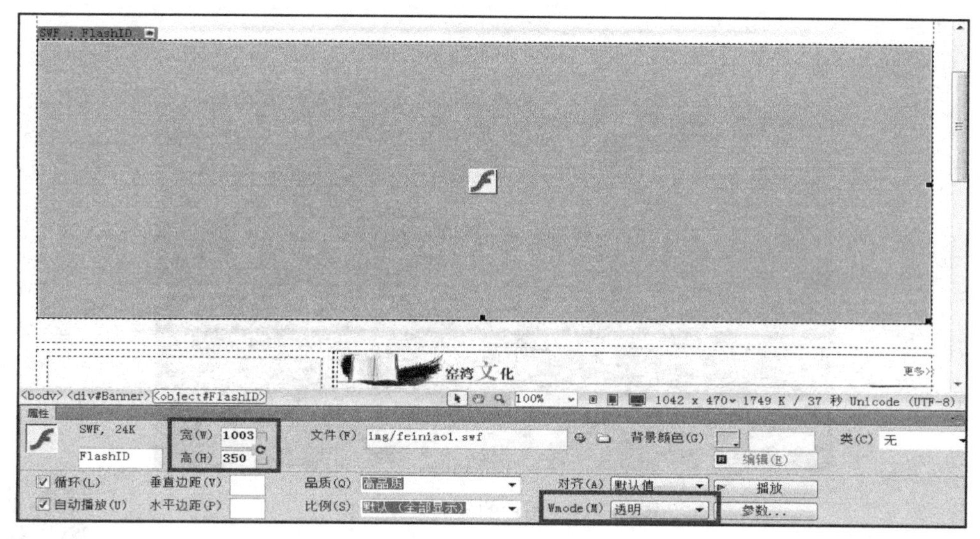

图 3-3-22 “属性”面板（swf 文件的设置）

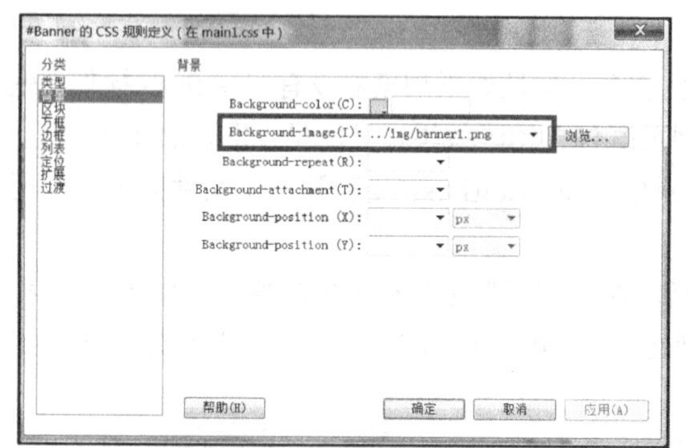

图 3-3-23 设置#Banner 的背景

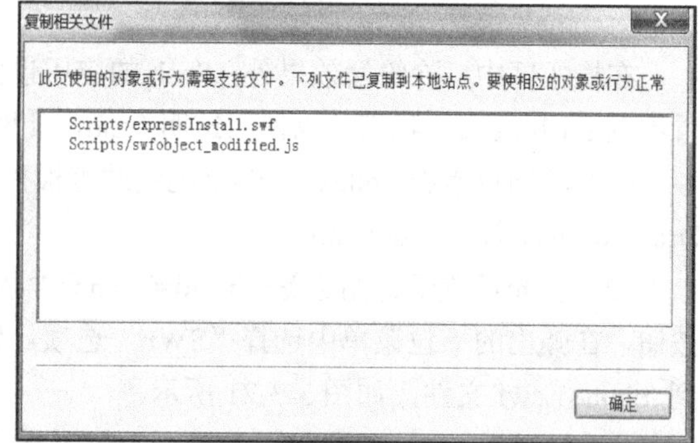

图 3-3-24 “复制相关文件”对话框

（5）如果浏览器装有 Flash Player 插件，那么预览效果时可以看到背景图片上有白色飞鸟，如图 3-3-25 所示。由于在该位置有背景图片，所以即使没有安装 Flash Player 插件，也可以看到背景图片和安装插件的提示。因此在网页中有重要信息的位置，需要谨慎使用 flash 动画。通过透明 flash 效果，既能产生动态效果，又能显示重要的图片。

图 3-3-25 横幅区中飞鸟的透明 flash 效果

3.3.6　视频文件的添加

视频文件的添加

（1）在 index.html 中，将光标置于起始标签<div class="box1">之后。在“常用”工具栏中单击按钮右侧的下拉按钮，在弹出的下拉菜单中选择“插件”选项，如图 3-3-26 所示，弹出“选择文件”对话框，找到视频文件，单击“确定”按钮，如图 3-3-27 所示。

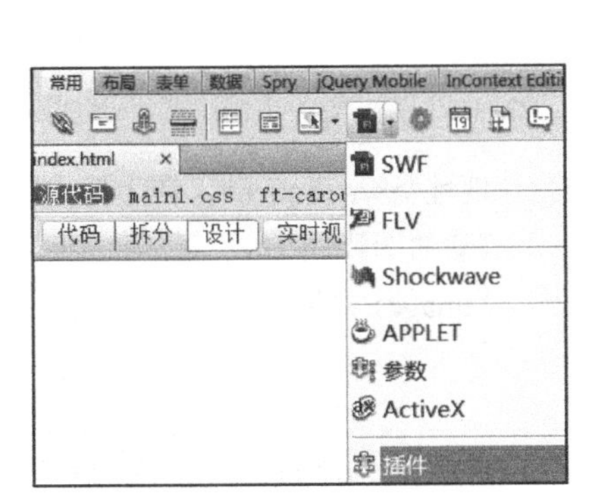

图 3-3-26　选择“插件”选项

图 3-3-27　“选择文件”对话框

（2）设置视频插件的宽度为 308px，高度为 280px，如图 3-3-28 所示。

图 3-3-28　设置视频插件的宽度和高度

如果浏览器装有相关的视频播放插件，则视频预览效果如图 3-3-29 所示。否则，会提示安装视频播放插件。

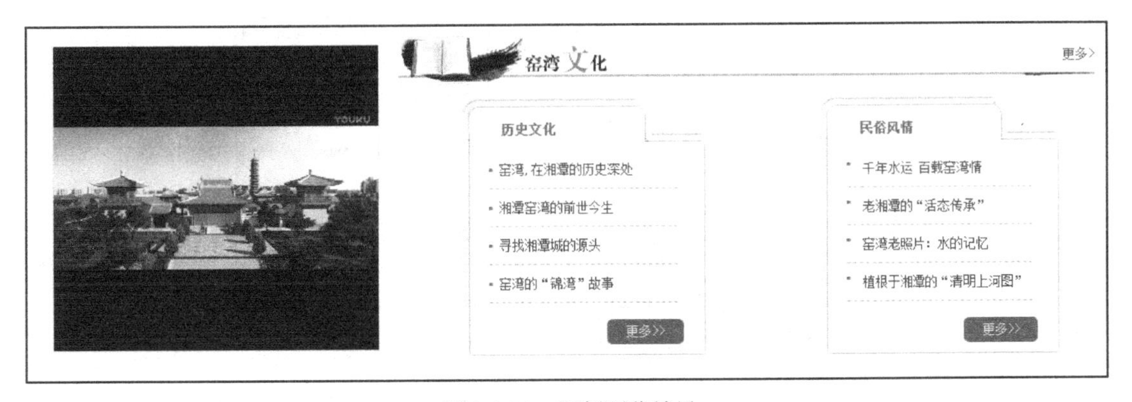

图 3-3-29　视频预览效果

实训任务 3.3 在“窑湾首页”中添加视听效果

在“窑湾首页”中添加视听效果

在 index.html 中，完成网页制作，并添加以下视听效果。

（1）为导航中的 9 张图片设置“鼠标经过图像”效果。

（2）在横幅区中，以一张图片为背景，添加透明 flash 效果，制作一个动静结合的横幅。

（3）在提示文字处插入一个视频文件，并调整视频文件的显示大小。

（4）参照以下代码：

```
<img src="img/ywmap.jpg" onmouseover="this.width='500';this.height=350"onmouseout= "this.width='335';
this.height=240" border="0" />
```

为“景点一览”中的第一张图片制作图片放大效果。

（5）利用代码<marquee direction="left"><img src="你的图片地址"></marquee>，在主体内容区的右侧底部，将两张相同的图片 nav4.jpg 制作成从右到左水平滚动的图片。

（6）根据素材“浮动广告.txt”提供的代码修改图片的路径，将 images 文件中的图片“yxyw.png”制作成浮动的图片。

操作提示：

1．将光标置于起始标签<li>之后，删除其中的图片标签，如图 3-3-30 所示。在“常用”工具栏中单击按钮右侧的下拉按钮，在弹出的下拉菜单中选择“鼠标经过图像”选项，如图 3-3-31 所示，在弹出的“插入鼠标经过图像”对话框中设置“原始图像”和“鼠标经过图像”，如图 3-3-32 所示。采用相同的操作方法处理其他图片，全部操作完成后，相应的代码如图 3-3-33 所示。

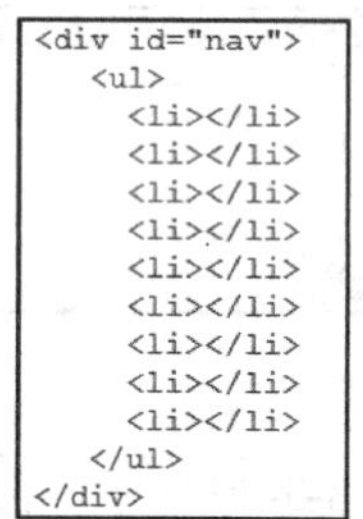

```
<div id="nav">
    <ul>
        <li></li>
        <li></li>
        <li></li>
        <li></li>
        <li></li>
        <li></li>
        <li></li>
        <li></li>
        <li></li>
    </ul>
</div>
```

图 3-3-30 删除<li>之后的图片标签

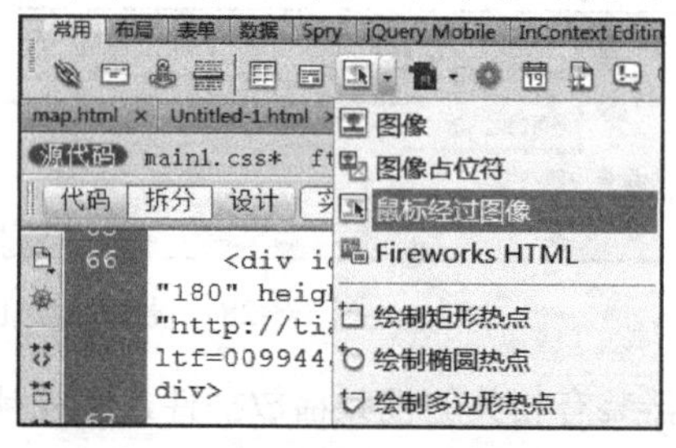

图 3-3-31 选择“鼠标经过图像”选项

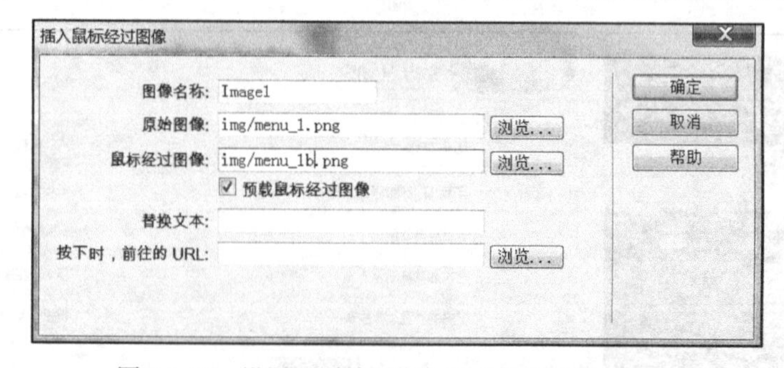

图 3-3-32 设置“原始图像”和“鼠标经过图像”

2．图片只有以背景的方式添加，才能在网页中插入 swf 文件。另外，swf 文件的属性需要设置为透明，才能显示背景。具体操作参考 3.3.5 节。

```
<div id="nav">
  <ul>
    <li><a href="#" onMouseOut="MM_swapImgRestore()" onMouseOver="MM_swapImage('Image1','','img/menu_1b.png',1)">
<img src="img/menu_1.png" width="43" height="134" id="Image1"></a></li>
    <li><a href="#" onMouseOut="MM_swapImgRestore()" onMouseOver="MM_swapImage('Image2','','img/menu_2b.png',1)">
<img src="img/menu_2.png" width="43" height="134" id="Image2"></a></li>
    <li><a href="#" onMouseOut="MM_swapImgRestore()" onMouseOver="MM_swapImage('Image3','','img/menu_3b.png',1)">
<img src="img/menu_3.png" width="43" height="134" id="Image3"></a></li>
    <li><a href="#" onMouseOut="MM_swapImgRestore()" onMouseOver="MM_swapImage('Image4','','img/menu_4b.png',1)">
<img src="img/menu_4.png" width="43" height="134" id="Image4"></a></li>
    <li><a href="#" onMouseOut="MM_swapImgRestore()" onMouseOver="MM_swapImage('Image5','','img/menu_5b.png',1)">
<img src="img/menu_5.png" width="43" height="134" id="Image5"></a></li>
    <li><a href="#" onMouseOut="MM_swapImgRestore()" onMouseOver="MM_swapImage('Image6','','img/menu_6b.png',1)">
<img src="img/menu_6.png" width="43" height="134" id="Image6"></a></li>
    <li><a href="#" onMouseOut="MM_swapImgRestore()" onMouseOver="MM_swapImage('Image7','','img/menu_7b.png',1)">
<img src="img/menu_7.png" width="43" height="134" id="Image7"></a></li>
    <li><a href="#" onMouseOut="MM_swapImgRestore()" onMouseOver="MM_swapImage('Image8','','img/menu_8b.png',1)">
<img src="img/menu_8.png" width="43" height="134" id="Image8"></a></li>
    <li><a href="#" onMouseOut="MM_swapImgRestore()" onMouseOver="MM_swapImage('Image9','','img/menu_9b.png',1)">
<img src="img/menu_9.png" width="43" height="134" id="Image9"></a></li>
  </ul>
</div>
```

图 3-3-33　全部操作完成后相应的代码

3. mp4 格式的视频文件使用插件的方式添加，具体操作参考 3.3.6 节。

4. 为“景点一览”中的第一张图片制作图片放大效果时，要根据图片显示区域的大小进行设置。当鼠标指针从图片上移开时，图片的宽度可设置为 186px，高度可设置为 136px，即 onmouseout="this. width='186';this.height=136"，当鼠标指针在图片上时，图片的尺寸可适当放大。

5. 将两张相同的图片 nav4.jpg 制作成滚动图片，应将光标置于起始标签<marquee direction="left">之后。注意插入图片时，图片代码不能在结束标签</marquee>之外。代码如下：

```
<marquee direction="left"> <img src="img/nav4.jpg" width="674" height="93"/> <img src="img/nav4.jpg"
width="674" height="93" /></marquee>
```

6. 将所给代码插入起始标签<body>之后。此时，在设计窗口中会增加一个蓝色方框，在其中插入图片 yxyw.png，在设计窗口左下角的标签检查器中，选择<div#moveablediv>标签，在“属性”面板中设置背景颜色为白色。为使浮动广告图片一直显示在最前端，将“Z 轴”的值设置为 1，如图 3-3-34 所示。

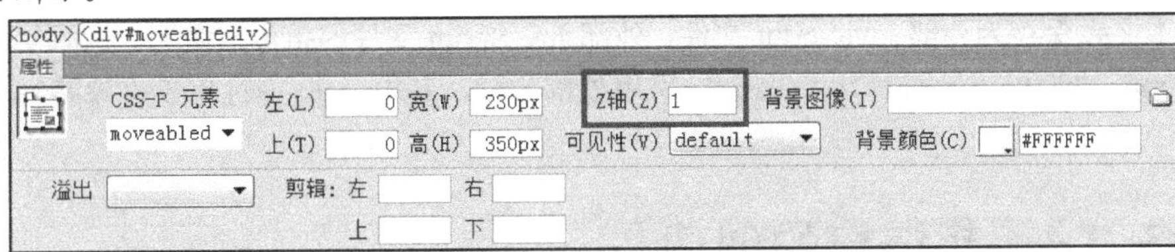

图 3-3-34　“属性”面板的设置

【考核评价】

<table>
<tr><td>任务名称</td><td colspan="5">在“窑湾首页”中添加视听效果</td></tr>
<tr><td colspan="6">任务完成情况评价</td></tr>
<tr><td>自我评价</td><td></td><td>小组评价</td><td></td><td>教师评价</td><td></td></tr>
<tr><td colspan="6">问题与反思</td></tr>
<tr><td colspan="6"></td></tr>
</table>

【问题探究】

JavaScript 相关知识

1．什么是 JavaScript？

JavaScript 是一种解释型脚本语言，是动态类型、弱类型、基于原型的语言，内置支持类型。它的解释器被称为 JavaScript 引擎，是浏览器的一部分，被广泛用于客户端的脚本语言，最早用于 HTML 网页。JavaScript 与 HTML、CSS 结合起来，用于增强功能，并提高用户的交互性。

2．JavaScript 的主要特点有哪些？

（1）脚本语言。JavaScript 是一种解释型脚本语言，与 C、C++等语言相比，C、C++等语言先编译后执行，而 JavaScript 在程序运行的过程中逐行解释。

（2）基于对象。JavaScript 是一种基于对象的脚本语言，它不仅可以创建对象，也能使用现有的对象。

（3）简单。JavaScript 采用弱类型的变量类型，对使用的数据类型未提出严格的要求。JavaScript 的基本语句结构简单、紧凑。

（4）动态性。JavaScript 是一种采用事件驱动的脚本语言，它无须经过 Web 服务器就可以对用户的输入进行响应。例如，当访问网页时，鼠标在网页中单击或上下滚动、移动，JavaScript 可以直接对这些事件进行响应。

（5）跨平台性。JavaScript 不依赖操作系统，仅需要浏览器的支持。因此一个 JavaScript 脚本在编写后可以在任意计算机中使用，前提是计算机中的浏览器支持 JavaScript。

3．如何将 JavaScript 应用到网页中？

（1）直接加入 HTML 文档。

使用<script>…</script>标签，在标签内输入代码。＜script language="javascript"＞用于告诉浏览器这是使用 JavaScript 编写的程序。

（2）引用外部文件。

把脚本文件保存为外部 JavaScript 文件，外部 JavaScript 文件的扩展名是.js。然后使用＜script src＝"url" type="text/javascript"＞＜/script＞引用外部文件，其中，src 属性用于设置路径。

任务 3.4　超链接的创建

【学习导图】

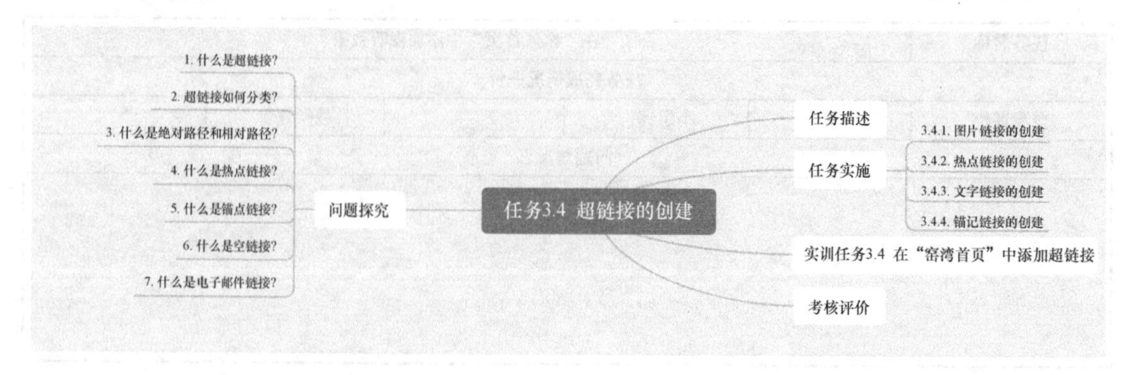

【任务描述】

经过前面的学习，我们已经制作了多张网页。在本任务中，我们将在首页中创建几种常见的超链接，如图片链接、热点链接、文字链接和锚记链接，如图 3-4-1 所示。利用这些超链接，实现网站内网页之间的跳转、其他网站的跳转，以及本网页中不同位置的跳转。

图 3-4-1　首页上的链接

【任务实施】

图片链接的创建

首页上的链接

3.4.1　图片链接的创建

在导航的“窑湾印象”图片上创建一个超链接，使其跳转到网站内部的 ywyx.html 网页。

（1）使用 Dreamweaver 打开 yaowan 文件夹的 index.html 文件，选择导航的“窑湾印象”图片，如图 3-4-2 所示。

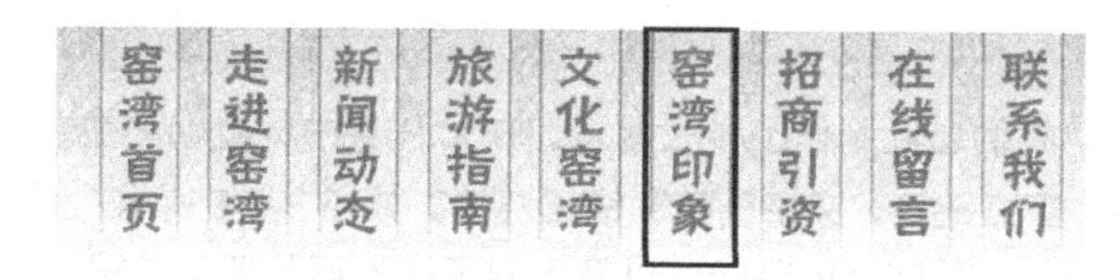

图 3-4-2 选择导航的“窑湾印象”图片

（2）为整张图片创建超链接的第一种方法：在“属性”面板中输入网页地址 ywyx.html，如图 3-4-3 所示。

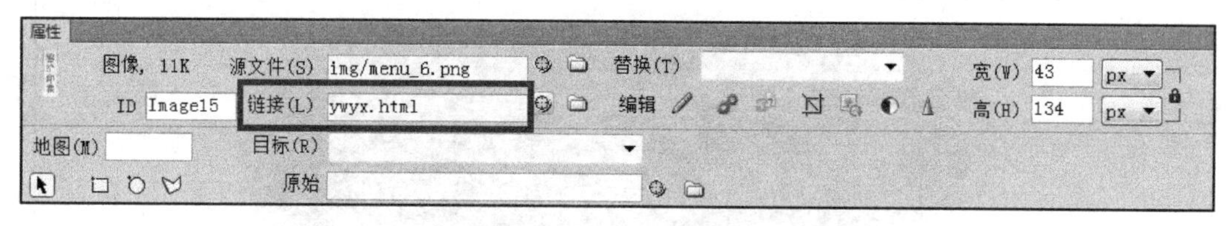

图 3-4-3 在“属性”面板中输入网页地址

为整张图片创建超链接的第二种方法：在“属性”面板中，单击“链接”文本框右边的“文件夹”按钮，如图 3-4-4 所示，打开“选择文件”对话框，选择网页，如图 3-4-5 所示。

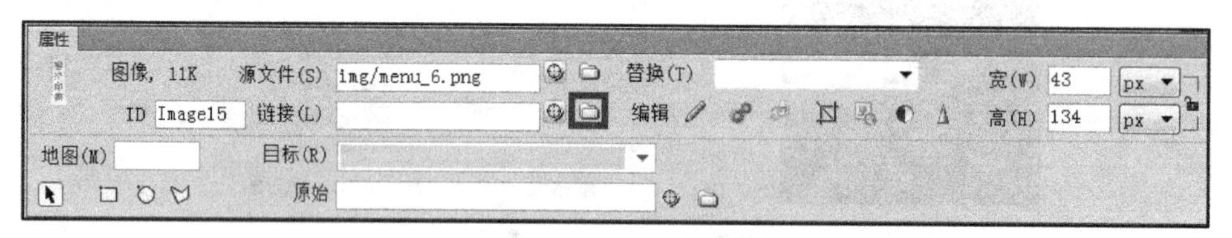

图 3-4-4 单击“链接”文本框右边的“文件夹”按钮

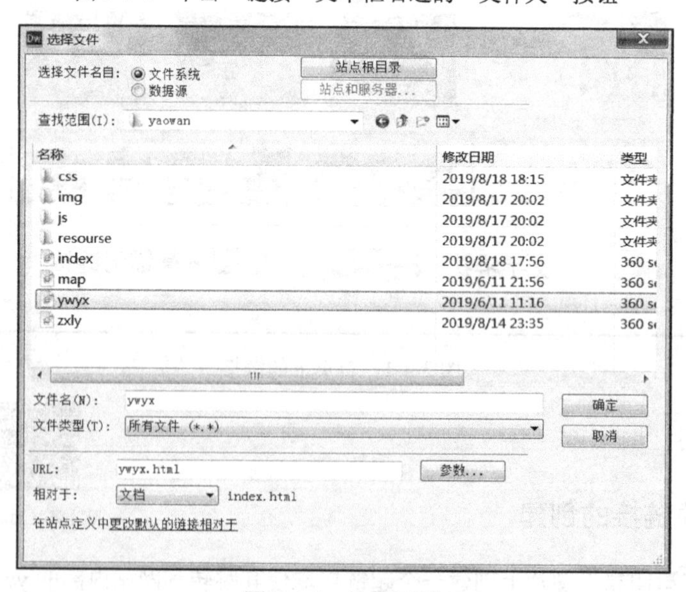

图 3-4-5 选择网页

为整张图片创建超链接的第三种方法：单击“链接”文本框右边的“指向文件”按钮，如图 3-4-6 所示，然后在“文件”面板中选择要设置超链接的网页，如图 3-4-7 所示。

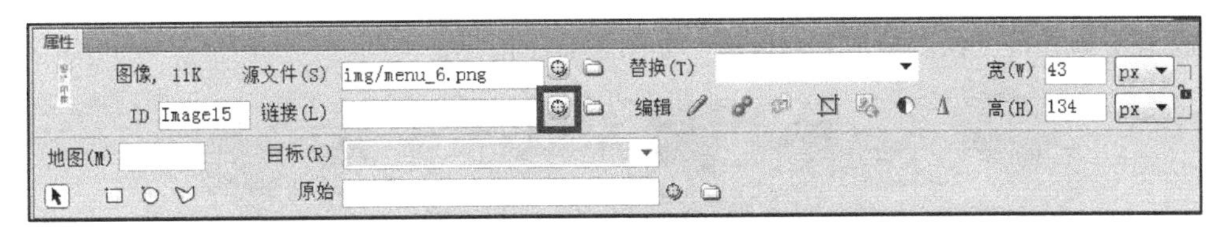

图 3-4-6　单击“链接”文本框右边的“指向文件”按钮

图 3-4-7　选择要设置超链接的网页

因为 ywyx.html 和 index.html 在同一级目录下，所以超链接的地址直接写网页名称即可，对应的代码如图 3-4-8 所示。

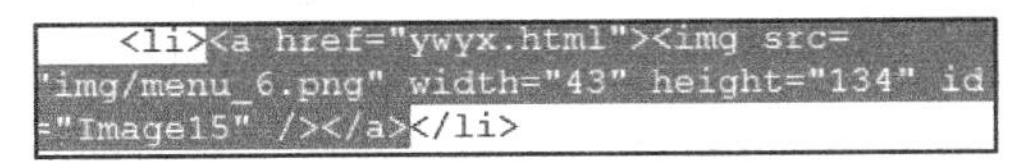

```
<li><a href="ywyx.html"><img src=
"img/menu_6.png" width="43" height="134" id
="Image15" /></a></li>
```

图 3-4-8　超链接的代码

3.4.2　热点链接的创建

在页底区的导航图片上创建热点链接，从而让一张图片的不同区域链接到不同的地方。

（1）选择导航图片，在“属性”面板中单击“矩形热点”按钮，如图 3-4-9 所示。

图 3-4-9　单击“矩形热点”按钮

（2）弹出提示对话框，如图 3-4-10 所示。单击“确定”按钮，提示对话框中的内容可以在后面的操作步骤中设置。

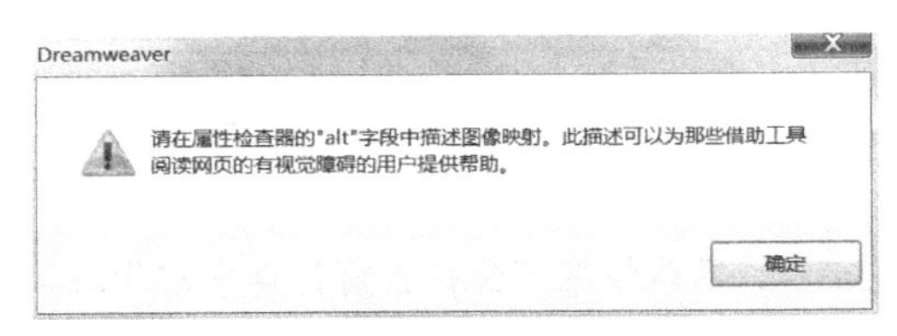

图 3-4-10　提示对话框

（3）在导航图片上绘制矩形热点区域，如图 3-4-11 所示。

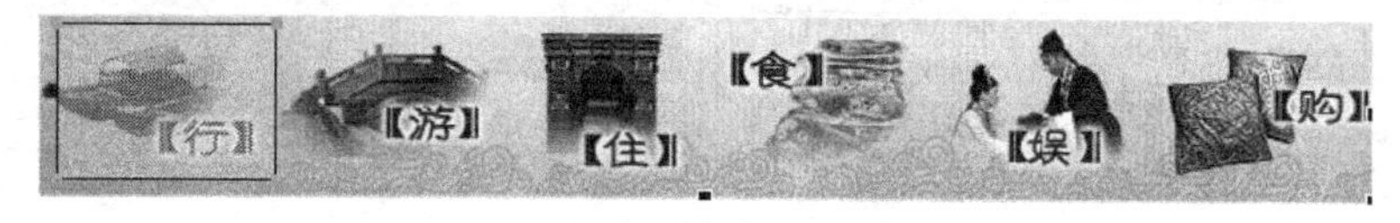

图 3-4-11　绘制矩形热点区域

（4）打开“属性”面板，在“链接”文本框中去掉默认的空链接符号“#”，输入要链接的地址“map.html”，在“替换”下拉列表中选择“窑湾地理”选项，如图 3-4-12 所示。这就是步骤（2）的提示对话框提示的在“alt”字段中添加的描述图像映射的内容，其对应的代码如图 3-4-13 所示。

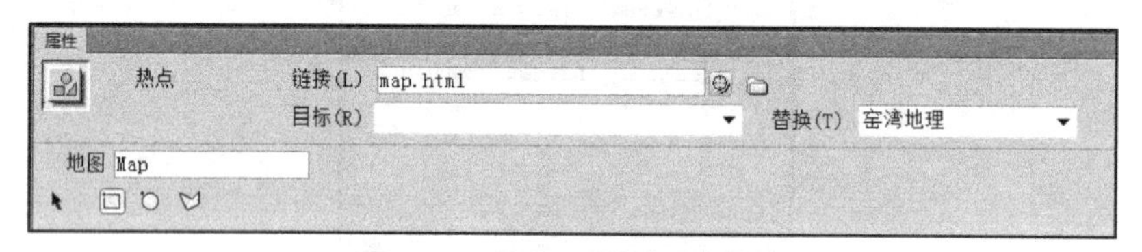

图 3-4-12　热点的属性设置

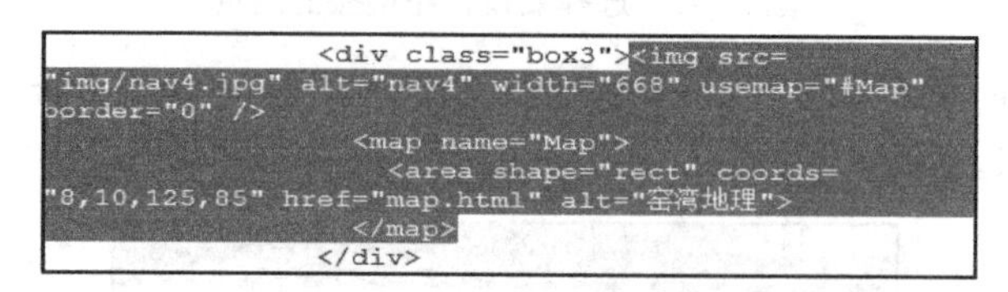

```
<div class="box3"><img src=
"img/nav4.jpg" alt="nav4" width="668" usemap="#Map"
border="0" />
        <map name="Map">
          <area shape="rect" coords=
"8,10,125,85" href="map.html" alt="窑湾地理">
        </map>
      </div>
```

图 3-4-13　添加热点后的代码

文字链接的创建

3.4.3　文字链接的创建

在页底区的“友情链接”文字上创建文字链接，使其链接到湘潭在线网站（http://www.xtol.cn）。

（1）选择页底区的“友情链接”文字，如图 3-4-14 所示。

图 3-4-14　选择页底区的“友情链接”文字

（2）在“属性”面板的“链接”文本框中输入网址“http://www.xtol.cn”，如图 3-4-15 所示，然后设置“目标”为“_blank”。

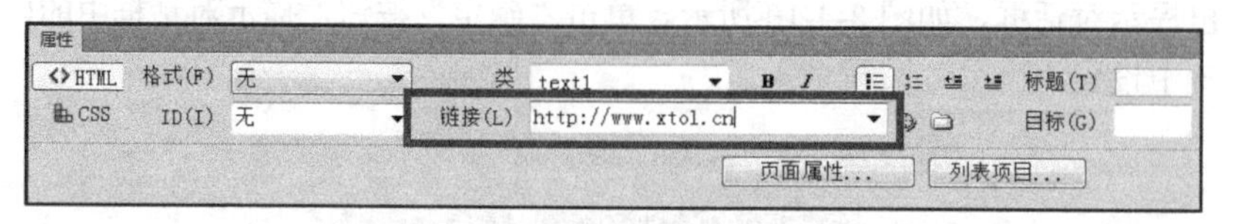

图 3-4-15　输入网址

温馨提示：单击文字链接后，默认情况下会在当前窗口中打开链接的网页。如果设置“目标”为“_blank”，则会打开一个新的浏览器窗口。

（3）文字链接有默认的样式，如果不对文字链接进行处理，那么文字链接会与网页的整体风格不协调，所以要对文字链接进行设置。将光标置于<a>标签中，如图 3-4-16 所示。

```
<li><a href="http://www.xtol.cn">友情链接</a></li>
```

图 3-4-16　将光标置于<a>标签中

（4）打开“CSS 样式”面板，单击右下角的“新建 CSS”按钮，弹出“新建 CSS 规则”对话框，设置选择器类型为“复合内容”，设置选择器名称为“#footer #footer_center .text1 li a”，如图 3-4-17 所示，打开“CSS 规则定义”对话框，在“分类”列表中选择“类型”选项，设置文字链接的颜色为#666，设置 Text-decoration 为 none，即文字链接无下画线，如图 3-4-18 所示。

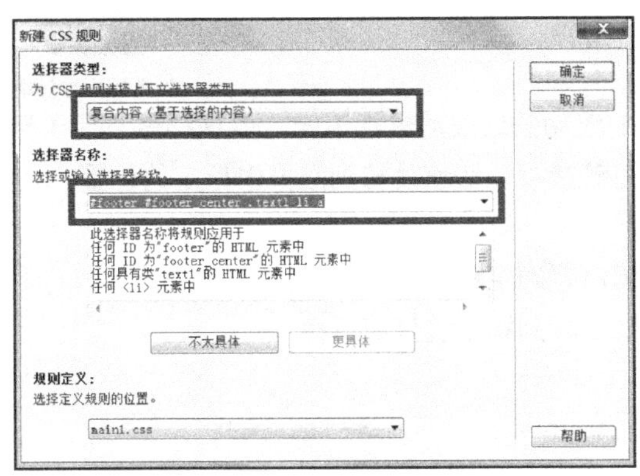

图 3-4-17　“新建 CSS 规则”对话框（文字链接）

图 3-4-18　文字链接的类型设置

（5）设置鼠标指针经过文字链接时文字链接的颜色。再次将光标置于<a>标签中，单击“CSS 样式”面板右下角的“新建 CSS”按钮，弹出“新建 CSS 规则”对话框，设置选择器类型为“复合内容”，设置选择器名称为“#footer #footer_center .text1 li a:hover”，如图 3-4-19 所示。打开“CSS 规则定义”对话框，在“分类”列表中选择“类型”选项，设置 Color 为#F00，如图 3-4-20 所示。

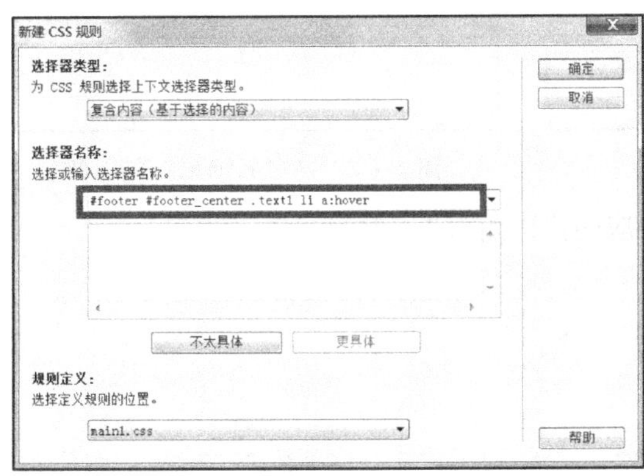

图 3-4-19　“新建 CSS 规则”对话框

（鼠标指针经过文字链接）

图 3-4-20　文字链接的颜色设置

温馨提示：在设置文字链接的颜色时，用到了一种被称为“伪类”的样式。“伪类”并不是真正意义上的类，伪类通常由标记名、类名或 id 名，以及“:”构成。超链接标签<a>的伪类有 4 种，具体含义如表 3-4-1 所示。

表 3-4-1　超链接标签<a>的伪类及含义

超链接标签<a>的伪类	含　义
a:link{CSS 样式规则;}	未访问时超链接的状态
a:visited{CSS 样式规则;}	访问后超链接的状态
a:hover{CSS 样式规则;}	鼠标指针经过、悬停时超链接的状态
a:active{CSS 样式规则;}	单击后超链接的状态

注意：同时使用这 4 种伪类时，通常按照 a:link、a:visited、a:hover、a:active 的顺序书写，否则定义的样式可能不起作用。

3.4.4　锚记链接的创建

锚记链接的创建

当浏览很长的网页时，我们通常会拖动浏览器的滚动条或滚动鼠标滚轮，但这样做不便于迅速找到目标。这一节将介绍锚记链接，通过使用锚记链接可以快速跳转到网页中指定的位置。

创建锚记链接主要包括两个步骤。

第一步：在网页中为被链接点做一个“锚”标记，即确定锚记链接的目标。

第二步：在链接处制作锚点链接，即单击链接处跳转到锚记链接的目标。

定义“锚”标记的语法格式：

```
<a name="锚记名"> 显示文字</a>
```

锚记链接的语法格式：

```
<a href="#锚记名">链接显示文字</a>
```

下面，我们将在底部区的“媒体专区”文字上创建锚记链接，跳转到网页中轮播图的位置。

（1）将光标置于轮播图前，单击“常用”工具栏中的“锚记”按钮，如图 3-4-21 所示。

（2）在弹出的“命名锚记”对话框中，设置锚记名称为“lb”，如图 3-4-22 所示。

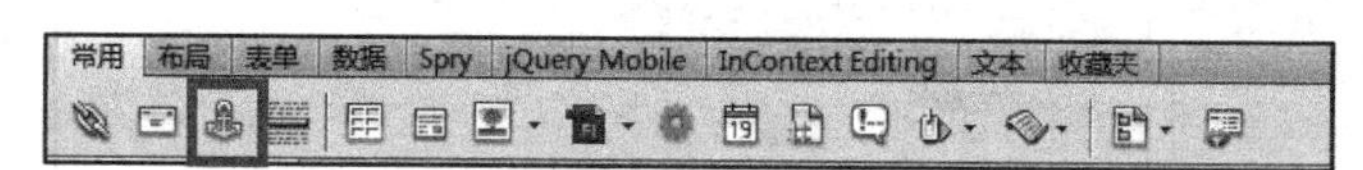

图 3-4-21　单击“锚记”按钮

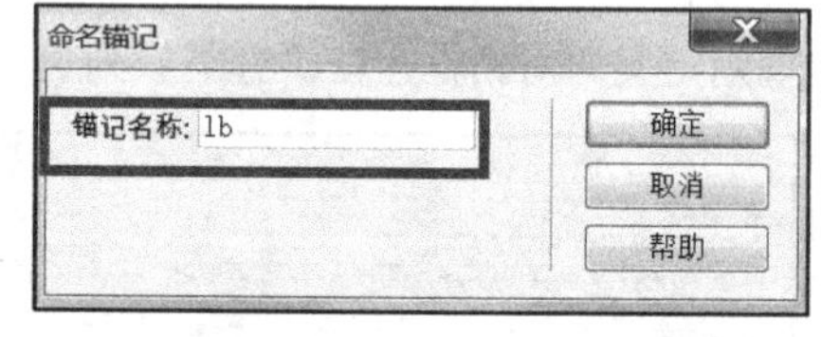

图 3-4-22　“命名锚记”对话框

插入锚记后，设计视图如图 3-4-23 所示，其对应的代码如图 3-4-24 所示。

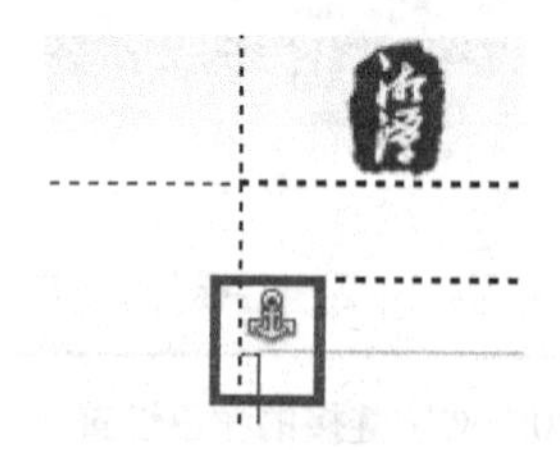

图 3-4-23　设计视图中的锚记

```
<div id="Banner"><a name="lb" id="lb"></a>
```

图 3-4-24　锚记对应的代码

（3）选择底部区的“媒体专区”文字，如图 3-4-25 所示。

（4）在“属性”面板的“链接”文本框中输入链接地址“#lb”，如图 3-4-26 所示。锚记链接建好后，其代码如图 3-4-27 所示。此时，单击底部区的“媒体专区”文字就可以跳转到轮播图的位置了。

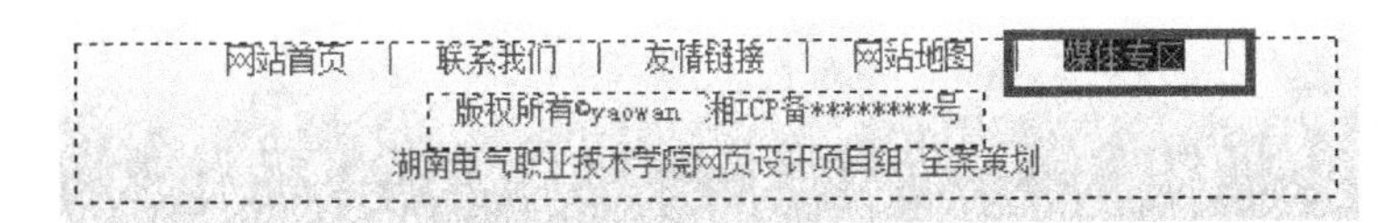

图 3-4-25　选择底部区的“媒体专区”文字

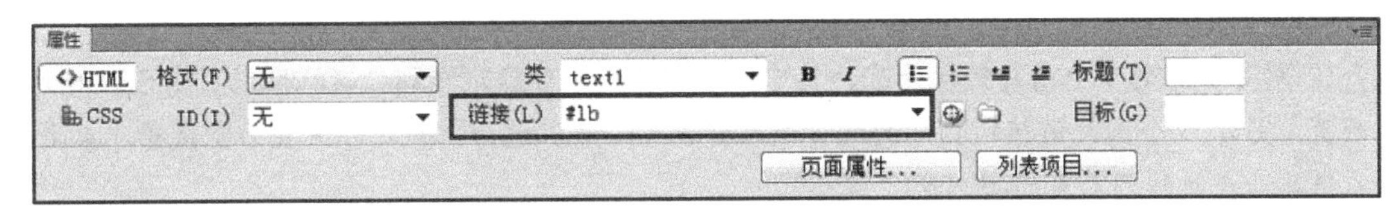

图 3-4-26　输入链接地址

```
<li><a href="#lb">媒体专区</a></li>
```

图 3-4-27　锚记链接的代码

温馨提示：“#”是有特定意义的，如果“#”后有内容，则系统认为这部分是一个标签，便会从网页中找到相应的标签，并跳转到该处；如果“#”后没有内容，则相当于创建了一个空链接，单击超链接的位置，页面依然会跳转，只是跳转到页面的头部区，如果页面不长，就看不到效果。

实训任务 3.4　在“窑湾首页”中添加超链接

在“窑湾首页”中添加超链接

在 index.html 中分别创建以下四种超链接。

1．图片链接

在导航的 9 张图片上，分别设置图片链接的地址：“index.html”“#”“#”“map.html”“#”“ywyx.html”“#”“zxly.html”“#”，如图 3-4-28 所示。

2．文字链接

在底部区的“友情链接”文字上创建文字链接，跳转到“http://www. baidu.com”，如图 3-4-29 所示。

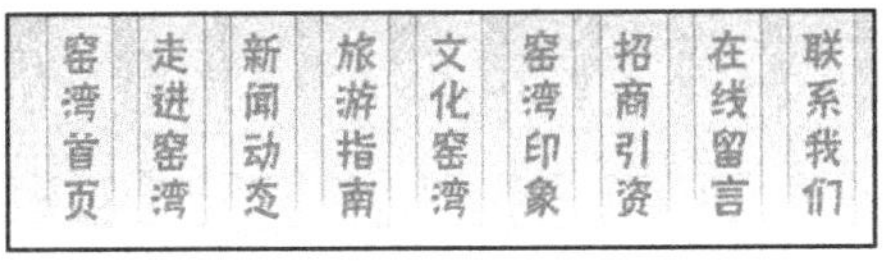

窑湾首页　走进窑湾　新闻动态　旅游指南　文化窑湾　窑湾印象　招商引资　在线留言　联系我们

图 3-4-28　导航上的图片链接

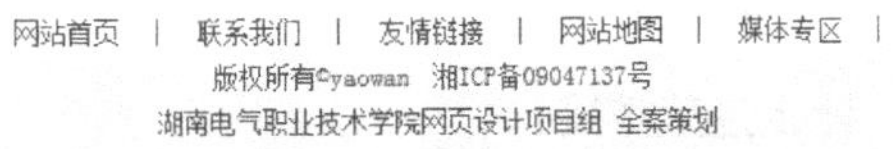

网站首页 | 联系我们 | 友情链接 | 网站地图 | 媒体专区 |
版权所有©yaowan 湘ICP备09047137号
湖南电气职业技术学院网页设计项目组 全案策划

图 3-4-29　“友情链接”文字链接

3．锚记链接

在底部区的“网站首页”文字上创建锚记链接，单击该锚记链接后跳转到网页的头部区。

4．热点链接

在辅助导航图的“游”字上创建一个矩形的热点链接，单击该热点链接后跳转到“ywyx.html”，在“住”字上创建圆形的热点链接，将其设置为空链接“#”，如图 3-4-30 所示。

图 3-4-30　辅助导航图上的热点链接

操作提示：

1. 对导航中的 9 个图片链接而言，其中 4 个图片链接可以跳转到“窑湾网站”中已做好的 4 个网页。另外 5 个图片链接所指向的网页还在建设中，所以设为“#”，即设置为空链接，单击这些空链接后会跳转到本页的头部区。

2. 创建外部链接时，注意网址的书写格式要准确。URL 的格式：

```
协议名://主机地址（:端口号）/文件路径。
```

例如，http://hnjd.net.cn/Pages.aspx?channel=6***。URL 由三部分组成：第一部分为协议；第二部分是该资源的主机地址（域名或 IP 地址），有时也包括端口号；第三部分是资源的具体地址。

3. 锚记链接要跳转到网页的头部区，首先要在网页的头部区制作一个“锚”标记，即确定链接的目标。然后在底部区的“网站首页”文字上制作锚点链接，即单击“网站首页”文字能够跳转到锚记链接的目标。

4. 创建热点链接时，Dreamweaver 默认会在“链接”文本框中设置一个空链接“#”，即跳转到本页。如果想跳转到其他网页，则应删除“#”。

【考核评价】

<table>
<tr><td>任务名称</td><td colspan="5">在“窑湾首页”中添加超链接</td></tr>
<tr><td colspan="6">任务完成情况评价</td></tr>
<tr><td>自我评价</td><td></td><td>小组评价</td><td></td><td>教师评价</td><td></td></tr>
<tr><td colspan="6">问题与反思</td></tr>
<tr><td colspan="6"></td></tr>
</table>

【问题探究】

1. 什么是超链接？

超链接的相关知识

超链接（Hyperlink）是 WWW 技术的核心，是网页中最重要、最根本的元素之一。超链接是网页的一部分，是从一个网页指向一个目标的元素。这个目标可以是另一个网页，也可以是一张图片、一个电子邮件地址、一个文件（如多媒体文件、文档或任意文件）、一个程序或本网页中的其他位置。而在一个网页中用于超链接的对象，可以是一段文本或一张图片。当浏览者单击已经设置超链接的文字或图片后，超链接所指的目标将在浏览器上显示并运行。

超链接主要通过<a>…</a>标签创建。语法格式：

```
<a href="资源地址" target="窗口名称" title="链接提示文字">链接对象</a>
```

其中，<a>标签表示超链接开始，</a>标签表示超链接结束。href 属性定义了这个超链接所指的目标。开始标签和结束标签之间的文字被当作超链接来显示。target属性用于指定打开超链接的目标窗口，其取值有_self和_blank两种，其中_self为默认值，表示在原窗口中打开，_blank表示在新窗口中打开。

2. 超链接如何分类？

按照超链接的路径，网页中的超链接分为内部链接、锚点链接和外部链接。按照超链接的对象，网页中的超链接分为文本链接、图像链接、锚点链接和E-mail链接等。

3. 什么是绝对路径和相对路径？

完整地描述文件存储位置的路径就是绝对路径，如D:\xtyw\map.html。

在Internet中，绝对路径是指包括服务器协议和域名的完整URL地址，如http://www.xtyw.com.cn。

相对路径是指相对于当前文件的路径，相对路径通常以HTML网页文件为起点，通过层级关系描述目标对象的位置。

- 链接到同一目录下，只需输入要链接文档的名称，如map.html。
- 链接到上一级目录中的文件，先输入“../”，再输入目录名、文件名，如../img/bg_line.png。
- 链接到下一级目录中的文件，只需先输入目录名，再添加“/”，最后输入文件名，如css/main.css。

4. 什么是热点链接？

热点链接即图像映射，<map>标签用于定义一个图像映射。

<area>标签定义热点的位置和链接目标，<area>标签始终嵌套在<map>标签内部。其中，coords属性定义热点的坐标；坐标的数字及其含义取决于shape属性决定的区域形状；可以将热点区域定义为矩形、圆形或多边形等；href属性定义热点区域的目标URL地址。

定义热点链接的语法格式如下：

```
<map name="图像名称">
<img src="图像地址" usemap="#图像名称">
<area shape="热点形状" coords="热点坐标"  href="链接地址"></map>
```

在图像的属性中，使用usemap属性添加图像要引用的图像映射名称。coords属性及描述如表3-4-2所示。

表3-4-2 coords属性及描述

属　性	描　述
x1，y1，x2，y2	当shape属性为“rect”时，该值规定矩形左上角和右下角的坐标
x，y，radius	当shape属性为“circle”时，该值规定圆心的坐标、半径
x1，y1，x2，y2，xn，yn	当shape属性为“poly”时，该值规定多边形各顶点的坐标

5. 什么是锚点链接？

锚点链接也被称为书签链接，通过锚点链接能指向页面中的特定位置，是“精准链接”的便利工具，常用于内容庞杂的网页，便于浏览者查看网页中特定的内容。锚点链接可以与链接目标在同一个页面，也可以在不同的页面。

创建锚点链接的步骤：第一步，确定锚记链接的目标；第二步，在链接处制作锚点链接。

定义锚点的语法格式如下：

```
<a name="锚点名称">文字</a>;
```

或

```
<a id="锚点名称">文字</a>
```

在该语法中，文字是指锚记链接的目标。

锚点链接的语法格式如下：

```
<a href="#锚点的名称">链接的文字</a>
```

在该语法中，“锚点的名称”就是定义锚点时的“锚点名称”，也就是 name（或 id）的值。

6. 什么是空链接？

“#”是有特定意义的，前文已介绍过。而“###”是一个无意义的标签，是一个由“#”和不存在的标签“##”组成的标签组合，当在页面中找不到名为“##”的<a>标签时，该链接就不会发生跳转，也就不会导致在执行 onclick 中的内容时出现突然跳转到页首的问题。“##”只是开发者习惯使用的标签，用户也可以使用其他合适的标签替换。其实，“###”不是锚点，其本质是字符串，浏览器找不到标签，也不会跳转到页首，其工作原理是网页的报错机制，如果浏览器找不到标签，就不做处理。

7. 什么是电子邮件链接？

电子邮件链接即 E-mail 链接。当单击网页中的电子邮件链接时，会自动打开默认的电子邮件程序。

使用<a>标签作为电子邮件标签，同时还需要使用“mailto:电子邮件地址”，以及 href 属性才可以创建电子邮件链接。

定义电子邮件链接的语法如下：

```
<a href="mailto:name@email.com">Email</a>
```

任务 3.5　域名注册和网站上传

【学习导图】

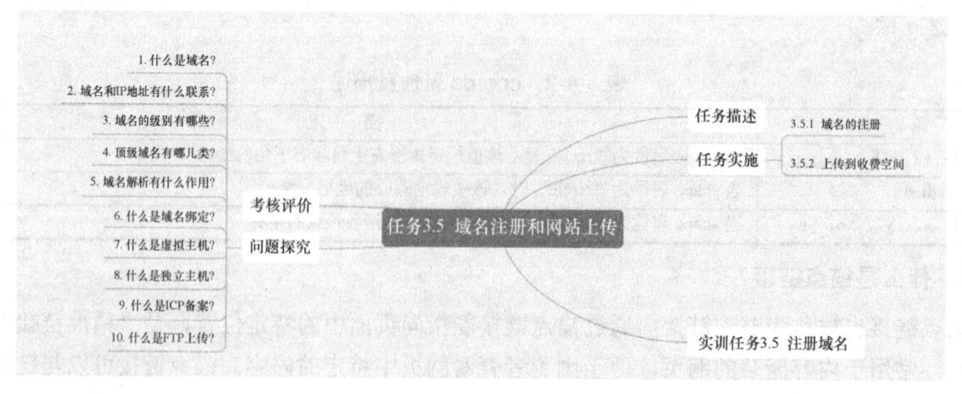

【任务描述】

至此，我们已经由易到难地制作了 5 个有关“湘潭窑湾”的网页。通过搭建网页可以构成一个静态网站。如果为静态网站添加后台程序，就可以构成动态网站。在本任务中，我们将使用上传工具将网站文件上传到服务器空间。发布成功后的网站可以通过域名访问，网站效果如图 3-5-1 所示。

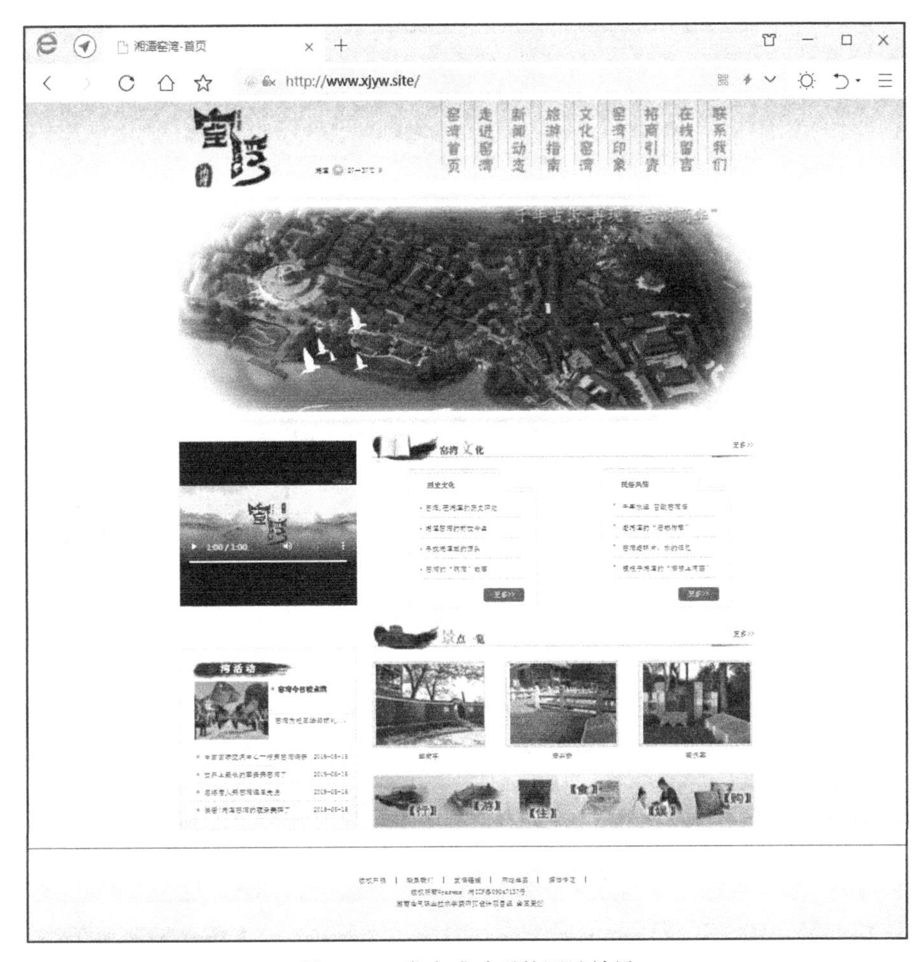

图 3-5-1　发布成功后的网站效果

【任务实施】

域名的注册

3.5.1　域名的注册

域名注册的网站有很多，建议读者选择能长期且稳定访问的服务商。下面以阿里云为例，介绍注册域名的方法。

（1）进入阿里云注册域名的网站——“万网”的首页。在域名列表中可以看到不同类型的顶级域名的含义和价格说明，如图 3-5-2 所示。在搜索框中输入想注册的域名，单击“查域名”按钮，查询该域名是否被占用。

（2）在查询结果中找到没有被使用的域名，单击“加入清单”按钮，在“域名清单”中确认要注册的域名，单击“立即结算”按钮，如图 3-5-3 所示。

图 3-5-2 “万网”的首页

图 3-5-3 在查询结果中找到没有被使用的域名

3.5.2　上传到收费空间

互联网中的收费空间有很多，建议读者选择规模比较大的服务商，以保证能长期且稳定访问。下面以阿里云为例，详细介绍上传到收费空间的步骤。

1. 主机租用

（1）访问“万网”，进入“选择虚拟主机”页面，根据网站的具体情况，选择合适的虚拟主机，如图 3-5-4 所示。

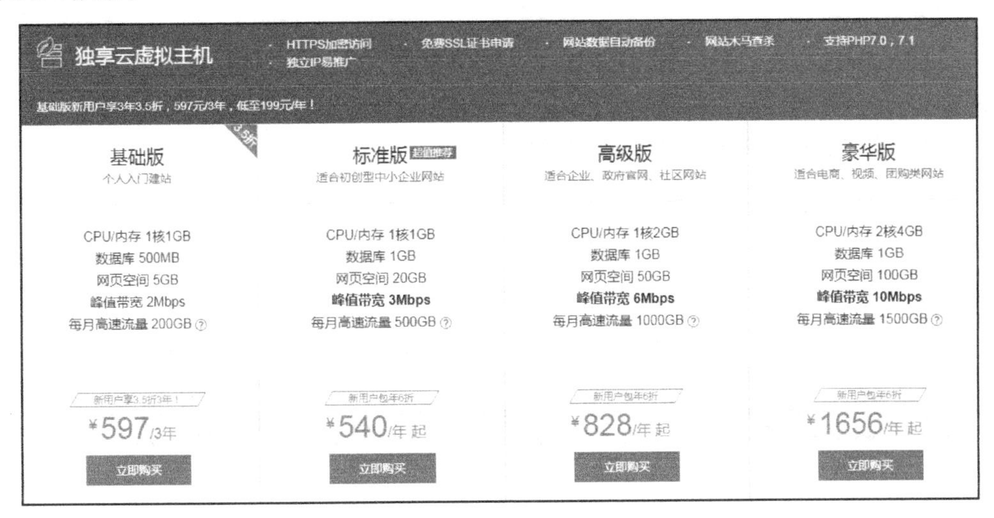

图 3-5-4　选择合适的虚拟主机

（2）选择虚拟主机后，单击“立即购买”按钮，进行确认订单与支付流程，“确认订单”页面如图 3-5-5 所示。

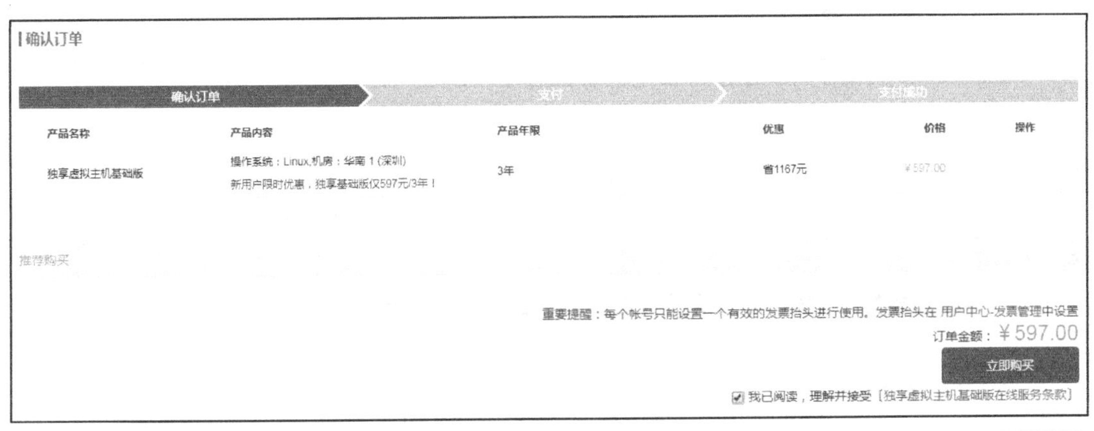

图 3-5-5　“确认订单”页面

网站备案

2. 网站备案

进入阿里云备案系统。网站备案流程如图 3-5-6 所示。

先填写网站备案信息，然后提交 ICP 备案初审订单，订单将会在 1 个工作日完成初审。初审完成后，阿里云备案审核专员会将 ICP 备案申请转交至对应的省管局进行最终的审核。各省管局审核的时间略有差异，实际审核时间根据 ICP 备案场景有所不同，一般为 1~20 个工作日。管局审核通过后 ICP 备案完成，审核结果会发送至申请人的手机和电子邮箱。

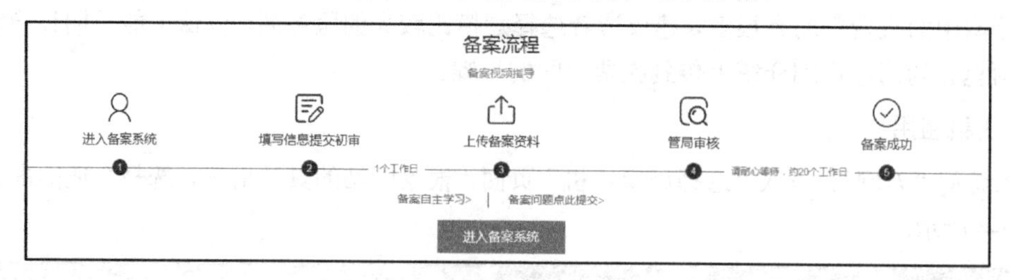

图 3-5-6　网站备案流程

温馨提示：由于备案时间较长（用户通过“万网”为网站进行备案的时间为 20 个工作日），建议提前进行备案，以免影响网站的正常访问。

3. 域名绑定

虚拟主机开通后，如果想通过已注册的域名正常访问，则需要绑定网站域名，并将域名解析到主机的 IP 地址。

（1）登录管理控制台，进入“主机列表”页面，选择要绑定域名的主机，单击“管理”按钮，如图 3-5-7 所示。

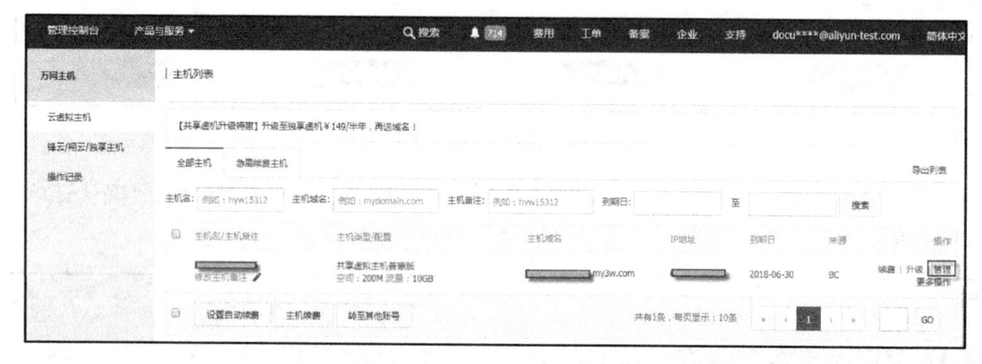

图 3-5-7　“主机列表”页面

（2）在主机管理控制台中，选择“域名管理”→“域名绑定”选项，进入“域名绑定”页面。再单击“绑定域名”按钮，进入域名绑定流程。绑定成功后，“备案状态”显示为“已备案”，如图 3-5-8 所示。

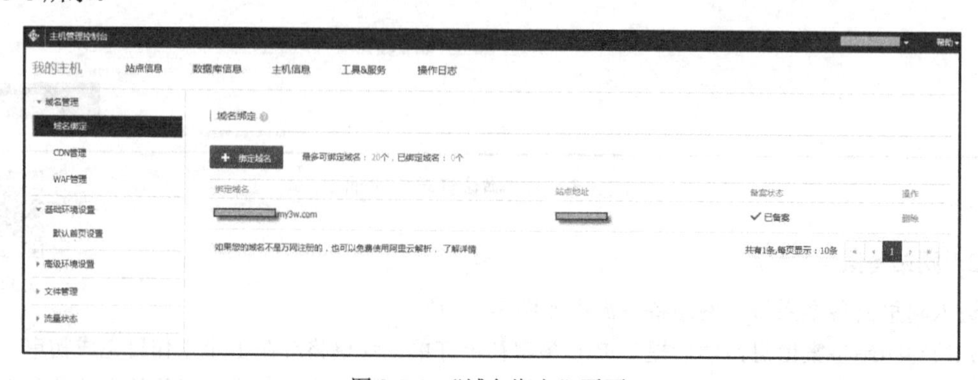

图 3-5-8　“域名绑定”页面

4. 域名解析

（1）输入账号、密码，登录阿里云控制台，如图 3-5-9 所示。单击“域名”按钮，进入域名控制台。

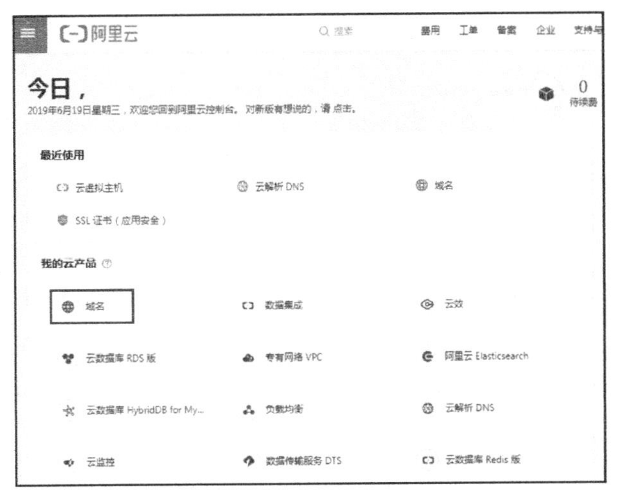

图 3-5-9　阿里云控制台

（2）进入域名列表，选择需要解析的域名，如图 3-5-10 所示。单击域名后面的“解析”按钮。

图 3-5-10　选择需要解析的域名

（3）进入“解析设置”界面，对域名进行解析，如图 3-5-11 所示。

图 3-5-11　对域名进行解析

5. 网站上传

（1）启动 FlashFXP 软件，新建 FTP 站点，如图 3-5-12 所示。单击“新建站点”按钮，打开“新建站点”对话框，输入站点名称，单击“确定”按钮，在“站点管理器”对话框的“常规”选项卡中，输入 IP 地址、用户名称和密码等相关信息，如图 3-5-13 所示。单击“连接”按钮，即可将本地计算机和虚拟主机连接起来。

（2）远程站点连接成功后，软件界面的左侧显示本地计算机中的文件，软件界面的右侧显示虚拟主机中的文件，如图 3-5-14 所示。

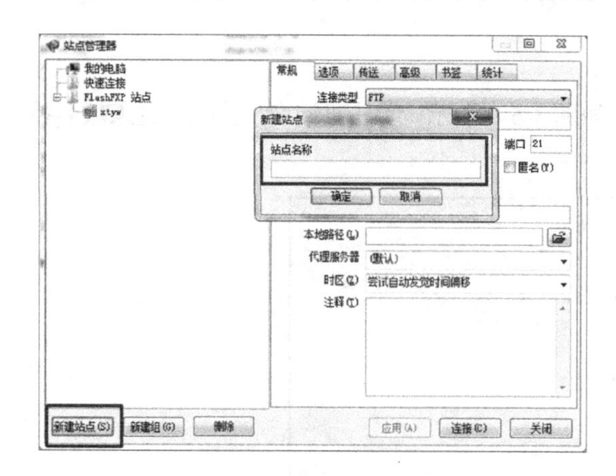

图 3-5-12　新建 FTP 站点

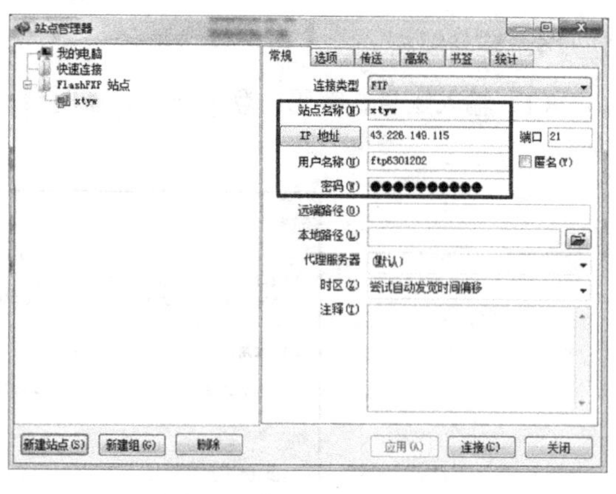

图 3-5-13　输入相关信息

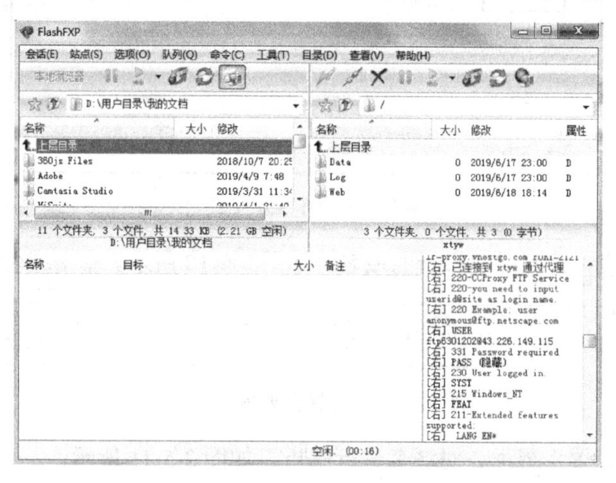

图 3-5-14　本地计算机和虚拟主机连接成功后的软件界面

（3）在本地计算机中找到需要上传的网站文件，将网站文件上传至虚拟主机，如图 3-5-15 所示。网站文件上传并发布后，在浏览器的地址栏中输入网址，即可正常访问网站首页。

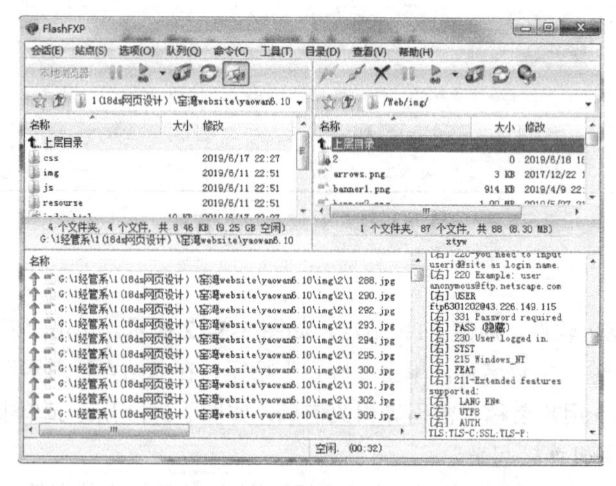

图 3-5-15　将本地计算机中的网站文件上传至虚拟主机

实训任务 3.5　注册域名

（1）在“万网”中查询自己想注册的域名，选择未注册的域名并加入清单。

（2）在“确定订单”页面，确认并购买域名。

【考核评价】

<table>
<tr><td>任务名称</td><td colspan="5">注册域名</td></tr>
<tr><td colspan="6">任务完成情况评价</td></tr>
<tr><td>自我评价</td><td></td><td>小组评价</td><td></td><td>教师评价</td><td></td></tr>
<tr><td colspan="6">问题与反思</td></tr>
<tr><td colspan="6"></td></tr>
</table>

【问题探究】

网站上传的相关知识

1. 什么是域名?

域名是 Internet 上某台计算机或计算机组的名称，用于在数据传输时标识计算机的电子方位。域名由主体和后缀组成，之间用圆点“.”分隔。如 taobao.com，taobao 是主体，com 是后缀。从技术上讲，域名只是 Internet 中用于解决地址对应问题的方法。从商业角度看，域名被誉为“企业的网上商标”，域名已成为信息时代企业竞争的重要“武器”。

2. 域名和 IP 地址有什么联系?

IP 地址是连接网络的计算机或设备在网络中的唯一标识。IP 地址由 4 个十进制数构成，每个十进制数的取值范围是 0～255，数字之间用圆点“.”分隔，如 210.37.44.253。IP 地址不易记忆，因此人们用简单易记的域名代替 IP 地址。

3. 域名的级别有哪些?

根据互联网名称与数字地址分配机构（ICANN）的定义，一个完整的域名至少包含两部分，各部分之间用“.”分隔，最后的部分被称为顶级域名。

最后一个“.”的左边的部分被称为二级域名。二级域名是顶级域名之下的域名，如 xtyw.com。

二级域名的左边的部分被称为三级域名。以此类推，每一级的域名控制其下一级域名的分配。三级域名可以当作二级域名的子域名，如 sample.xtyw.com。

在注册域名的过程中，可自定义的内容是域名后缀左侧的部分。根据注册规则，可供用户选择的后缀可能是顶级域名（如“.cn”），也可能是二级域名（如“.com.cn/.net.cn/.org.cn”）。

4．顶级域名有哪几类？

顶级域名分为以下三类。

一是国家和地区顶级域名（country code top-level domains，ccTLDs），目前有 200 多个国家/地区按照 ISO 3166 分配了顶级域名。例如，中国是 cn，日本是 jp 等。

二是通用顶级域名（generic top-level domains，gTLDs）。例如，.edu 表示教育机构，.org 表示非盈利组织等。

三是新顶级域名（New gTLD）。例如，.top 表示“高端”，.men 表示“人”等。

5．域名解析有什么作用？

域名解析指将域名指向网站空间 IP，从而实现网站的访问。IP 地址是网络中标识站点的数字地址。为方便记忆，使用域名代替 IP 地址标识站点。域名解析就是域名到 IP 地址的转换过程。域名的解析工作由 DNS 服务器完成。

6．什么是域名绑定？

域名绑定指域名与主机（即某个服务器）的空间绑定，使一个域名指向特定的空间。当浏览者访问域名时，就会打开存放在该空间上的网页。

7．什么是虚拟主机？

把一台完整的真实主机的磁盘空间划分成若干份，每个被分割的磁盘被称为一台虚拟主机。每台虚拟主机都具有独立的域名和 IP 地址（或共享的 IP 地址），具有完整的 Internet 服务器功能。虚拟主机之间完全独立，在外界看来，一台虚拟主机和一台独立的主机实现的功能几乎一样，但两者的成本有着显著的差别。由于多台虚拟主机共享一台真实主机的资源，每个虚拟主机用户承受的硬件费用、网络维护费用、通信线路费用均明显降低，虚拟主机的应用使 Internet 真正成为人人用得起的网络。

在网站建设过程中，选择虚拟主机时要考虑的因素包括：虚拟主机的网络空间大小、操作系统、对一些特殊功能的要求，如数据库的支持，虚拟主机的稳定性和速度，虚拟主机服务商的专业水平等。

8．什么是独立主机？

独立主机指用户独立租用的服务器。用户通过独立主机可以展示自己的网站或提供服务，与租用虚拟主机相比，独立主机有空间更大、速度更快、CPU 计算独立等优势，当然，独立主机的价格通常较高。

用户使用独立主机可以体验更好的设备性能和自由度，不过，用户需要具备一定的专业技能和操作水平，以应对独立主机可能出现的常规问题。

9．什么是 ICP 备案？

ICP（Internet Content Provider）即网络内容提供商。《互联网信息服务管理办法》指出互联网信息服务分为经营性和非经营性两类。国家对经营性互联网信息服务实行许可制度；对非经营性互联网信息服务实行备案制度。未取得许可或者未履行备案手续的，不得从事互联网信息服务。

非经营性网站备案（Internet Content Provider Registration Record）指对在中华人民共和国境内从事非经营性互联网信息服务的网站进行备案登记，即为网站申请 ICP 备案号。网站备案的依据是网站空间的 IP 地址，若想通过域名访问网站空间，则必须有一个能够解析的 IP 地址。因此，网站备案的本质是对能够解析这个空间的所有域名进行备案，即对网站的域名进行备案。

10. 什么是 FTP 上传？

FTP（File Transfer Protocol）即文件传输协议，是 Internet 中的一项重要服务。这项服务让使用者能通过 Internet 传输各式各样的文件。

FTP 上传一般使用 FTP 工具，如 cuteftp、flashfxp 等。使用 FTP 工具上传文件非常简便。

同步测试

1. 单选题

（1）下列选项中，（ ）可以在 CSS 文件中插入注释。

A. // this is a comment // B. // this is a comment

C. ‘this is a comment' D. /* this is a comment */

（2）下列选项中，（ ）不属于 CSS 插入形式。

A. 嵌入式 B. 索引式 C. 内联式 D. 外部式

（3）下列选项中，（ ）的语法是正确的。

A. {body:color=black(body} B. body:color=black

C. {body;color:black} D. body{color: black}

（4）假设显示边框：上边框 10 像素、下边框 5 像素、左边框 20 像素、右边框 1 像素，下列选项中，（ ）可以实现上述功能。

A. border-width:10px 5px 20px 1px B. border-width:10px 1px 5px 20px

C. border-width:5px 20px 10px 1px D. border-width:10px 20px 5px 1px

（5）下列选项中，（ ）标签用于定义内部样式表。

A. <script> B. <style> C. <css> D. <link>

（6）下列选项中，（ ）应用了类别选择器。

A. p{font-family:黑体;font-size:24px;}

B. {padding:0; margin:0 auto;}

C. .mystyle{font-family:宋体;color:blue;font-size:16px;}

D. #header {height: 150px; width: 100%;}

（7）下列选项中，（ ）是正确引用外部样式表的方法。

A. <stylesheet>mystyle.css</stylesheet>

B. <style src="mystyle.css">

C. <link rel="stylesheet" type="text/css" href="mystyle.css">

D. <link src="mystyle.css">

（8）下列选项中，（ ）不是 CSS 选择符。

A. 类选择符 B. id 选择符 C. 伪类 D. *通配选择符

（9）下列选项中，（ ）可以去掉列表项目符号。

A. list-type: square B. list-style:circle

C．list-style:disc　　D．list-style-type: none

（10）下列选项中，（　　）的 CSS 优先级最高。

A．id 选择符　　B．类选择符　　C．HTML 标记选择符　　D．行内样式

（11）CSS 的 float 浮动属性用于设置某元素是否浮动，以及它的浮动位置，可以用在任意 HTML 元素上，通常在布局中起到非常重要的作用。下列选项中，（　　）不是其可取的值。

A、left　　B．right　　C．center　　D．none

（12）下列选项中，（　　）可以产生超链接。

A．<a url="http://www.baidu.com">baidu.com</a>

B．<a name="http://www.baidu.com">baidu.com</a>

C．<a href="http://www.baidu.com">baidu.com</a>

D．<a>baidu.com</a>

（13）下列选项中，（　　）可以产生带有圆点列表符号的列表。

A、<dl>　　B．<list>　　C．<ol>　　D．<ul>

（14）在 HTML 中，（　　）可以定义一个空链接。

A．<a href="#">　　B．<a href="?">　　C．<a href="@">　　D．<a href="!">

（15）在 HTML 文档中，引用外部样式表的正确位置是（　　）。

A．文档的顶部　　B．<head>部分　　C．文档的末尾　　D．<body>部分

（16）在 HTML 中，<img>标签表示（　　）。

A．图像　　B．图形　　C．超链接　　D．表格

（17）让网站能够在互联网中被访问，必不可少的环节是（　　）。

A．备案　　B．域名绑定　　C．域名解析　　D．上传到服务器

（18）在 HTML 中，使用 ol、ul 标记定义列表为有序列表或无序列表，而在 CSS 中可以利用（　　）属性控制列表符号。

A．list-style-position　　B．list-style-type

C．list-style-image　　D．list-style

（19）域名“.edu”表示（　　）。

A．教育机构　　B．商业组织　　C．政府部门　　D．国际组织

（20）下列选项中，（　　）是网站上传的工具。

A．jsp　　B．asp　　C．cuteftp　　D．PPP

2．多选题

（1）下列关于导航的描述中，正确的是（　　）。

A．可用文字链接实现　　B．一个网站可以没有导航

C．可跳转到网站的各页面　　D．可用图片链接实现

（2）在 CSS 中，页面中的所有文档元素都可以理解为盒子模型。一个独立的盒子模型由（　　）组成。

A．content（内容）　　B．border（边框）

C．padding（内边距或填充）　　D．margin（外边距）

（3）DIV＋CSS 布局的优点包括（　　）。

A．内容与形式分离　　B．网页代码更精简
C．提高网页访问速度　　D．无须写代码

（4）CSS 按其位置可分为（　　）。
A．外部样式表　B．内嵌式样式表　C．复合样式表　D．内联式样式表

（5）常用的 CSS 选择器有（　　）。
A．class 选择器　B．id 选择器　C．标签选择器　D．通配符选择器

（6）CSS 语法由（　　）构成。
A．选择器　B．属性　C．标签　D．值

（7）下列选项中，（　　）能设置超链接。
A．任何文字　B．图像　C．图像的一部分　D．Flash 影片

（8）网页中的超链接可以链接到（　　）。
A．本网站中的其他网页　　B．本文件中的某个锚点
C．其他站点中的某个位置　　D．某网站中的某个文件对象

（9）下列关于使用热点的描述中，正确的是（　　）。
A．使用矩形、椭圆形和多边形热点工具，分别可以创建不同形状的热点
B．<area>标签定义了热点的位置和链接目标
C．选中热点之后，可在“属性”面板中为其设置链接
D．使用热点工具可以为一张图片设置多个链接

（10）将网站上传到国内网站空间需要经过的步骤包括（　　）
A．ICP 备案　B．域名绑定　C．域名解析　D．FTP 上传

3．判断题

（1）z-index 属性用于设置元素的堆叠顺序，即设置一个定位元素沿 z 轴的位置。z 轴定义为垂直延伸到显示区的轴。如果数值为正数，则表示离用户更近，如果数值为负数，则表示离用户更远。（　　）

（2）在 DIV＋CSS 布局中，DIV 标签主要用于容纳网页中的内容，其外观与形式完全由 CSS 控制，实现了网页内容与形式的分离，使网页代码更加规范、有序。（　　）

（3）CSS 样式结构主要由选择器和声明两部分组成，声明由属性和值两部分组成。（　　）

（4）通配符选择器用“*”表示，它是所有选择器中作用范围最广的，能匹配页面中的所有元素。（　　）

（5）id 选择器和类别选择器类似，都针对特定属性的属性值进行匹配。但 id 选择器定义的是某个特定的 HTML 元素，一个网页文件只能有一个元素使用某一 id 属性值。（　　）

（6）网页的导航是超链接的集合，可以由此进入不同的版块或页面。（　　）

（7）创建图像映射时，理论上可以指定任意形状作为热点。（　　）

（8）JavaScript 可以通过直接加入 HTML 文档或引入外部文件的方式加入网页。（　　）

（9）若想对文件设置超链接，那么在 Dreamweaver 中只需选中文字，在“属性”面板中输入需要链接的 URL 即可。（　　）

（10）设置链接目标的打开方式时，_blank 表示在一个空的框架中打开目标网页。（　　）

项 目 小 结

在本项目中，读者使用 DIV+CSS 布局制作了完整的网页 map.html，并且在与其布局类似的网页 index.html 中添加了部分网页元素。在此过程中，读者学习了使用 DIV+CSS 布局搭建网页框架的方法，添加图片、文字、列表等基本网页元素的方法，制作多种视听效果的技巧，创建各种超链接的方法，将网站上传到服务器空间的方法，并能够通过域名访问网站。

本项目涉及的概念比较多，有些概念需要读者认真思考才能领会。在熟练掌握操作方法的同时，读者有必要对 CSS、DIV、盒子模型、列表、超链接，以及 JavaScript 等概念深入学习。只有对操作方法背后的原理加深理解，才能更有效地提高实践能力。

思 政 乐 园

思政乐园

新时代，网络强国新征程。

请扫码阅读。

综合实训项目

小型网站的设计与制作

通过学习引导项目——“窑湾”网站的设计与制作，读者不仅对网站建设的流程、网站和网页的基本知识有了深入的了解，而且提高了应用 Dreamweaver 制作网页的技能水平。现在我们将运用所学技能设计与制作一个自选主题的小型网站。小型网站作品要求如表 4-1 所示。

表 4-1 小型网站作品要求

考核指标	序号	评分标准	记分
主题和内容	1	主题鲜明，思想健康	5
	2	内容健康、充实且积极向上	5
	3	语言流畅通顺，文字表达清晰	5
结构	1	网站结构合理、层次清晰，不超过三层	5
	2	栏目及版块设计合理	5
版面布局 视觉效果	1	整体布局均衡合理，页面整体效果美观协调、风格一致，便于浏览	10
	2	色彩搭配协调、有美感	10
	3	图片清晰，主题明确，有标题和文字说明	10
	4	主题图片、LOGO 或主题 GIF 动画醒目，要有相应的图片处理效果	10
	5	视频、动画、音乐等多媒体素材选取恰当、效果美观	10
	6	在各种浏览器中，以及在常用分辨率下能正常浏览。浏览页面时不得出现乱码现象，避免因布局不合理而出现表格错位，无空链接和错误链接	5
创意	1	具有个人设计风格，表现手法新颖	10
	2	内容和定位有独到之处，技巧运用有特色	10
总计			100

注意事项：

1. 作品应当能正常显示，至少包含 4 个网页，并且能相互跳转。

2. 网页应有较好的浏览器兼容性，以 1024px × 768px 为标准分辨率进行设计，适应 IE 8.0 及以上版本的浏览器和 360 浏览器。

3. 作品首页文件名为 index.html，各文件夹和文件名均使用英文字母、数字或汉语拼音，不得使用汉字或全角符号。

4. 作品的根文件夹的命名形式为“班级+姓名”，子文件夹的命名形式应根据内容而定（不得出现中文），至少包含图片文件夹，将图片文件夹命名为 img。

5. 底部区应包含制作人姓名、版权声明等信息。

任务 1　网站素材的收集和草图的制作

首先，进行团队商议，选定网站主题。然后，进行网站素材的收集、分类和整理，参考同类网站，拟定网站栏目。最后，团队成员彼此交流，制作网页布局框架草图。

（1）围绕网站主题，收集文字、字体、图片、视频、动画等网页素材，并将各种素材整理、分类，放入不同的文件夹。注意图片和视频的清晰度。

（2）对网页中要展示的信息进行分类和整理，理顺结构和层次，设置网站栏目。

（3）根据网站主题和收集的网站素材，参考“窑湾”网页布局框架草图，如图 4-1 所示，完成自己设计的新网站的网页布局框架草图。

<table>
<tr><td></td><td>网站Logo</td><td>天气预报</td><td colspan="2">导航</td><td></td></tr>
<tr><td rowspan="10"></td><td colspan="4">分割线</td><td rowspan="10"></td></tr>
<tr><td colspan="4">轮播图</td></tr>
<tr><td colspan="4">分割线</td></tr>
<tr><td>标题</td><td colspan="3">窑湾文化（标题）</td></tr>
<tr><td>视频</td><td>图片</td><td>作家与窑湾
（专标）</td><td>食在窑湾
（专标）</td></tr>
<tr><td colspan="4">分割线</td></tr>
<tr><td>标题</td><td colspan="3">景点一览（标题）</td></tr>
<tr><td rowspan="3">图片/文字</td><td>景点1</td><td>景点2</td><td>景点2</td></tr>
<tr><td>文字1</td><td>文字2</td><td>文字3</td></tr>
<tr><td colspan="3">图片辅助导航</td></tr>
<tr><td colspan="6">分割线</td></tr>
<tr><td></td><td colspan="4">底部区</td><td></td></tr>
</table>

图 4-1　“窑湾”网页布局框架草图

任务 2　网站策划方案的撰写

明确每位团队成员的任务，并确定任务的完成时间，围绕以下几方面共同讨论并完成网站策划方案的撰写。

1. 团队介绍

（1）各项任务的负责人。

（2）任务的开始时间和完成时间等。

2. 建站前的分析

（1）同类网站分析，包括网站的形式、内容、功能及作用等方面的分析。

（2）目标人群分析，分析网站目标人群的特征，如年龄、爱好、受教育程度、生活环境、经济收入等。

（3）自身建设网站能力的分析，包括技术、人力等。

（4）明确网站主题。

3. 网站技术解决方案

建站方式的选择，即采用模板自助建站或个性化开发。

4. 网站总体设计

（1）根据网站主题确定网站的结构。

（2）网页布局框架草图的设计。

5. 网站效果的实现

（1）根据网页布局框架草图设计网页效果图。

（2）根据网页效果图制作前台网页。

6. 网站测试

（1）网站链接的测试。

（2）图片、特效等是否正常显示。

（3）网页兼容性测试，包括浏览器、显示器的兼容性测试。

7. 网站的发布和推广

（1）申请域名与空间。

（2）域名解析和域名绑定。

（3）使用 FTP 工具将网站上传到服务器空间。

任务 3　网页制作

首页是网站中最重要的页面，需要精心设计，通常花费的设计时间较多。对于其他内页，通常情况下，只有主体内容区有所不同，因此内页制作起来比较轻松。制作网页时，团队成员分工合作、互相帮助，提高效率。

1. 首页的制作

（1）方法一：使用表格布局或 DIV+CSS 布局，参考引导项目——“窑湾”网站的设计与制作，制作自己设计的新网站的首页。

（2）方法二：借用网页模板制作网页。

互联网中有很多优秀的网页模板，可以借鉴参考，以便制作自己设计的新网站。推荐两个提供网页模板的网址："我爱模板网"和"站长之家"。

2．网站内页的制作

在网站首页的基础上，至少制作 3 个内页，要求内页的风格与首页统一。网站有统一的头部区和底部区，导航链接能跳转到每个网页。

任务 4　网站作品展示与互评

网站制作完成后，初学者往往觉得自己制作的网站效果不错，其实，有些问题自己很难发现。因此，通过作品展示与互评来发现问题、解决问题，同时也能培养初学者之间的协作与交流能力、实事求是的精神和克服挫折的能力。

1．团队内部及团队之间的交流

（1）交流心得，并完成《网站设计与网页制作本团队成员互评表》（见本书配套的教学资源包）。

（2）通过交流，完善网站设计。

（3）每个团队选出一个代表作品，并简单介绍其设计思想、内容、特色等。

（4）团队成员合作完成作品介绍的演讲稿。

2．作品展示

（1）每个团队的代表上讲台展示并简单介绍作品。

（2）团队成员发表自己的意见，以供参考。

（3）每个团队均要完成《网站设计与网页制作团队互评表》（见本书配套的教学资源包）。

3．作品完善

通过团队内部与团队之间的交流，以及老师的指导，完善网站设计。

4．网站作品说明

（1）网页设计创意（创作背景、目的、意义）。

（2）在 Dreamweaver 中用到的技术和技巧。

（3）处理文字时用到的技术和技巧。

（4）处理图形时用到的技术和技巧。

（5）网站原创内容。

（6）作品得意之处。

任务 5　网站测试与发布

制作完网站的所有网页之后，要进行一次全面的测试，以便及时发现问题，问题改正后再发布网站。网站发布后，仍有可能发现新的问题，所以测试工作还会持续进行。

1. 网站测试

（1）网站链接是否正确。

（2）图片、特效等是否正常显示。

（3）网页兼容性测试。

2. 网站发布

（1）申请域名。

（2）将网站文件上传到服务器空间。

（3）域名解析和域名绑定。

（4）通过域名访问网站，测试网页能否正常显示。

任务6　文档整理和提交

在网站的开发过程中，会生成各种文档。文档不仅是网站逐步成型的体现，也是一种设计者交流、总结的有效方式。通过整理文档，能够培养设计者的文字表达能力和分析能力，有利于设计者掌握文档的书写规范。

本课程结束后，每个团队应整理并装订好《网站建设策划书》（见本书配套的教学资源包）、《工作进程记录》（见本书配套的教学资源包），以及《网站说明书》（见本书配套的教学资源包），将所有文档和作品一并提交给教师。此外，每位学生需要写一份关于本课程的学习心得。